Pablo F. Corregidor

Síntesis de zeolitas ácidas

Pablo F. Corregidor

Síntesis de zeolitas ácidas

Empleando Perlita como materia prima y su aplicación como catalizadores en reacciones de transesterificación

PUBLICIA

Imprint

Cover image: www.ingimage.com

Publisher:
PUBLICIA
is a trademark of
International Book Market Service Ltd., member of OmniScriptum Publishing Group
17 Meldrum Street, Beau Bassin 71504, Mauritius

Printed at: see last page
ISBN: 978-620-2-43162-0

Zugl. / Aprobado por: Argentina, Universidad Nacional de Salta, Tesis Doctoral, 2017

Dedicado a mi hija Guillermina, quien todos los días cataliza mi felicidad y siendo tan pequeñita, me enseña algo tan complejo de aprender en esta vida, me enseña a vivirla y disfrutarla con inmensa felicidad.

AGRADECIMIENTOS

Agradezco sinceramente a mis directores de tesis, Ing. Hugo Destéfanis y Dra. Delicia Acosta por haber confiado en la realización de mis estudios de postgrado y haberme permitido crecer y madurar profesionalmente. A mis padres por ser los principales promotores de mis proyectos y enseñarme a ser una buena persona. A mis hermanas, sobrinos y cuñados por llenar mi existencia de alegría, estar presente en todo momento y ser un importante apoyo en mi vida. Gracias a todos los amigos que colaboraron emocionalmente y acompañaron en este trayecto.

Un especial agradecimiento para el M.Sc. Elio Gonzo por sus consejos sobre los modelos cinéticos para la reacción de transesterificación, a las Doctoras Emilce Ottavianelli y Mariela Finetti por las sugerencias realizadas para la parte metodológica del capítulo VI. A la Dra. Mirta Daz por sus buenos consejos e inmensa colaboración en el empleo de HPLC. A los compañeros y amigos que alentaron e insistieron en la culminación de mis estudios de postgrado: María Antonia, Norma, Ada, Florencia y Mara.

I gratefully acknowledge Kam Loon and Gerardo for bear a part in those special tips about molecular sieves. Many thanks to the great people I was lucky to share the office at Leuven: Julie, Jan, Mondher, Wout and Jeremy. My sincerely gratitude also goes out to Sabina, Gina and Kristof for giving me a great help in gas chromatography , sorptometry, ^{29}Si and ^{27}Al MAS-NMR, respectively. Special thanks to my promotor, Prof. De Vos, for receiving me and slightly redirect my investigation.

Gracias a la Universidad Nacional de Salta y a la Universidad Nacional de Tucumán por haberme brindado una formación de grado, a la Facultad de Ciencias Exactas de la UNSa por admitirme como doctorando y a la Facultad de Ingeniería por permitir desempeñarme en la actualidad como profesional en aquello que tanto me apasiona. Mi gratitud con la Agencia Nacional de Promoción Científica y Tecnológica por otorgarme la posibilidad de iniciar mis estudios de postgrado mediante una beca doctoral y con el Instituto de Investigaciones para la Industria Química (INIQUI-UNSa-CONICET) por brindarme equipamiento, materiales y espacio físico para desarrollar gran parte de esta tesis.

Agradezco a Dios por permitirme tener y disfrutar a mi familia y brindarme el don de la perseverancia.

A mi hija Guillermina, quien posiblemente no entienda mis palabras en este momento, pero para cuando sea capaz, quiero que sepa que es mi orgullo, la razón por la cual valen todos mis esfuerzos y mi principal motivación para superarme día a día en todos los aspectos de la vida.

Dejo para el final los agradecimientos para mi esposa Daniela, gracias por confiar siempre, por entender, alentar y apoyarme incondicionalmente ya que sin su ayuda no hubiera podido culminar con mis estudios de postgrado.

RESUMEN

Las zeolitas son silicoaluminatos microporosos con una gran cantidad de aplicaciones, entre ellas, el uso como catalizadores permite acelerar las velocidades de reacción. Dentro de las reacciones químicas que pueden catalizar, se encuentran las reacciones de transesterificación. Estas últimas, poseen gran importancia en la Química Orgánica desde el punto de vista sintético y gran interés en la Industria Química y en la Química Fina. Se plantea entonces, la preparación de una zeolita ZSM-5 a partir de Perlita Expandida, un silicoaluminato amorfo abundante en la región del NOA (Argentina), optimizando las condiciones de trabajo para preparar una zeolita con un alto grado de cristalinidad y empleando un método de preparación amigable con el medioambiente. A partir de la zeolita ZSM-5, se realizaron modificaciones estructurales con la finalidad de disminuir los posibles inconvenientes difusionales del material, logrando obtener materiales con estructura jerárquica de poros (micro y mesoporos). Los materiales preparados fueron caracterizados empleando diferentes técnicas fisicoquímicas de análisis y evaluando la actividad catalítica en diferentes reacciones de transesterificación. La reacción entre acetato de vinilo y alcohol isoamílico fue estudiada como prototipo de reacción de transesterificación, optimizando y estudiando la influencia de variables operacionales del proceso, lo que confluye en el planteo de un modelo cinético que se adapta a los resultados obtenidos y permite realizar conjeturas acerca de un posible mecanismo de reacción. Finalmente, un estudio teórico utilizando diferentes métodos computacionales de cálculo, permitió proponer una serie de reacomodamientos atómicos, que condujeron a un estado de transición apropiado mediante un mecanismo de reacción concertado y permitió justificar la generación de un intermediario del tipo zeolita-acetilada, coincidente con los resultados experimentales.

Palabras claves:

Perlita, zeolita, ZSM-5, transesterificación, zeolita acetilada.

ABSTRACT

Zeolites are microporous aluminosilicates with a wide range of applications, one of the most important may be their use as catalyst, accelerating a chemical reaction. One of these chemical reactions is the transesterification reaction, which has great applications in Organic Chemistry from a synthetic point of view and a great interest in the Chemical Industry and Fine Chemistry. Preparation of a ZSM-5 zeolite has been performed from Expanded Perlite, an amorphous aluminosilicate from de NOA region of Argentina, by optimizing the operational parameters to obtain a high crystalline zeolite, implementing an ecofriendly process. From the as-prepared ZSM-5, several structural modifications have been realized to avoid a diffusional issue, which conduces to hierarchical zeolites having micro and mesoporous. The prepared materials have been characterized by several analytical techniques and evaluating the catalytic activity in different transesterification reactions. The reaction between vinyl acetate and isoamyl alcohol have been studied as a prototype of transesterification, by optimizing and studying the influence of different operational variables, which converges in a kinetic model that responses to obtained results and makes possible to conjecture about the reaction mechanism. Finally, a theoretical study using several computational methods in chemistry allowed to propose a series of atomic rearrangements, which conduces to an appropriate transition state, generated by a concerted mechanism of reaction and can be able to justify the generation of an acetylated-zeolite intermediate, which is coincident with experimental results.

Keywords:

Perlite, zeolite, ZSM-5, transesterification, acetyl-zeolite.

ORGANIZACIÓN DEL LIBRO

En la presente obra, se comienza abordando conceptos básicos y aspectos estructurales acerca de las zeolitas (*capítulo I: estado del arte*), los que permiten interpretar y justificar propiedades físicas y químicas como la acidez de Brønsted, entre otras. La presencia de sitios ácidos en zeolitas, hace posible su actuación en reacciones químicas que requieran de una catálisis ácida, es por ello que en el mismo capítulo se resumen brevemente los conocimientos actuales acerca de las reacciones de transesterificación, la participación de zeolitas en las mismas y se abordan conceptos relacionados al mecanismo de reacción.

Con un panorama más general, en el *capítulo II* se definen objetivos, planteo de hipótesis y se ubica en la metodología general de trabajo.

En el *capítulo III: metodología específica y técnicas experimentales*, se describen las técnicas de preparación de las zeolitas empleadas, como así también las diferentes técnicas de caracterización, resumiendo brevemente los fundamentos de las mismas. Finalmente, se describe la metodología general a utilizar para el estudio teórico de la interacción entre la zeolita y diferentes dadores de acilo, utilizando para ello métodos computacionales de cálculo.

En el *capítulo IV: preparación y caracterización de catalizadores*, se describe el tratamiento previo y los análisis fisicoquímicos que permiten acondicionar la Perlita para ser utilizada como precursor de catalizadores zeolíticos. Posteriormente, se continúa con el estudio de la transformación de Perlita en zeolita ZSM-5, detallando técnicas de caracterización y el estudio de diferentes condiciones que influyen en su preparación. A partir de los análisis realizados, se aplica el modelo de Kolmorogov-Johnson-Mehl-Avrami para proponer un modelo de cristalización para la zeolita ZSM-5.

Más adelante, también en el capítulo IV, se describe la preparación y caracterización de materiales a partir de la zeolita ZSM-5 sintetizada, con la finalidad de obtener catalizadores que presenten poros de mayor tamaño.

El *capítulo V: actividad catalítica de zeolitas en reacciones de transesterificación*, aborda el estudio de la aplicación de las zeolitas preparadas y comerciales en reacciones de transesterificación. Particularmente se estudia la reacción entre acetato de vinilo y alcohol isoamílico, analizando la influencia de parámetros operacionales, lo que al final del capítulo permite proponer un modelo cinético de la reacción en estudio.

Por otra parte, el *capítulo VI: estudio teórico de la interacción entre zeolita ZSM-5 y dadores de acilos*, permite abordar aspectos del mecanismo de reacción, mediante el estudio de los acontecimientos que interviene durante la interacción entre un clúster de zeolita y diferentes agentes orgánicos dadores de acilo, lo que permite dar respuesta a algunos interrogantes y reafirmar lo planteado en capítulos anteriores.

Finalmente, el *capítulo VII* contiene las *conclusiones* obtenidas en cada uno de los capítulos y se enfatizan los principales aportes obtenidos.

CONTENIDO

CAPÍTULO I: ESTADO DEL ARTE

CAPÍTULO II: OBJETIVOS, PLANTEO DE HIPÓTESIS Y METODOLOGÍA GENERAL DE TRABAJO

CAPÍTULO III: METODOLOGÍA ESPECÍFICA Y TÉCNICAS EXPERIMENTALES

CAPÍTULO IV: PREPARACIÓN Y CARACTERIZACIÓN DE CATALIZADORES

CAPÍTULO V: ACTIVIDAD CATALÍTICA DE ZEOLITAS EN REACCIONES DE TRANSESTERIFICACIÓN

CAPÍTULO VII: CONCLUSIONES Y RESUMEN DE RESULTADOS

APÉNDICES

CAPÍTULO I

ESTADO DEL ARTE

I.1. CATÁLISIS, QUÍMICA FINA Y SUSTENTABILIDAD

La catálisis es considerada un campo extremadamente importante e interesante dentro de la química. Aproximadamente el 90 % de los procesos industriales involucra el empleo de catalizadores en por lo menos una de sus etapas. Desde hace algunos años, debido a una creciente preocupación por el medio ambiente, la catálisis parece haber recobrado mayor importancia, constituyendo uno de los mayores recursos para el mejoramiento de nuestra sociedad [1]. Al mismo tiempo, un sector en crecimiento sostenido de la industria química, se dedica a la producción de compuestos de alto valor agregado, tales como algunos principios activos o intermediarios sintéticos de uso en las industrias farmacéuticas, cosméticos, aditivos alimentarios, perfumes, reactivos y solventes de laboratorio de elevada pureza, vitaminas, químicos utilizados en fotografía, pesticidas, etc. Un elevado número de estos compuestos se obtienen mediante reacciones orgánicas en fase líquida, utilizando catalizadores homogéneos tales como ácidos, álcalis o sales de ácidos minerales.

Muchos de estos procesos, permiten obtener productos químicos de alto precio (o elevado valor agregado), asociados a un fuerte componente tecnológico, ellos se conocen genéricamente como procesos de química fina ("*fine chemicals proccess*") [2]. Estos procesos todavía utilizan cantidades estequiométricas de metales de transición ($KMnO_4$, $H_2Cr_2O_3$, etc.), generando una importante cantidad de subproductos, con los consiguientes problemas operativos relacionados a la recuperación del producto final.

Una de las preguntas que más preocupa a nivel mundial, teniendo en cuenta que muchas materias primas para la producción de compuestos químicos provienen del petróleo (un recurso no renovable), es: ¿Qué alternativa se pueden aplicar a los procesos para que además se garantice su empleo por parte de las generaciones futuras? La sustentabilidad, un concepto moderno que se utiliza para distinguir métodos y procesos que puedan garantizar la productividad a largo plazo por parte del medioambiente, trata de responder esta interrogante, asegurando el desarrollo y la vida de la humanidad en este planeta. Con esta finalidad, se han formulado una serie de reglas sencillas de cómo se debe alcanzar la manufactura de productos químicos mediante la concepción de sustentabilidad. Estos son conocidos como los "Principios de la Química Verde" y permiten convertir a la química habitual, en una "Química Verde".

Tabla I.1. *Producción anual y factores-E en la industria química [3].*

Sector industrial	Producción/tonelada año	Factor-E (kg de residuos / kg producto)
Petroquímica	10^6-10^8	<0,1
Químicos a gran escala	10^4-10^6	1-5
Química fina	10^2-10^4	5-50
Específicos/farmacéuticos	10-10^3	20-100

Enfocado en el inconveniente de la generación de residuos en la industria química, surge el concepto de factor-E como uno de los indicadores de posible aceptación medioambiental para un proceso químico. Este se define como *los kg de residuos generados por kg de producto formado.* En la Tabla I.1 se compara la producción en toneladas y los factores-E de varios sectores industriales.

Se puede observar, sorprendentemente, que los sectores pertenecientes a la industria petroquímica y de productos a gran escala son los que menor contaminación generan. De hecho, los factores-E incrementan sustancialmente cuando pasamos de los productos a gran escala a los productos de química fina y con una finalidad específica. Esto se debe en parte a que la síntesis de productos finos y farmacéuticos involucra generalmente una serie de etapas, lo que trae aparejado un menor rendimiento y el empleo de reactivos en exceso, usados en las etapas posteriores de neutralización, aislamiento y purificación [3].

El mayor objetivo de la química verde es minimizar los desechos, más aún, como ya se comentó, un proceso sustentable es aquel que optimiza el empleo de materia prima, mientras deja suficientes recursos para las generaciones futuras [3]. Desde este punto de vista, la catálisis juega un rol importante en ambos casos. De hecho, en lo concerniente a la química, la catálisis es considerada la clave fundamental para la sustentabilidad [4].

La causa principal de la generación de residuos es el empleo estequiométrico de reactivos inorgánicos. Los compuestos en la química fina son manufacturados frecuentemente con el empleo de "*tecnologías estequiométricas*" clásicas y anticuadas, por ejemplo, reducciones empleando metales (Na, Mg, Fe, Zn) o hidruros metálicos ($LiAlH_4$, $NaBH_4$) y oxidaciones empleando permanganato o reactivos de Cr (VI). La solución a estos inconvenientes parece no ser complicada: reemplazar las metodologías estequiométricas por alternativas más limpias y usando catalizadores. De esta manera, hay una marcada tendencia a sustituir esta metodología mediante el empleo de catalizadores heterogéneos como las zeolitas, arcillas, heteropoliácidos, etc.

I.2. MODERNA CIENCIA DE LOS MATERIALES Y CATALIZADORES

Desde la antigüedad, el descubrimiento y empleo de nuevos materiales ha sido uno de los mayores objetivos del hombre. Eras como, la de Piedra, la de Bronce y la de Hierro, han sido denominadas de esa manera luego que materiales fundamentales fueron empleados por el hombre para construir sus herramientas. La Ciencia de los Materiales es considerada una actividad moderna que provee los materiales en bruto para satisfacer este último propósito, demandado por el progreso en todos los campos de la industria y la tecnología para el mejoramiento de nuestra sociedad.

La Unión Internacional de Química Pura y Aplicada (IUPAC), define un catalizador como "*una sustancia que incrementa la velocidad de una reacción sin provocar modificaciones en el cambio de la energía estándar de Gibbs de la reacción*" [5]. Para que un proceso catalítico sea más eficiente, requiere el perfeccionamiento de dos aspectos: actividad catalítica y selectividad. Ambos pueden ser mejorados mediante el diseño de los materiales catalíticos, adaptando su estructura y adecuando la dispersión de sitios activos a los fines deseados. Materiales tales como las zeolitas, AlPO, SAPO, materiales mesoporosos, PILC, MOFs, etc. ofrecen tales posibilidades. Más aún, una de las aplicaciones más importantes de estos nobles catalizadores sólidos es el poder reemplazar los catalizadores homogéneos que habitualmente se emplean para la síntesis de productos a gran escala y química fina [6], ya que los primeros ocasionan riesgo para el medioambiente, son corrosivos y difíciles de ser separados de la fase líquida. En este sentido, la moderna ciencia de los materiales actúa como nexo, favoreciendo el desarrollo de catalizadores sólidos con el fin de otorgar ciertas ventajas a un determinado proceso.

I.3. ZEOLITAS

I.3.1. CONCEPTO GENERAL

El término zeolita fue propuesto por el mineralogista sueco Axel Cronstedt en 1756 como resultado de la conjunción de dos palabras griegas: "ζειν" ("zein") cuyo significado es "hierve" y "λιθος" ("lithos"), que significa "piedra". El nombre deriva de una propiedad peculiar del mineral observada por Cronstedt cuando el mismo era calentado a temperaturas elevadas, este observó que las piedras producían una especie de espuma mientras el agua contenida era liberada al hervir [7]. Con el pasar del tiempo, el término "zeolita" pasó a ser empleado para designar a los silicoaluminatos cristalinos o a la sílice polimórfica, todos ellos formados por tetraedros TO_4 (donde los átomos T pueden ser Si o Al) que se unen entre sí de manera que comparten todos sus vértices para dar lugar a una red tridimensional con poros uniformemente distribuidos y de dimensiones moleculares [8].

I.3.2. ESTRUCTURA DE REDES ZEOLÍTICAS

Las zeolitas se organizan en estructuras de redes. Los tipos de redes se designan mediante un código de tres letras. Hasta la fecha (abril de 2017), se conocen 232 tipos, las cuales se actualizan periódicamente en la página web de la Asociación Internacional de Zeolitas (IZA) [9].

Por ejemplo, LTA es el código de tres letras para la familia de zeolitas con una estructura Linde Tipo A. Dentro de esta familia se encuentran las zeolitas denominadas 3A, 4A y 5A, todas ellas con una red organizada del tipo LTA, pero con diferentes cationes en el interior de las mismas. La presencia de iones voluminosos como el K^+, presente en la zeolita 3A, bloquea el interior de los poros generando poros más cerrados. Mientras que, la presencia de iones de menor radio como Na^+ o Ca^{+2}, generan poros de 4 y 5 angstroms en la misma red, respectivamente. De esta manera, materiales con diferente composición en la red, diversas especies huéspedes y distintos cationes externos, otorgan diferente simetría cristalográfica y por ende, distintas propiedades a una misma red.

I.3.3. UNIDADES ESTRUCTURALES DE CONSTRUCCIÓN EN ZEOLITAS

I.3.3.1. Unidades de Construcción Primaria

Las zeolitas se encuentran formadas por tetraedros en cuyo centro se encuentra un átomo con electronegatividad relativamente baja (Si^{VI}, Al^{III}, P^{V}, Zn^{II}, etc.) y en los vértices se localizan átomos de oxígeno cuyo estado de oxidación es −2 (O^{2-}). Estas combinaciones pueden ser representadas como [SiO_4], [AlO_4], [PO_4], etc. y en adelante, se usará el término TO_4 para describir un tetraedro en general, formado por un átomo T central y en coordinación tetraédrica con cuatro átomos de oxígeno.

Estos tetraedros comparten sus vértices para formar estructuras más complejas hasta llegar a una red tridimensional. Los átomos T de la red zeolítica generalmente son Si o Al, pero en algunos casos, involucra la presencia de otros como P, B, Ga, Be, Ge, etc. Los tetraedros [SiO_4] o [AlO_4] son las unidades de construcción estructural básica de una red de zeolita. Estos tetraedros TO_4 se conocen como Unidades Primarias de Construcción [8].

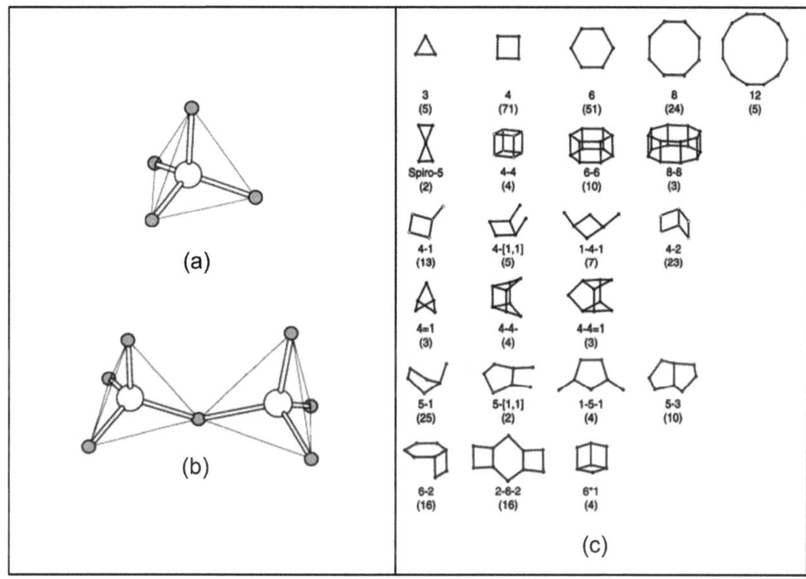

Figura I.1. *Unidades de Construcción Primaria: (a) Tetraedro TO_4; (b) unidades tetraédricas TO_4 compartiendo un vértice de oxígeno común. (c) Unidades de Construcción Secundaria (SBU), los códigos SBU se muestran debajo de las figuras.* [8]

En una red de zeolita, cada átomo T se encuentra coordinado a cuatro átomos de oxígeno (Figura I.1a), en donde cada átomo de oxígeno forma un puente entre los dos átomos T (Figura I.1b). Las zeolitas formadas exclusivamente por Si y Al (del tipo aluminosilicatos) se construyen con tetraedros $[SiO_4]$ y $[AlO_4]$, por lo tanto poseen una red aniónica en la cual, como se comentará más adelante, la carga negativa es compensada por cationes que no forman parte de la red. La fórmula empírica de una zeolita formada por Si y Al puede ser expresada como $M_{x/n}[Si_{1-x}Al_xO_2].mH_2O$, donde M es un catión metálico de valencia *n*. Además, la red posee moléculas adsorbidas, frecuentemente agua, que se localizan en canales o cavidades de la red.

I.3.3.2. Unidades de Construcción Secundaria (SBU)

La red de una zeolita puede imaginarse formada por unidades de componentes finitos o infinitos tales como cadenas y placas. En las redes tetraédricas se han encontrado 18 clases de unidades de construcción secundarias (Figura I.1c) o SBUs, del inglés *secondary building units*, donde cada SBU queda formada por la interacción de diferentes subunidades tetraédricas TO_4, por ejemplo, una SBU formada por 6 tetraedros puede formar una SBU hexagonal, donde en cada uno de sus vértices se encuentra un átomo T del tetraedro y los átomos de oxígeno se localizan en un punto entre dos vértices sucesivos. Se debe notar que una celda unitaria siempre contiene cierto número de SBUs integradas.

Un determinado tipo de red puede comprender varias SBUs. Por ejemplo, la red LTA contiene cinco tipos de SBU, incluyendo las unidades 4, 8, 4-2, 4-4 y 6-2, cualquiera de las cuales puede ser utilizada para describir su estructura de red. [8]

Las SBUs son solamente unidades de construcción topológica teóricas y no deben ser relacionadas con especies que puedan existir en solución durante la cristalización de un material zeolítico.

I.4. ESTRUCTURA DE RED TIPO MFI

Dentro de las zeolitas más estudiadas y con grandes aplicaciones en la industria, se encuentran las que corresponden a la familia con red de tipo MFI.

La red MFI puede ser construida utilizando unidades formadas por 12 átomos T. Una unidad-T12 (zona en trazos gruesos de la figura I.2a) consiste en la unión de dos unidades 5-1. Las unidades T12 de una misma cadena se encuentran relacionadas entre sí mediante una rotación de 180° alrededor del eje **c**. Esta operación permite formar cadenas con dos tipos de quiralidad: cadenas diestras y cadenas siniestras (Figura I.2a). La unión de cadenas que mantienen una relación de reflexión mediante un plano perpendicular al eje **b** (plano que contiene a los ejes **a** y **c**), se conectan para formar lo que se denomina una Unidad de Construcción Periódica (PerBU), como se muestra en la figura I.2b.

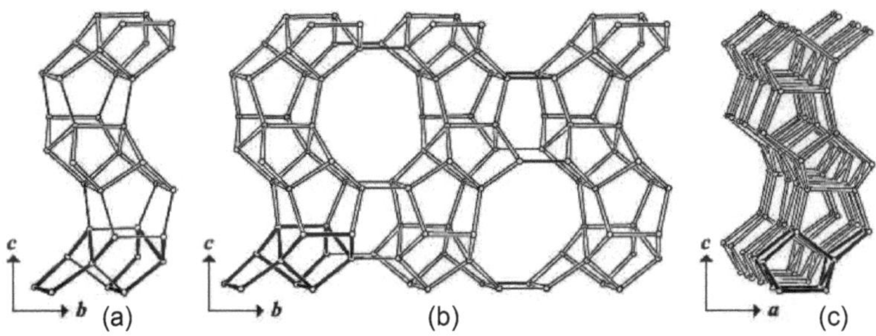

Figura I.2. *(a) Cadena polar vista a lo largo del eje **a**; (b) PerBU vista a lo largo del eje **a** y (c) a lo largo del eje **b**.*

I.4.1. Modos de Conexión

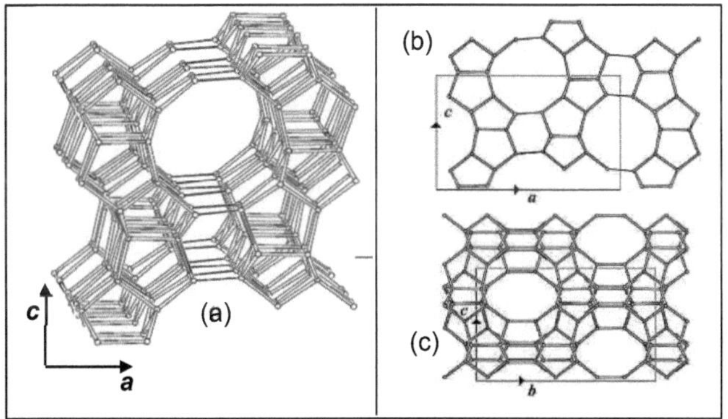

Figura I.3. *(a) Modo de conexión en la red MFI; (b) contenido de la celda unitaria proyectado a lo largo del eje **b** y (c) a lo largo del eje **a**.*

Las unidades de construcción periódicas (PerBU) que se encuentran adyacentes, se conectan entre sí a lo largo del eje **a**, como se muestra en la figura I.3a. En las figuras I.3b y I.3c se pueden observar las proyecciones de la celda unitaria a lo largo de los ejes **b** y **a**, respectivamente.

I.4.2. Sistema de Canales en la Red MFI

La estructura completa de una zeolita no llena completamente todo el espacio, posee cavidades en forma de celdas y/o canales. El arreglo periódico obtenido en la red MFI, permite obtener una red de canales, cuyos orificios están formados por anillos de 10 lados (anillos-10), que se conectan para formar una red con dos tipos de canales intersectados: 1) canales rectos de anillo-10 con una dimensión de 5,3 x 5,6 Å que corren paralelos a la cara (010) y 2) canales sinusoidales de anillo-10 con una dimensión de 5,5 x 5,1 Å que corren paralelos a la cara (100) y formando un ángulo de 150° con los canales rectos (Figura I.4).

En la figura I.5 se representa una vista general del sistema de canales presente en la zeolita ZSM-5. Este sistema de canales posee un diámetro característico que permite el pasaje de moléculas con anillos aromáticos tales como el benceno, *p*-xileno o piridina. El diámetro en las intersecciones es algo superior al de los canales, alcanzando dimensiones cercanas a 1 nm en algunas direcciones. De esta manera, la red permite el desarrollo de reacciones cuyos intermediarios o estados de transición posean diámetros cinéticos superiores a 0,6 nm (6 Å) [10].

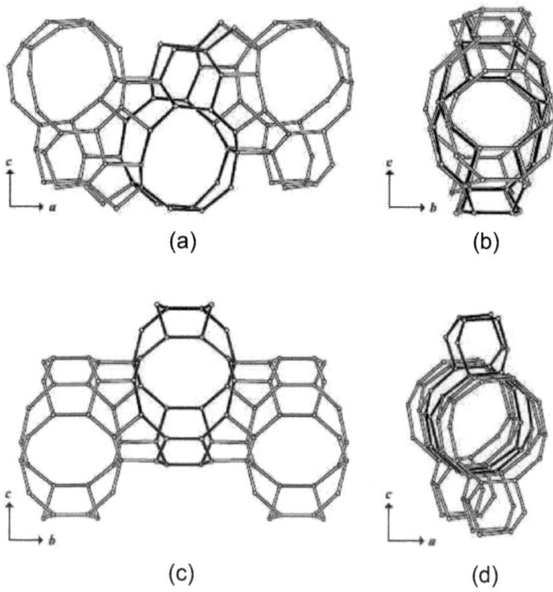

Figura I.4. *Conexiones en un solo tipo de canal de la red MFI. Porción de un canal sinusoidal visto: (a) a lo largo del eje **b** y (b) a lo largo del eje **a**. Porción de un canal recto visto: (c) a lo largo del eje **a** y (d) a lo largo del eje **b**.*

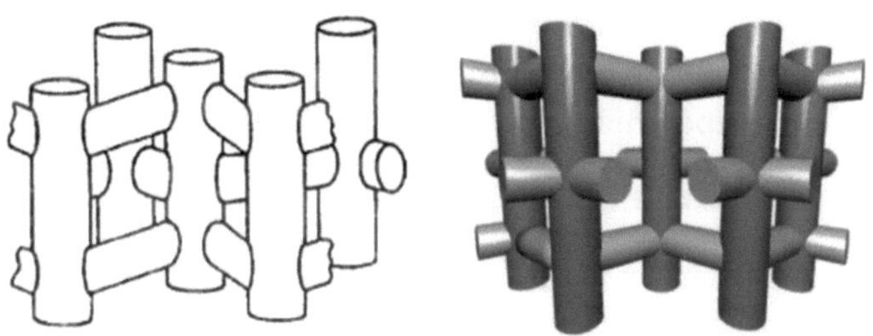

Figura I.5. *Estructura de canales en la zeolita ZSM-5.*

I.5. ZEOLITAS CON ESTRUCTURA DE RED TIPO MFI

Varias zeolitas comparten la estructura de red MFI. Entre ellas se encuentra la zeolita ZSM-5 que responde a la fórmula $|Na_n^+(H_2O)_{16}|[Al_nSi_{96-n}O_{192}]$ con n < 27 y cristaliza típicamente bajo la forma del grupo espacial ortorrómbico *Pnma*, cuyos parámetros de red son a = 20,1; b = 19,9 y c = 13,4 Å. La densidad de átomos T (Si + Al) en la red es de 17,9 por cada 1000 $Å^3$. El número de átomos de Al presentes en la celda unidad varía desde 0 a 27, por lo tanto, la relación molar Si/Al puede hacerse variar en un amplio rango. Los ángulos de enlaces T-O-T varían entre 105 y 113° con un valor promedio de 109 ± 2° pudiéndose observar dos ángulos prácticamente lineales de 176,2° y 178°.

La especie natural de la zeolita ZSM-5 se llama mutinaita, su composición es $Na_{2,76}K_{0,11}Mg_{0,21}Ca_{3,87}Al_{11,20}Si_{84,91}.60H_2O$ y también pertenece al grupo espacial ortorrómbico *Pnma*. Posee una distribución desordenada de átomos de Si y Al en la red, como así también se observan grandes distancias entre los iones y los átomos de oxígeno en los canales.

El análogo completamente silíceo (sin aluminio) de la zeolita ZSM-5 se llama silicalita, posee una red netamente hidrofóbica, con una hidrofilicidad residual debida a la presencia de grupos hidroxilos en sitios defectuosos.

I.6. SITIOS ÁCIDOS EN ZEOLITAS

Teniendo en cuenta la estructura de una red tridimensional formada exclusivamente por tetraedros de silicio con estados de oxidación +4, en cuyos vértices se localizan átomos de oxígeno con número de oxidación -2, la misma resulta eléctricamente neutra. Cada átomo de oxígeno de la red es compartido por 2 átomos de silicio y se presentan grupos silanoles (–Si–OH) en las posiciones terminales de la misma.

La sustitución de un átomo de silicio de la red zeolítica por un átomo de aluminio con estado de oxidación +3 y coordinado tetraédricamente (Figura I.6a), genera una descompensación de carga, creando una red con cargas negativas. Este exceso de cargas negativas es compensado por cationes. En un principio, se podría pensar que por cada átomo de aluminio presente en la red zeolítica, se encuentra un catión monovalente que compensa el exceso de cargas. Los cationes que normalmente cumplen esta función son aquellos correspondientes a los elementos de los grupos I y II de la tabla periódica (metales alcalinos y alcalinotérreos) y el catión amonio.

El hecho que un átomo de aluminio se encuentre asociado a la presencia de una carga negativa en la red zeolítica, evita que 2 tetraedros cuyos átomos centrales son Al se dispongan de manera adyacente. Debido a la repulsión electrostática entre cargas del mismo signo, los tetraedros de aluminio deben permanecer separados al menos por un tetraedro de silicio. Esto último se conoce como la *Regla de Loewenstein* [11].

I.6.1. ACIDEZ DE TIPO BRØNSTED

En una matriz zeolítica, el reemplazo de un átomo de silicio por un átomo de aluminio con coordinación tetraédrica genera una carga negativa en la red. Cuando los iones que compensan esta carga son protones, se genera un puente de grupo hidroxilo entre un átomo de aluminio y uno de silicio en determinada posición de la red, que actúa como un sitio ácido de Brønsted. Este grupo hidroxilo es comúnmente referido como *grupo hidroxilo estructural o puente.*

Se genera un puente de oxígeno tricoordinado de tipo no-clásico donde los enlaces Si–O y Al–O se encuentran alargados, siendo el enlace Al–O más largo. La mejor manera de describir un sitio ácido de Brønsted en las zeolitas es mediante un protón de un grupo hidroxilo débilmente enlazado entre dos átomos con coordinación tetraédrica, generalmente Si y Al. Esta aceptado que las zeolitas poseen una fortaleza ácida más bien comparable a la de la mayoría de los ácidos minerales que a la de los superácidos. La figura I.6a muestra como un átomo de aluminio tetraédricamente coordinado se relaciona con un sitio ácido de Brønsted.

(a) (b)

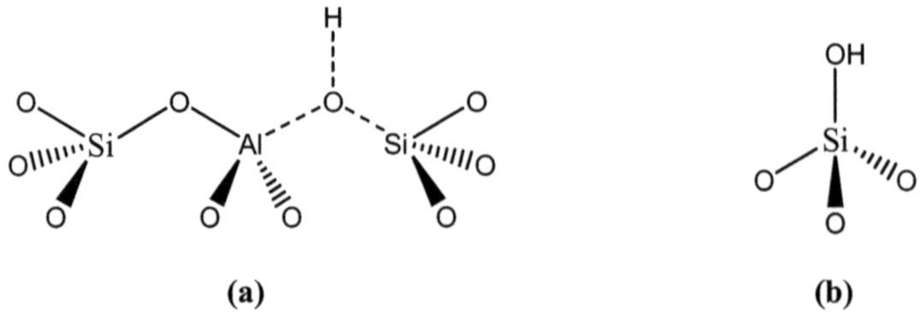

Figura I.6. *Estructuras de **a)** un sitio ácido de Brønsted y **b)** un grupo silanol terminal de una zeolita.*

Desde el punto de vista estructural, un sitio ácido de Brønsted en una zeolita puede ser visto como un híbrido de resonancia entre las estructuras I y II,

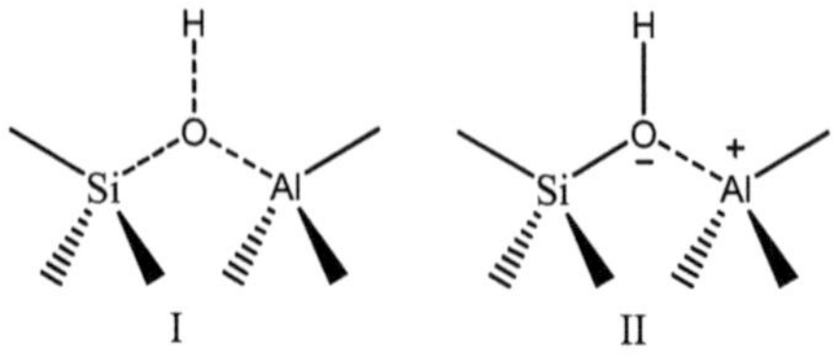

I II

donde la estructura I posee un oxígeno unido a un protón débilmente enlazado a través de un enlace tipo covalente tricentrado, mientras que la estructura II se corresponde con un grupo silanol que interactúa débilmente con un sitio ácido de Lewis. Para explicar la interacción entre átomos cediendo y aceptando pares de electrones, algunos autores proponen una teoría general que permite justificar al modelo I como más representativo para la situación de un sitio ácido en una zeolita cristalina, mientras que el modelo II podría representar la situación de un silicoaluminato amorfo, donde no existen estabilizaciones por simetría de largo alcance [12].

De esta manera, el número de sitios ácidos de Brønsted se encuentra directamente relacionado a la cantidad de aluminio que presenta la red, mediante la cual puede ajustarse la densidad de sitios ácidos de Brønsted. La relación entre la fortaleza de estos sitios ácidos y la actividad catalítica es una cuestión un tanto complicada ya que la fortaleza de los sitios es afectada por factores como: i) la densidad de sitios ácidos (por ejemplo la relación Si/Al, ii) el ángulo de enlace T–O–T, iii) la presencia de aluminio externo a la red y iv) la presencia de contra iones que balancean las cargas de la red.

Adicionalmente, se debe tener presente la influencia del ángulo de enlace Si–O–T sobre la carga parcial y la fortaleza ácida del protón hidroxílico. Para una zeolita ZSM-5, los ángulos de enlaces Si–O–T varían desde 137° hasta 177°, para mordenita estos valores se encuentran entre 143° y 180° y en el rango entre 138° a 147° para una zeolita-Y. Generalmente se acepta que a mayor ángulo de enlace Si–O–T, mayor será la acidez de la zeolita. Por lo explicado anteriormente, una zeolita-Y es menos ácida que las zeolitas ZSM-5 y mordenita.

Adicionalmente a los sitios ácidos de Brønsted presentes en las zeolitas, es posible encontrar grupos silanoles terminales (Si–OH) los cuales no son considerados como sitios ácidos de Brønsted (figura I.6b).

I.6.2. ACIDEZ DE TIPO LEWIS

De acuerdo a Lewis, "un ácido es una especie aceptora de un par de electrones". Esta es una definición más amplia que la propuesta por Brønsted ya que un protón puede considerarse un caso particular de un aceptor de par electrónico.

En los catalizadores zeolíticos, la acidez de Lewis (figura I.7) se encuentra relacionada con la existencia de especies de aluminio externas a la red (EFAL, del inglés *extra framework aluminium*) formadas durante procesos de dealuminación. Estos últimos son generalmente obtenidos durante la activación del material, en el proceso de calcinación.

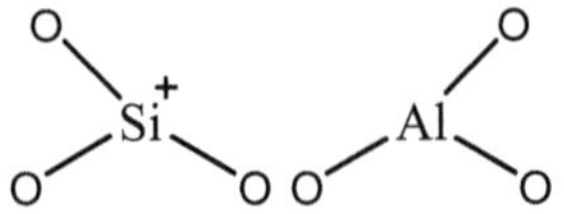

Figura I.7. Posible estructura de un sitio ácido de Lewis en una zeolita.

En una zeolita-Y, los sitios ácidos de Lewis (figura I.8) se pueden generar a partir de sitios ácidos de Brønsted. Los sitios generados de esta manera, poseen una fuerte acidez y se originan mediante deshidratación de grupos -OH acídicos por evacuación a temperaturas elevadas. Si estos sitios permanecen en la estructura de la red, pueden regenerar los sitios ácidos de Brønsted mediante tratamiento posterior con vapor de agua.[13]

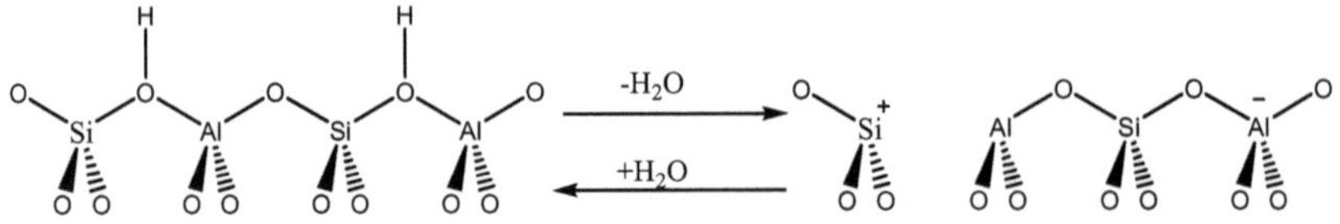

Figura I.8. Generación de un sitio ácido de Lewis en una zeolita.

I.6.3. FORMA ACIDA DE LAS ZEOLITAS

Cuando las zeolitas son sintetizadas, la forma que se obtiene es aquella en la cual un metal M^+ se presenta compensando la carga negativa de la red. Para convertir esta zeolita en la forma ácida (catalíticamente activa) se suele realizar un intercambio iónico con una solución acuosa de una sal de amonio, reemplazándose los iones M^+ por cationes amonio (figura I.9).

Este procedimiento se realiza en solución, empleando soluciones de sales amónicas tales como NH_4Cl o NH_4NO_3 a determinada temperatura. Una vez obtenida la forma amónica de la zeolita, un posterior tratamiento térmico descompone los iones NH_4^+ en NH_3 y protones (H^+), quedando los primeros como cationes que equilibran la carga negativa de la red (sitios ácidos de Brønsted). Los factores más importantes que influyen en el proceso de activación para la formación de la forma ácida de una zeolita son: 1) el tipo de intercambio iónico, 2) el grado de intercambio y 3) las condiciones de calcinación durante el tratamiento térmico.[14]

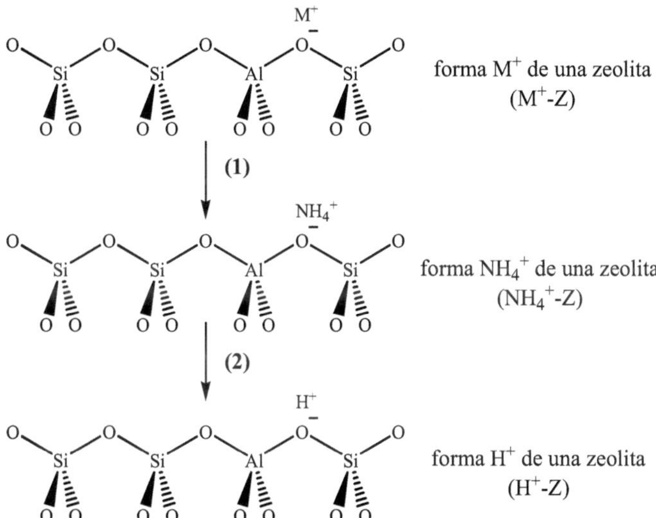

Figura I.9. *Generación de la forma ácida de una zeolita:* ***(1)*** *intercambio catiónico por una sal de amonio y* ***(2)*** *tratamiento térmico para la generación de la forma protónica.*

I.6.4. CRITERIOS PARA LA CLASIFICACIÓN DE ZEOLITAS

Las zeolitas pueden ser clasificadas en base a diferentes criterios, algunos de los más convenientes son: A) tamaño de poros, B) composición química [15] y C) propiedades ácido-base [16].

Por otra parte, la IUPAC clasifica a los sólidos porosos [17] en base al diámetro de los poros, como se observa en la tabla I.2. Desde este punto de vista, las zeolitas son consideradas materiales microporosos cristalinos.

Tabla I.2. *Clasificación de los materiales porosos según IUPAC [17].*

Tipo	Macro-	Meso-	Micro-	Supermicro-	Ultramicro-	Submicro-
Tamaño (nm)	> 50	2 - 50	< 2 (0,4 – 2)	0,7 - 2	< 0,7	< 0,4

El diámetro de poros en una zeolita es determinado por el tamaño de la apertura en la estructura del mismo, el cual es dependiente de la cantidad de átomos T que lo forma. En base a esto, las zeolitas se pueden clasificar en zeolitas de poros pequeños, medianos, grandes y extra-grandes (tabla I.3).

Tabla I.3. *Clasificación de las zeolitas en base al tamaño de poros.*

Tipo	Apertura de poro	Diámetro nominal del poro (Å)	Ejemplo
Poros pequeños	Anillo de 8 miembros	4,1 x 4,1; 3,6 x 3,6	Linde Tipo A (LTA)
Poros medianos	Anillo de 10 miembros	5,1 x 5,5; 5,3 x 5,4	ZSM-5 (MFI),
Poros grandes	Anillo de 12 miembros	7,4 x 7,4; 5,6 x 6,0; 6,6 x 6,7	Zeolita Y (FAU)
Poros extra-grandes	Anillo de 14 miembros	8,1 x 8,2; 7,2 x 7,5	UTD-1 (DON)

Tabla I.4. *Clasificación de zeolitas en base a la composición (relación Si/Al)*

Tipo	Relación Si/Al	Ejemplos
Baja sílice	1 – 5	Zeolita A (LTA), zeolitas X e Y (FAU)
Alta sílice	> 10	ZSM-5 (MFI), Mordenita (MOR), zeolita Beta (BEA)
Silícea	∞	Silicalita-1 (MFI), silicalita-2 (MEL)

Otra clasificación de las zeolitas se puede realizar teniendo en cuenta la composición química (tabla I.4). Esta clasificación se basa en la relación molar Si/Al que posee la red. De acuerdo con la Regla de Loewenstein, la mínima relación Si/Al que puede tener una zeolita es la unidad, ya que la presencia de átomos de aluminio ocasiona zonas con densidad de carga eléctrica negativa, que deben estar separadas por lo menos por un tetraedro de silicio.

Tabla I.5. *Clasificación de las zeolitas ácidas en base a la relación Si/Al [16].*

Relación Si/Al	Zeolitas	Propiedades ácido-base
Baja (1 – 1,5)	A, X	Escasa estabilidad relativa de la red; Baja estabilidad en ácidos; Elevada estabilidad en álcalis; Elevada concentración de grupos ácidos de fortaleza media
Medio (2 – 5)	Erionita Chabazita Clinoptilolita Mordenita Y	
Alta (10 a ∞)	ZSM-5; Erionita dealuminada; Mordenita; Y	Elevada estabilidad relativa de la red; Elevada estabilidad en ácidos; Baja estabilidad en álcalis; Baja concentración de grupos ácidos de fortaleza elevada

De esta manera, las zeolitas que presentan una relación Si/Al baja, es decir una elevada cantidad de Al, se dice que poseen una red con características hidrofílicas. Por el contrario, las zeolitas altamente silíceas poseen una red de tipo hidrofóbica.

Otro criterio que se puede adoptar para la clasificación de zeolitas también surge de la relación molar Si/Al y conforme a esta, quedan definidas sus propiedades ácido-base, como se puede observar en la tabla I.5.

I.6.5. SINTESIS DE ZEOLITAS

I.6.5.1. Zeolitización mediante síntesis hidrotermal

La síntesis de zeolitas en el laboratorio ha evolucionado mediante la simulación de las condiciones bajo la cual se producen las zeolitas naturales. Los sistemas empleados en el laboratorio operan a elevados valores de pH (superiores a 10, usualmente 12-14) y temperaturas relativamente bajas. De esta manera, la mayoría de las zeolitas sintéticas son obtenidas bajo condiciones de no-equilibrio y producen fases metaestables en condiciones de sobresaturación [18]. Las zeolitas sintéticas representan estructuras metaestables que bajo determinadas condiciones pueden ser transformadas en zeolitas más estables. El cambio total en la energía libre de Gibbs para la reacción de síntesis de una zeolita es generalmente muy pequeño, motivo por el cual la mencionada reacción se encuentra sometida a un control cinético.

Inicialmente, los reactivos que contienen una fuente de silicio y otra de aluminio, se mezclan con una fuente de cationes (metálicos u orgánicos), generalmente en un medio acuoso de pH elevado, para luego calentar la mezcla de reacción en un autoclave sellado a una temperatura superior a los 100 °C y presión autógena (presión autogenerada). Por algún tiempo, luego de alcanzar la temperatura de síntesis, los reactivos permanecen amorfos hasta que transcurrido un período de inducción se puede detectar el producto cristalino, generado a partir de la solución inicial sobresaturada, la cual frecuentemente puede formar un gel. Gradualmente, el material amorfo es reemplazado por una masa similar de cristales de zeolita, los que se recuperan mediante filtración, lavado y posterior secado. El complejo proceso químico involucrado en esta transformación es conocido como *zeolitización*.

Numerosos trabajos científicos relacionan la composición de las mezclas o geles de reacción, el carácter de las fases reaccionantes y diferentes condiciones de reacción tales como temperatura, presión y tiempo, con las fases de zeolitas resultantes. Sin embargo, la información concerniente al mecanismo de cristalización y su cinética es bastante limitado.

Durante la síntesis de zeolitas, en cierto período de tiempo inicial, se forman varios núcleos, se disuelven y aparecen otros. Este proceso continúa hasta que el tamaño de dichos núcleos es lo suficientemente grande como para ser estables en solución y comenzar a crecer. Las curvas típicas de cristalización de materiales zeolíticos tienen forma sigmoidal, como se puede observar en la figura I.10. En esta se pueden distinguir algunas etapas:

1) <u>Nucleación</u>: a su vez se puede dividir en dos subetapas:

A. <u>Inducción</u>: comprende el tiempo entre la mezcla física de los reactivos y la aparición de los primeros núcleos cristalinos, también es conocido como prenucleación. En esta etapa ocurre una reorganización del gel mediante una serie de reacciones químicas en las que se rompen y reorganizan los enlaces T-O-T en las fuentes de átomos tetraédricos, catalizados generalmente por iones oxhidrilos.

B. <u>Transición</u>: formación de núcleos cristalinos viables. En esta etapa, el material amorfo reorganizado en la etapa de inducción alcanza un tamaño y un grado de ordenamiento de manera tal que puede comenzar a propagarse la estructura periódica, a partir de la cual podrá tener lugar el crecimiento cristalino. En esta etapa juegan un rol crucial los cationes, atrayendo alrededor de las esferas de coordinación, a las especies en solución en la orientación energéticamente más favorable. Las moléculas de agua que rodean al catión van siendo reemplazadas progresivamente por unidades de silicato/aluminato coordinándose con el catión a través de átomos de oxígeno que actúan aportando sus pares de electrones no enlazantes, para generar una topología particular, definida por la geometría del catión. Estos elementos estructurales se van ensamblando hasta generar una subunidad lo suficientemente estable y con la geometría adecuada para conectarse a otras estructuras similares, promoviendo zonas en el material con un cierto ordenamiento ("islas de orden"). Todo el sistema se encuentra en un régimen dinámico en el cuál estas islas se crean mediante ensamble y se destruyen por redisolución pero con una tendencia hacia el ordenamiento, hasta que llegan a ser lo suficientemente estables como para que se propague una red periódica y comience el crecimiento cristalino.

2) Crecimiento cristalino: una vez que se han formado núcleos de tamaño adecuado como para ser estables y no disolverse, pueden comenzar a crecer. El crecimiento de los cristales sucede a velocidad constante y puede ocurrir fundamentalmente por adición de nuevas unidades de crecimiento o menos frecuentemente, por agregación de las ya formadas. De esta manera, los núcleos crecen progresivamente para dar lugar a los cristales de zeolitas hasta que llega un momento en el cuál se agotan los nutrientes. La distribución de tamaño de los cristales finales y el tamaño medio de los mismos dependen de la competencia entre la velocidad de nucleación y de crecimiento. La distribución final será tanto más estrecha

cuanto mayor sea la velocidad de nucleación con respecto a la de crecimiento, mientras que el tamaño promedio de cristales será menor mientras más núcleos se formen.

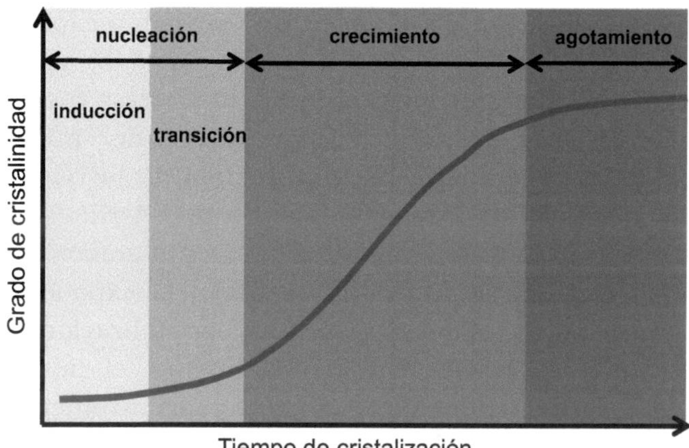

Figura I.10. *Curva típica de cristalización de una zeolita mediante síntesis hidrotermal.*

3) Agotamiento de los nutrientes: en esta etapa cesa el crecimiento de los cristales al agotarse las fuentes de silicato y/o aluminato.

I.6.5.2. Teoría de Kolmogorov-Johnson-Mehl-Avrami.

Tradicionalmente, la cinética de transformaciones en fase sólida, incluyendo aquellas que involucran procesos de nucleación y crecimiento, se estudia en el marco de la teoría de Kolmogorov-Johnson-Mehl-Avrami (KJMA), la cual aporta una descripción de los fenómenos expresados como la fracción de material transformado (α) en función del tiempo a temperatura constante, es decir, una descripción fenomenológica temporal de la transformación de un material desde una fase dada en otra. El modelo se puede resumir en la sencilla formula que se presenta a continuación:

$$\propto = 1 - e^{-k(t-t_0)^n} \qquad \text{(ecuación I.1)}$$

donde $\propto$ es la fracción de fase transformada, k la constante cinética de crecimiento cristalino, t_0 el período de inducción, t el tiempo de cristalización y n el orden de reacción o exponente de la Ley de Avrami, para el cual se cumple $n=\lambda+\delta$, siendo λ el factor geométrico de crecimiento de los cristales y δ el número de pasos involucrados en la formación de núcleos de crecimiento. La constante k es una medida de la velocidad de reacción y presenta una dependencia de tipo Arrhenius con la temperatura de cristalización y tiene en cuenta ambos procesos: de nucleación y cristalización. En cambio, el exponente n de Avrami es sensible al mecanismo de cristalización y a la dependencia de la nucleación con el tiempo, el mismo lleva implícito el número de dimensiones espaciales involucradas con el crecimiento cristalino. Este modelo es aplicable, siempre que se tengan presentes los siguientes aspectos:

i) La transformación de fase ocurre mediante procesos de nucleación y crecimiento.
ii) Los sitios de nucleación denominados gérmenes se distribuyen al azar en todo el volumen y no ocurre una cristalización especial en las paredes del recipiente.
iii) El tamaño crítico de un núcleo es cero.
iv) La dependencia de la nucleación con el tiempo puede ser: a) de orden cero (instantánea), en la que todos los núcleos se forman instantáneamente o b) de primer orden (esporádica), en la que un cierto número de núcleos incrementa linealmente con el tiempo.
v) El crecimiento cristalino puede ser en 1, 2 o 3 dimensiones, pudiéndose observar varillas, placas o esferas, respectivamente (figura I.11).

Los estudios cinéticos en los cuales se grafica el porcentaje de cristalización en función del tiempo dan como resultado una curva sigmoidal como se comentó anteriormente, la cuál puede ser estudiada separándola en tres eventos bien definidos: (a) período de inducción, (b) período de transición y (c) crecimiento cristalino.[19, 20]

Teniendo en cuenta las posibles combinaciones de mecanismos de nucleación y crecimiento que puede tomar el exponente "n" de Avrami, se pueden resumir los tipos de nucleación y crecimiento en base a la tabla I.6.[21] Un determinado valor de n puede describir diferentes tipos de nucleación y subsecuente crecimiento cristalino al igual que diferentes combinaciones de estos dos procesos.

Tabla I.6. *Valores del exponente n de Avrami para los diferentes tipos de nucleación y crecimiento.[21]*

Exponente de Avrami ($\lambda+\delta=n$)	Tipos de Crecimiento y Nucleación
1+0=1	Crecimiento en varilla a partir de nucleación instantánea.
1+1=2	Crecimiento en varilla a partir de núcleos esporádicos.
2+0=2	Crecimiento en discos a partir de nucleación instantánea.
2+1=3	Crecimiento en discos a partir de núcleos esporádicos.
3+0=3	Crecimiento esferulítico a partir de nucleación instantánea.
3+1=4	Crecimiento esferulítico a partir de núcleos esporádicos.

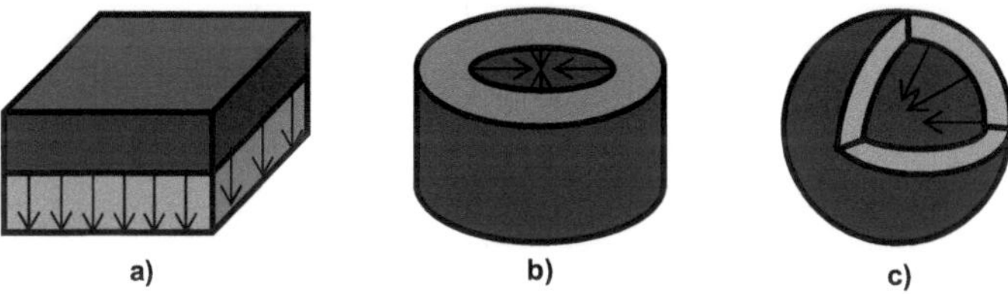

Figura I.11. *Avance del crecimiento de la interfase en a) una, b) dos y c) tres dimensiones.*

I.6.5.3. Agentes directores de estructura y síntesis asistida por semillas.

En la síntesis de zeolitas, la formación de una red, como así también la unidad poliédrica específica, dependen de la presencia de uno o dos especies catiónicas que actúan como plantillas (en inglés "templates"). Se puede decir que las plantillas son especies catiónicas que se agregan al medio de síntesis para colaborar o guiar en la polimerización u organización de los bloques de construcción aniónicos que generan la red zeolítica [22]. Por ejemplo, los cationes Na^+ asociados a moléculas de agua, actúan como tales, favoreciendo la formación de fases zeolíticas como la sodalita, cancrinita, faujasita, zeolita-A, etc. [23] Muchas zeolitas clásicas tales como las zeolitas A, X e Y, son preparadas empleando sistemas reactivos puramente inorgánicos, sin embargo, el rango de reactivos ha crecido desde 1961 para incluir moléculas orgánicas tales como aminas y cationes amonio cuaternarios, los cuales se emplean como plantillas [23]. Estos últimos son generalmente tóxicos y considerados poco benignos para el medio ambiente [24]. Las moléculas orgánicas, que se agregan para generar porosidad en la síntesis de zeolitas, quedan obstruyendo los canales o poros, por lo tanto, deben ser eliminadas de los mismos para que el sólido pueda cumplir con su función.

Básicamente, los compuestos orgánicos más utilizados para la preparación de zeolitas son removidos de la red mediante combustión a temperaturas elevadas y en presencia de aire, por ejemplo 550 °C para eliminar el catión tetrapropilamonio, de mayor uso para la preparación de ZSM-5. Durante este tratamiento, la red zeolítica puede ser parcialmente destruida y adicionalmente suelen necesitarse elevadas temperaturas para que los compuestos orgánicos sean degradados a CO, CO_2, NO_x y H_2O, lo cual además genera un inconveniente extra desde el punto de vista medioambiental [25].

Una alternativa en la preparación de zeolitas que evita el empleo de agentes orgánicos directores de estructura, consiste en la síntesis asistida por semillas. El agregado de pequeñas cantidades de una estructura zeolítica preformada (semilla) ocasiona un incremento en la velocidad de cristalización. Esta mejoría puede deberse simplemente a un incremento en la velocidad a la cual los solutos son integrados a la fase sólida desde la solución, ocasionada por una mayor superficie disponible o una mayor nucleación de nuevos cristales [26].

Aparentemente, el empleo de una síntesis asistida por semillas se puede aplicar para preparar una gran variedad de zeolitas, otorgando ventajas para su diseño a escala industrial y comercialización. Sin embargo, se presentan algunos inconvenientes tales como la dificultad de conseguir un rendimiento importante, imposibilidad de controlar la relación Si/Al en el producto y regular el tamaño de los cristales [27].

I.6.5.4. Nuevas tendencias en la síntesis de zeolitas.

A pesar de la gran variedad de materiales disponibles en la actualidad, la comunidad científica se encuentra en la continua tarea de cubrir la demanda creciente en nuevos materiales porosos cristalinos. En realidad, el universo de los sólidos microporosos se encuentra conformado por muchas clases de materiales. Debido a que las fuerzas conductoras para la innovación surgen no solo de las necesidades de las industrias química, petroquímica y refinería, sino también de las oportunidades que otorga el avance tecnológico, las zeolitas resultan materiales altamente atractivos y en la actualidad son consideradas como interesante foco de atención [28].

En las últimas décadas, se han realizado grandes esfuerzos por descubrir métodos eficientes para la síntesis de zeolitas que minimicen la contaminación medioambiental. En este sentido, las rutas de síntesis libres de agentes orgánicos directores de estructura, han aportado más chances para ser rediseñadas a mayor escala, posibilitando su potencial aplicación industrial.

En general, diferentes autores concuerdan que entre las principales áreas de acción y los consecuentes desafíos en la síntesis de materiales porosos cristalinos se encuentran: 1) nuevos procedimientos de síntesis, 2) modificaciones en la composición de la red, 3) obtención de materiales híbridos y 4) cambios morfológicos que permitan obtener: nanocristales, poros con estructura jerárquicas y zeolitas delaminadas, entre otros [28].

I.6.5.5. Perlita como fuente de SiO_2 y Al_2O_3 para la síntesis de zeolitas.

La Perlita es un vidrio volcánico formado por un poco más del 70 % en masa de sílice (SiO_2) y 13 % de alúmina (Al_2O_3), presentándose en varios tipos y formas, dependiendo de su localización y proceso de formación. Uno de los rasgos más importantes que caracteriza a la Perlita es su capacidad de expansión cuando se somete a un calentamiento a temperaturas elevadas. Cuando esto ocurre, se expande de cuatro a veinte veces su volumen original, generando minúsculas burbujas al vaporizarse el agua que posee en su estructura. Este proceso se conoce como expansión y hace disminuir notablemente la densidad de la Perlita, generando un material poroso de color blanco y muy liviano que se comercializa bajo el nombre de Perlita Expandida.

En la República Argentina existen yacimientos de Perlita en varias provincias, siendo Salta la que posee el yacimiento más productivo del país. Debido a su elevada composición en sílice y alúmina, la Perlita ha sido utilizada como materia prima en la síntesis de zeolitas, entre los reportes encontrados se pueden mencionar: la preparación de zeolitas A y X [29], zeolita-

Y [30], ZSM-5 [31], phillipsita y sodalita [32, 33], revelando un noble camino para incrementar el valor agregado del mineral.

A pesar que la síntesis de zeolitas a partir de vidrios volcánicos provee una oportunidad para revalorizar los recursos minerales que no son explotados o utilizados en otras aplicaciones industriales, generalmente se obtienen bajos rendimientos y zeolitas con grado de pureza variable.

I.6.6. PARTICULARIDADES DE LAS ZEOLITAS EN CATALISIS

I.6.6.1. Selectividad de forma

Una propiedad interesante que poseen los materiales zeolíticos deriva de las dimensiones moleculares uniformes que posee la red porosa. Esta permite el ingreso de ciertos reactivos y una fácil salida de productos a través de sus cavidades o bien, permanecen atrapados o escapan con mayor dificultad, en caso de tratarse de moléculas voluminosas. Los pioneros en introducir el concepto de *selectividad de forma* fueron los científicos de la compañía Mobil [34], con la finalidad de dar explicación a reacciones que no obedecen las clásicas leyes de la termodinámica y se encuentran fuertemente influenciadas por las dimensiones de los poros o cavidades [1].

Esta misma propiedad es la que hace que las zeolitas sean consideradas *tamices moleculares*, debido a la posibilidad de separar selectivamente moléculas similares en base a sus tamaños.

La selectividad de forma que poseen las zeolitas se pone de manifiesto a través de tres propiedades, ellas son: 1) la selectividad a los reactivos, 2) selectividad a los productos y 3) selectividad al estado de transición.

I.6.6.2. Selectividad a la forma de los reactivos

La selectividad a la forma de los reactivos se pone de manifiesto en las zeolitas cuando las moléculas de estos son demasiado grandes para ser efectivamente adsorbidas en el interior de los poros y difundir. La selectividad a la forma de los reactivos se define como *la conversión selectiva de ciertas moléculas de reactivos cuando en la materia prima se encuentran presentes otras moléculas pero cuyas dimensiones son superiores a la apertura de los poros.* Una de las formas más simple de selectividad hacia la forma de los reactivos se observa en la deshidratación selectiva de alcoholes sobre zeolitas Ca-A y Ca-X (formas cálcicas de las zeolitas A y X, respectivamente). Una mezcla de alcohol butílico primario y secundario deshidrata de manera selectiva al *n*-butanol sobre Ca-A, mientras que sobre Ca-X se realiza la deshidratación de ambos alcoholes. Esto se debe a que la zeolita Ca-X posee un tamaño de poros superior a la de Ca-A (figura I.12) [35].

Figura I.12. *Selectividad a la forma de los reactivos en la deshidratación de n-butanol y 2-butanol sobre zeolita Ca-A.*

La selectividad a la forma de los reactivos también depende de la temperatura por dos razones: 1) las moléculas se vuelven más flexibles a temperaturas superiores y 2) la apertura de los poros de las zeolitas y de otros tamices moleculares pueden tener un movimiento que se conoce como movimiento de respiración (del inglés *breathing motion*), lo que ocasiona tamaños de poros superiores a los determinados mediante cálculos cristalográficos o estimados en base a las medidas de adsorción a temperatura ambiente. De hecho, hay evidencia experimental que demuestra la capacidad de difusión por parte de algunas moléculas que no lo pueden hacer a temperatura ambiente pero que si lo hacen a temperaturas elevadas [36].

I.6.6.3. Selectividad a la forma de los productos

En una reacción catalítica se pueden obtener diferentes productos a partir de los mismos reactivos. La selectividad a la forma de los productos se refiere a *la formación selectiva de ciertas moléculas cuando hay otros potenciales productos, cuya generación es termodinámicamente factible pero limitada por la difusión al exterior de los poros.* La formación selectiva de ciertos productos ocurre cuando las moléculas son de tamaño pequeño y pueden difundir fácilmente al exterior de los poros, de esta manera, aparecen como los principales productos observados.

Un ejemplo clásico que pone de manifiesto la selectividad a la forma de los productos es la reacción de metilación de tolueno empleando metanol sobre un catalizador de zeolita ZSM-5 en la que ocurre la formación preferencial de *p*-xileno (figura I.13). Entre los tres isómeros del xileno, el *p*-xileno no es el producto que se encuentra favorecido termodinámicamente pero su formación se realiza debido a que la difusividad del *p*-xileno es varios órdenes de magnitud superior a la de *m*-xileno y *o*-xileno [37].

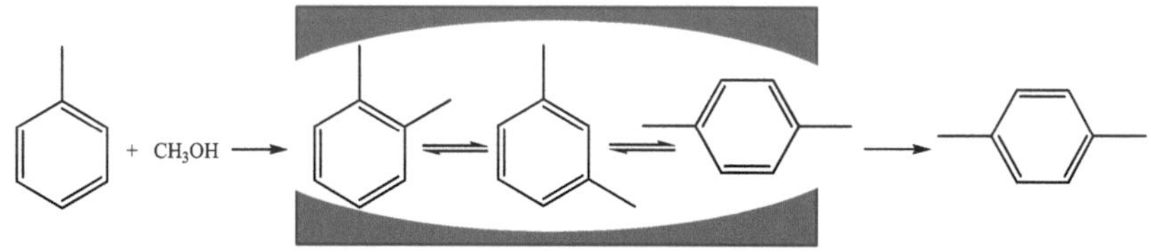

+ CH_3OH →

Figura I.13. *Selectividad a la forma de productos en la metilación de tolueno sobre zeolita ZSM-5.*

I.6.6.4. Selectividad al estado de transición

La estructura efectiva de una zeolita prohíbe el desarrollo de ciertos estados de transición debido a restricciones estéricas o espaciales. De esta manera, solo los estados de transición que acontecen con determinadas geometrías (aquellas espacialmente permitidas), admiten el desarrollo de una reacción química y su transcurso hacia determinados productos. Un ejemplo de este tipo de selectividad es la reacción de transalquilación (desproporción) de dialquilbencenos para producir mono- y trialquilbencenos sobre zeolitas como la H-Y (figura I.14).

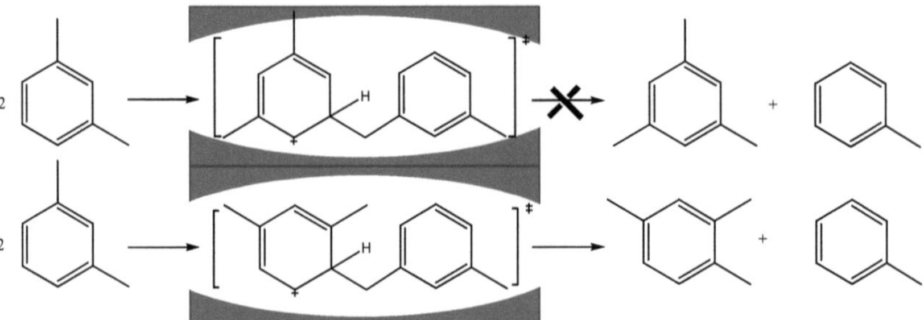

Figura I.14. *Selectividad al estado de transición en la desproporción de m-xileno (transmetilación) sobre H-mordenita.*

En el equilibrio, los 1,3,5-trialquilbencenos son los principales productos, tales como los que se obtienen cuando se emplea un catalizador H-Y. Sin embargo, H-mordenita previene la generación de los 1,3,5-trialquilbencenos porque el respectivo estado de transición no puede ajustarse al tamaño del anillo de esa red.

Una manera de poder diferenciar la selectividad al estado de transición de la selectividad a los productos es mediante el tamaño de las partículas o de los cristalitos que influencian la selectividad a los productos pero no afectan la reacción cuando hay selectividad al estado de transición [36].

I.6.6.5. Material mesoporoso MCM-41

En 1992, investigadores de la empresa Mobil sintetizaron una familia de tamices moleculares mesoporosos conocidos como M41S. Estos sólidos presentaban mesoporos uniformes y picos en la zona de ángulos bajos de los difractogramas de rayos X. Dentro de esta familia se encuentra la mesofase conocida como MCM-41, un silicoaluminato de baja cristalinidad, formado por una estructura uniforme de canales altamente regulares organizados en una estructura hexagonal cuyo diámetro de poros se puede hacer variar dentro del intervalo 12 - 100 Å, mediante la adecuada selección de las condiciones de síntesis. Este material presenta un elevada área superficial y relativamente buena estabilidad térmica. La estructura porosa es unidimensional y no hay interconección entre los canales (figura I.15). Las paredes silíceas de este material no son ordenadas y se presentan defectos estructurales procedentes de la hidrólisis de la fuente de silicio y su posterior condensación.

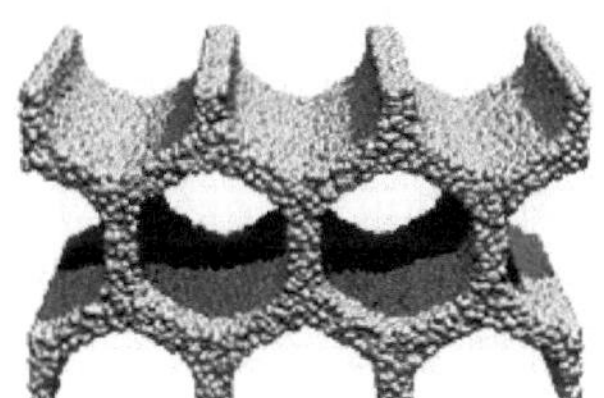

Figura I.15. *Organización en el material MCM-41.*

Su estructura recuerda a la de un panal de abejas cuyas paredes se encuentran formadas por material silíceo amorfo. La obtención de estructuras de sílice organizadas de esta manera es factible gracias a la incorporación de agentes tensioactivos en el medio de síntesis, que poseen alta capacidad de autoensamblaje y de organizar estructuras inorgánicas a su alrededor. La sílice MCM-41 pura no posee sitios ácidos de Brønsted, sin embargo si se realizan sustituciones isomórficas de silicio por un catión trivalente como aluminio, se generan sitios ácidos moderados. Por otro lado, estos materiales, al ser amorfos, no poseen la gran estabilidad térmica que poseen las zeolitas, ya que a ~ 600 °C la estructura colapsa.

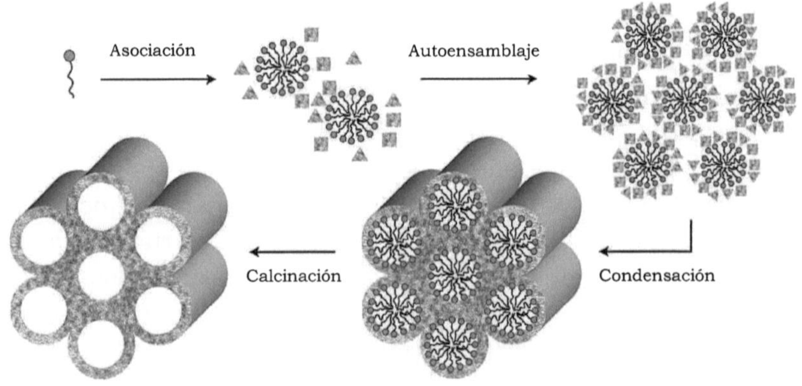

Figura I.16. *Formación de la estructura MCM-41 mediante el mecanismo LCT.*

En la preparación de la sílice mesoporosa MCM-41, habitualmente se emplea un surfactante (bromuro de cetiltrimetilamonio) que actúa como agente director de estructura, este se debe encontrar en una concentración superior a la concentración micelar crítica (CMC = $1{,}028 \times 10^{-4}$ M) para poder formar micelas en forma de tubos con un arreglo hexagonal (figura I.16). Alrededor de las mismas se condensará el silicato para formar las paredes amorfas de la estructura mesoporosa. Este mecanismo de templado molecular inducido por reactivos, que involucra la formación de cristales líquidos de surfactante bajo la influencia de otras especies del medio, se conoce como mecanismo LCT (de las siglas en ingles Liquid Crystal Templating) [38]. La posterior calcinación elimina el agente surfactante del interior de los canales.

I.6.7. Materiales microporosos con jerarquía de poros

La explosión en el descubrimiento de zeolitas microporosas ha favorecido innumerables aplicaciones comerciales tales como la adsorción con selectividad de forma (por ejemplo, la adsorción de moléculas lineales en presencia de moléculas ramificadas) y la catálisis. Sin embargo, la generación de materiales microporosos con organización jerárquica de poros, esto es, materiales con una segunda porosidad (generalmente mesoporosidad) conectada a la red microporosa, puede producir materiales que superan en aplicaciones a los materiales puramente microporosos. A modo de ejemplo se puede mencionar que la diferencia en la velocidad catalítica para zeolitas que presentan mesoporos es superior a la de aquellas que poseen solamente microporos, esto se debe al incremento en la velocidad de transporte al interior de los microporos en donde se llevan a cabo las reacciones selectivas.

Los métodos que permiten generar zeolitas con jerarquía de poros son económicamente viables a gran escala. El tamaño, la forma y el número de mesoporos generalmente no se pueden controlar, para ello, se han propuesto numerosas técnicas que permiten generar materiales microporosos con organización jerárquica y mayor control en el arreglo de microporos y mesoporos. Algunos de estos métodos involucran el empleo de sofisticados agentes directores de estructura que permiten organizar los poros en jerarquías y ajustar el tamaño de los mismos en base a la longitud de una cadena presente en la estructura molecular del agente director [39, 40]. Pero a pesar que los materiales con organización jerárquica son interesantes y elegantes desde el punto de vista científico, se cuestiona hasta qué punto su empleo representa una ventaja técnica frente a aquellos que poseen una estructura de mesoporos organizada al azar [27]. Su aplicación debe justificar el empleo de un sistema con uniformidad de poros para adicionar el costo de producción para un sólido con tales características.

I.6.7.1. Generación de mesoporos en zeolita ZSM-5

De acuerdo a los reportes analizados, se encontraron varios métodos para la preparación de zeolitas con una estructura porosa jerárquica micro- y mesoporososa. De todos ellos, solamente se comentarán aquellos que serán utilizados en esta tesis.

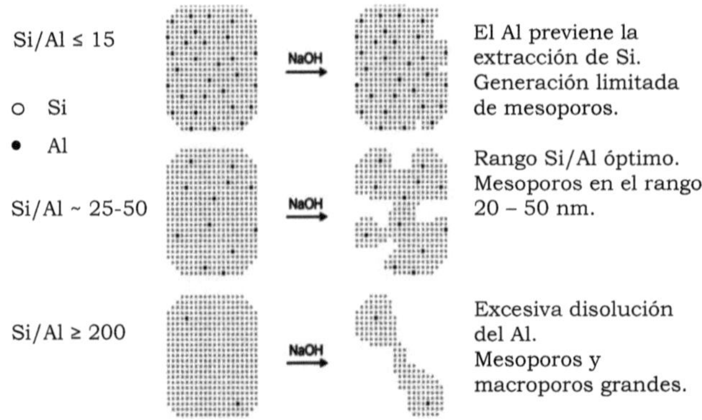

Figura I.17. *Esquema simplificado de la influencia del contenido de Al y mecanismo de formación de poros en el tratamiento de zeolitas MFI con solución de NaOH.[41]*

A) <u>Tratamiento alcalino</u>. En un medio alcalino, la hidrólisis producida por los iones OH^- genera la extracción de Si de la red zeolítica preservando el entorno de Al y por lo tanto las propiedades ácidas relacionadas. El grupo de Pérez-Ramírez [41] encontró que la presencia de Al en la red juega un rol importante en el mecanismo de formación de mesoporos durante el tratamiento alcalino de zeolitas MFI (figura I.17).

La presencia de elevadas concentraciones de Al (Si/Al < 20) previene la extracción de Si y por lo tanto, limita la formación de mesoporos. En cambio, las zeolitas altamente silíceas (Si/Al >> 50) muestran una excesiva y no selectiva disolución del Si, creando poros relativamente grandes. Una relación Si/Al entre 25 – 50 parece ser la óptima para generar una mesoporosidad sustancial en el interior de los cristales, combinada con la preservación de los centros de Al. Esto ofrece potenciales aplicaciones en los casos cuya difusión sea limitada.

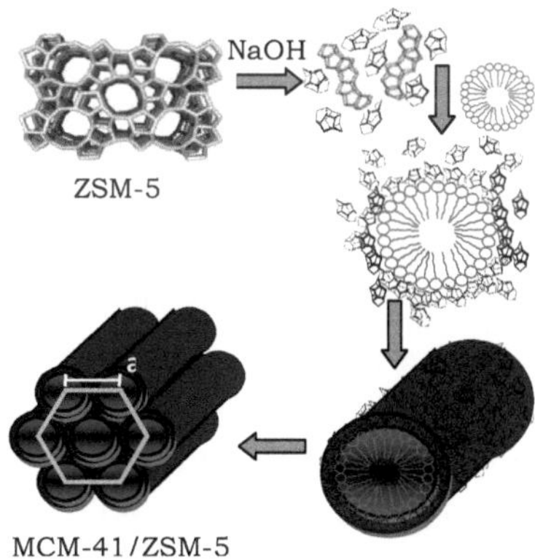

Figura I.18. *Mesoestructuración de la zeolita en el material ZSM-5/MCM-41.*

B) <u>Mesoestructuración a partir de ensamblaje de precursores zeolíticos</u>: Este método parece ser uno de los más utilizados dado la gran cantidad de reportes encontrados. En líneas generales, el método involucra dos etapas de cristalización, en la primera de ellas se forman los precursores de la estructura zeolítica deseada (sin llegar a una completa cristalización) y luego, en la segunda etapa, se adiciona la solución precursora de zeolita y el agente director de la meso-estructura (surfactante). En esta etapa ocurre el ensamblaje del sólido mesoporoso, cuyas paredes están conformadas por las unidades precursoras de las zeolitas (figura I.18). El sistema más estudiado es aquel que utiliza fragmentos de una zeolita ZSM-5 para conformar las paredes de los canales de un sistema con arreglo MCM-41, en un material denominado ZSM-5/MCM-41.

I.7. REACCIONES DE TRANSESTERIFICACIÓN

Transesterificación es una de las clásicas reacciones orgánicas que posee una infinidad de aplicaciones en el laboratorio y la industria. Los químicos orgánicos hacen uso frecuente de esta reacción cuando se necesita preparar un éster. En algunas ocasiones, una transesterificación es más ventajosa que la preparación de ésteres a partir de ácidos carboxílicos y alcoholes. Por ejemplo, algunos ácidos carboxílicos son escasamente solubles en solventes orgánicos y consecuentemente, difícil de ser sometidos a una esterificación homogénea, mientras que los ésteres son comúnmente solubles en la mayoría de los solventes orgánicos. La transformación éster-a-éster es particularmente útil cuando los ácidos carboxílicos emparentados son lábiles y difíciles de aislar. Algunos ésteres, particularmente los ésteres metílicos y etílicos, se encuentran disponibles comercialmente y por lo tanto, sirven convenientemente como materiales de partida en transesterificaciones. Esta reacción se puede conducir bajo condiciones anhidras para permitir el empleo de materiales sensibles a la humedad.

Una transesterificación es aplicable no solo con fines puramente de síntesis orgánica sino también en la polimerización, por ejemplo la apertura de anillos lactónicos. Además del uso en el laboratorio, la transesterificación tiene una larga historia en la industria.

$$R{-}C({=}O){-}O{-}R_1 + R_2{-}OH \rightleftharpoons R{-}C({=}O){-}O{-}R_2 + R_1{-}OH$$

Figura I.19. *Reacción general de transesterificación.*

La transesterificación es un proceso en el que un éster es transformado en otro mediante intercambio de la fracción alcoxi (figura I.19). Esta reacción es un proceso que alcanza el estado de equilibrio químico, en el que la transformación ocurre esencialmente mediante simple mezclado de ambos componentes. Por otro lado, es sabido que la reacción puede ser acelerada haciendo uso de catalizadores ácidos o básicos. Debido a su gran versatilidad, las reacciones catalizadas por ácido o por bases fueron sujetas a extensivas investigaciones y sus características principales fueron vislumbradas durante los años '50s y '60s. Aparentemente, la reacción bajo condiciones ácidas o básicas no siempre cumple con los requisitos modernos de la síntesis química, la cual necesita ser altamente eficiente y selectiva. Por lo tanto, es natural que los esfuerzos realizados en la actualidad se enfoquen en el descubrimiento de nuevos catalizadores que otorguen mejorías al proceso catalizado con ácidos o bases en sistemas homogéneos. Además de la catálisis química, una reacción de transesterificación puede ser acelerada por el empleo de diferentes enzimas.

I.7.1. Transesterificación en ausencia de catalizador

Ciertas reacciones de transesterificación pueden desarrollarse incluso en ausencia de un catalizador. Este es el caso de la reacción utilizando β-cetoésteres, para los cuales se conoce desde hace tiempo que pueden sufrir una transesterificación por efecto térmico. Calentando alcoholes tales como un alcohol alifático, mentol o alcoholes esteroidales en exceso de un β-cetoéster y utilizando un baño de vapor, se puede conseguir el nuevo éster con un rendimiento superior al

90%. Esta reacción puede ser explicada mediante la formación de un intermediario tipo acilcetena (figura I.20) [42].

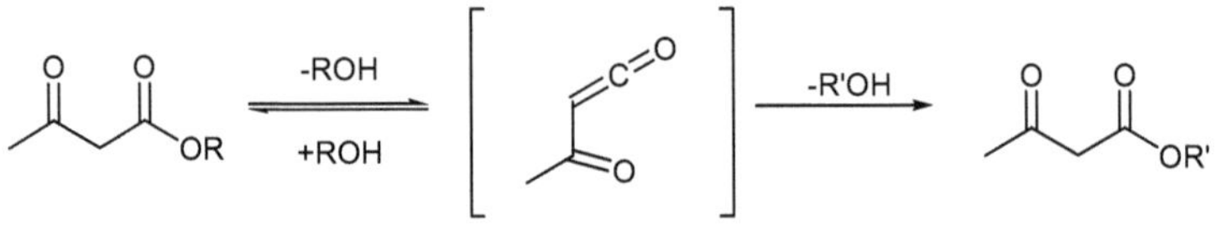

Figura I.20. *Transesterificación de un β-cetoéster.*

Por otro lado, el empleo de zeolita 4A como tamiz molecular, acelera le reacción entre acetoacetato de etilo y varios alcoholes. Esto se puede justificar en base a la absorción selectiva del etanol formado por parte de la zeolita 4A, lo que facilita que el equilibrio se desplace hacia la formación de productos [43].

La transesterifcación del aceite de canola, el cual consiste en ésteres de ácidos grasos con glicerol, para formar los respectivos metilésteres, es de gran importancia práctica ya que estos ésteres livianos son utilizados como biodiesel. Sometiendo el aceite de canola en metanol supercrítico a 350 °C, se produce satisfactoriamente la formación de los ésteres metílicos (figura I.21). Se cree que el metanol en estado supercrítico cambia la naturaleza heterogénea de las dos fases aceite/metanol a una fase simple mediante una disminución en la constante dieléctrica del metanol [44].

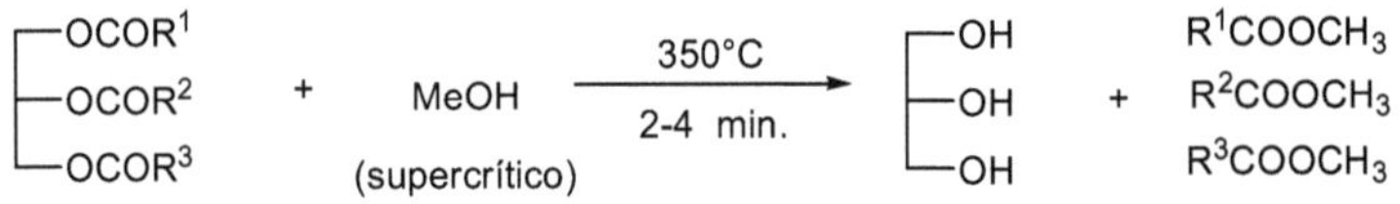

$$\text{OCOR}^1,\ \text{OCOR}^2,\ \text{OCOR}^3 + \underset{\text{(supercrítico)}}{\text{MeOH}} \xrightarrow[\text{2-4 min.}]{350^\circ\text{C}} \text{OH},\ \text{OH},\ \text{OH} + \text{R}^1\text{COOCH}_3,\ \text{R}^2\text{COOCH}_3,\ \text{R}^3\text{COOCH}_3$$

Figura I.21. *Transesterificación del aceite de canola para la obtención de Biodiesel.*

I.7.2. Catálisis ácida en la transesterificación

La transesterificación se ha llevado a cabo tradicionalmente empleando una catálisis homogénea con catalizadores ácidos tales como los ácidos sulfúrico, sulfónico, fosfórico y clorhídrico [45]. Este método es aplicable en varios casos a menos que se encuentren involucrados componentes sensibles a los ácidos. La transesterificación se debe realizar bajo condiciones anhidras ya que de manera contraria los ésteres pueden ser hidrolizados.

Los catalizadores heterogéneos de tipo ácido son más interesantes que los homogéneos desde el punto de vista práctico, por lo tanto, se encuentran disponibles innumerables técnicas de preparación que emplean los mismos. Casi toda la información acerca del uso de catalizadores heterogéneos de tipo ácido se encuentra disponible para la preparación de Biodiesel. Los catalizadores heterogéneos de tipo ácido tienen potencial de reemplazar a los ácidos líquidos, por lo tanto, eliminan los problemas de corrosión y consecuentemente la contaminación ambiental generada por estos últimos. Sin embargo, los esfuerzos para explotar los catalizadores heterogéneos ácidos en reacciones de transesterificación son limitados, debido a las expectativas poco optimistas de presentar una baja velocidad de reacción y generación de subproductos [46]. Como resultado, no se conocen completamente los factores que gobiernan la reactividad de los catalizadores sólidos, por ejemplo, no se han formulado correlaciones entre la fortaleza ácida y la actividad de los catalizadores. Por otro lado, debido a las restricciones difusivas, los catalizadores deben poseer un sistema de poros interconectados, por lo tanto, toda la superficie del sólido debe estar disponible para promover la reacción. A pesar que es viable cumplir con estas premisas, no se verifica para cualquier sólido poroso el hecho de poseer un sistema con una distribución uniforme en la arquitectura de los poros, solamente las zeolitas parecen presentar esta ventaja. El papel de estos últimos será comentado más adelante en este mismo capítulo.

Además de las zeolitas, otros catalizadores heterogéneos de tipo ácido se han estudiado para ser utilizados en reacciones de transesterificación, entre ellos se pueden mencionar: sílices mesoporosas de la familia SBA, heteropoliácidos, polímeros ácidos, resinas y solidos ácidos derivados de residuos carbonáceos [47].

I.7.3. Catálisis básica en la transesterificación

Así como en la catálisis ácida, las bases son utilizadas en reacciones de transesterificación. La catálisis básica es otra forma convencional de esta popular reacción. Esta es promovida por catalizadores homogéneos tales como los alcóxidos metálicos, siendo los más populares los de sodio y potasio. Además de los alcóxidos, también se utilizan acetatos, óxidos, carbonatos metálicos e hidroxitalcitas [45, 47]. La cinética de este tipo de reacción se estudió para la metanólisis de ésteres metílicos de *o*-, *m*- y *p*- benzoatos sustituidos, catalizada por metóxido de sodio [48]. Los resultados son compatibles con un mecanismo de ataque nucleofílico por parte del ión alcóxido. Usualmente, la reacción transcurre de manera suave con alcoholes primarios mientras que es inactiva con alcoholes secundarios y terciarios [45].

Las zeolitas también pueden ser utilizadas como catalizadores heterogéneos de tipo básico en reacciones de transesterificación. La fortaleza básica de los iones alcalinos intercambiados en zeolitas aumenta con el incremento en la naturaleza electropositiva del catión. La oclusión de clústers de óxidos de metales alcalinos en el interior de las estructuras zeolíticas, formados por la descomposición de sales de metales alcalinos impregnadas, resultan en un incremento en la basicidad de dichos materiales. Se ha demostrado que la conversión de metil ésteres sobre una zeolita Na-X del grupo de las faujasitas, previamente intercambiada con cationes más electropositivos, resulta superior a la de la zeolita sin intercambiar [49].

Por otro lado, en la transesterificación de triglicéridos, una catálisis básica ocurre de manera más rápida que una ácida, pero trae adicionado algunos inconvenientes. El hidróxido de sodio es significativamente mejor que el metóxido de sodio [50], pero este último causa la formación de varios subproductos. Por otro lado, se requiere un aceite de alta calidad, de lo contrario, se formarán sales de ácidos grasos (jabones) a partir de los ácidos grasos libres, facilitando la emulsión de la mezcla de reacción y encareciendo el proceso de recuperación del producto.

I.7.4. Antecedentes en el empleo de zeolitas como catalizadores ácidos en reacciones de transesterificación diferentes a la obtención de Biodiesel

Además de una importante cantidad de reportes acerca del empleo de zeolitas ácidas en la transesterificación de grasas y aceites [51-56], solo pocas publicaciones han empleado diversas zeolitas para realizar una catálisis ácida sobre reacciones de transesterificación en fase líquida. Cronológicamente, se resumen las características más sobresalientes de los reportes encontrados:

En 1998, Balaji y Chanda [57] estudiaron la preparación de β-cetoésteres mediante transesterificación de acetoacetatos de alquilo con diversos alcoholes primarios y secundarios, obteniendo excelentes rendimientos cuando se emplean catalizadores con acidez de Lewis tales como las zeolitas H-Y, H-Beta, H-ZSM-5, H-ZSM-12 y una variante de la zeolita-Y obtenida mediante sustitución isomórfica con átomos de Renio (Re-Y). Los resultados demuestran que la zeolita H-Beta es el mejor catalizador. La transesterificación resultó altamente selectiva para los β-cetoésteres mientras que otros ésteres como α-ceto-, γ-ceto-, α-halo y los insaturados, no pudieron ser transesterificados.

Chavan y col. [58] patentaron un proceso de transesterificación entre cetoésteres y alcoholes en cantidades aproximadamente estequiométricas, utilizando catalizadores solidos de tipo ácido, dentro de los cuales hacen mención a las zeolitas, empleando un solvente adecuado y mediante calentamiento en un rango de temperatura comprendido entre 70 y 120 °C.

Sasidharan y Kumar [59] reportaron la transesterificación de diferentes β-cetoésteres con una gran variedad de alcoholes, encontrando que los ésteres alifáticos poseen una mayor reactividad que los aromáticos y/o los ésteres cíclicos. La reacción procede sin inconvenientes con alcoholes primarios más que con los alcoholes terciarios, cíclicos y alílicos. Por otra parte, las zeolitas con mayor tamaño de poros como la zeolita-Y, mordenita y Beta, muestran una actividad superior a la de ZSM-5, cuyo tamaño de poros es intermedio. El silicoaluminato mesoporoso MCM-41 presenta una escasa actividad. De los diferentes solventes utilizados, tolueno conduce a la mayor actividad, la que se acentúa al incrementar la temperatura de reacción. El mecanismo de reacción involucra la formación de un intermediario tipo acilcetena que se obtiene mediante la interacción del β-cetoéster con los sitios ácidos de Brønsted del catalizador, seguido por el ataque nucleofílico del alcohol sobre el centro electrofílico y sucesiva eliminación del protón para generar el producto.

Srinivas y col. [60] estudiaron la aplicación de titanosilicatos del tipo TS-1, Ti-MCM-41 y TiO_2-SiO_2 en reacciones de transesterificación de acetoacetato de etilo (un monoéster), malonato de dietilo (un diéster) y carbonato de propileno (un éster cíclico) con varios alcoholes. Los resultados indicaron que los catalizadores presentan excelente actividad. La actividad aumenta con la acidez de los catalizadores en el orden TS-1 < Ti-MCM-41 < TiO_2-SiO_2. La actividad de los catalizadores depende también de las estructuras y dimensiones del éster. Mientras se observó una gran actividad en la transesterificación de acetoacetato de etilo y malonato de dietilo, el catalizador TS-1 era inactivo en la transesterificación de carbonato de propileno. Mediante adsorción de piridina-IR y TPD-NH_3, se demostró que los titanosilicatos contienen solamente sitios ácidos de Lewis mientras que los sitios de Brønsted no pudieron ser detectados.

Ogawa y col. [61] emplearon la forma ácida de varias zeolitas del tipo mordenita con diferentes relación Si/Al en la catálisis para reacciones de transesterificación entre acetatos alifáticos y diversos alcoholes, quedando demostrado la "selectividad de forma" mediante medidas de velocidades de reacción. La reactividad se incrementa para la transesterificación de acetato de etilo con alcoholes superiores, alcanzando la máxima velocidad para *n*-hexanol.

I.7.5. Conocimientos acerca del mecanismo de la reacción de transesterificación

En 1959, Juvet y Wachi [62], basándose en trabajos anteriores, postularon un mecanismo de reacción (figura I.22) para la alcohólisis de ésteres catalizada por ácidos. En el mismo, el primer intermediario que se forma es un carbocatión (II) cuya carga positiva puede deslocalizarse para formar híbridos de resonancia del tipo catión oxonio, el cual reacciona en un segundo paso con el alcohol para formar un complejo de adición (III) en la etapa controlante de la velocidad de reacción.

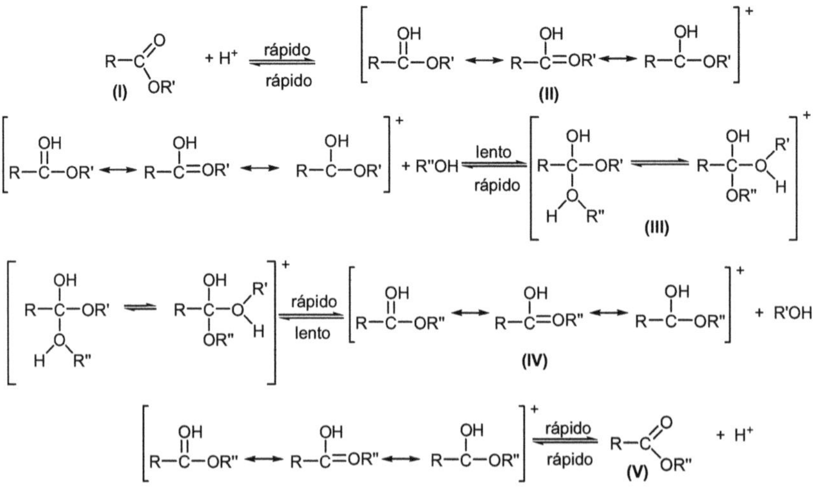

Figura I.22. *Mecanismo de transesterificación propuesto por Juvet y Wachi [62].*

Por otro lado, Macario y col. [56] reportaron la transesterificación de triglicéridos empleando zeolitas ácidas como catalizadores, llegando a la conclusión que estos no son adecuados para la mencionada reacción, debido a limitaciones difusionales de los reactivos al interior de los microporos. Sin embargo, propusieron un mecanismo de reacción que involucra la generación de un catión oxonio y posterior ataque nucleofílico por parte del alcohol, similar al sugerido por Juvet y Wachi.

Por su parte, Kresnawahjuesa y col. [63] investigaron la adsorción en fase gaseosa de diversos agentes acilantes sobre los sitios ácidos de Brønsted de una zeolita H-ZSM-5. Los resultados demostraron la generación de un intermediario del tipo zeolita acetilada cuando se realiza la adsorción tanto de cloruro de acetilo como de anhídrido acético. El posterior tratamiento de este intermediario con agua o amoníaco genera ácido acético y acetamida, respectivamente. Por otro lado, la adsorción de ácido acético sobre la superficie de la zeolita genera un complejo que permanece fuertemente unido mediante puente hidrógeno a los sitios ácidos de Brønsted. Los autores concluyen que el intermediario tipo zeolita acetilada es altamente reactivo y es probablemente el más importante en las reacciones de acilación que acontecen sobre la superficie de los catalizadores zeolíticos. Desafortunadamente, el intermediario se descompone por encima de 450 K (176,85 °C) a ciertos productos que probablemente conducen a la formación de coque.

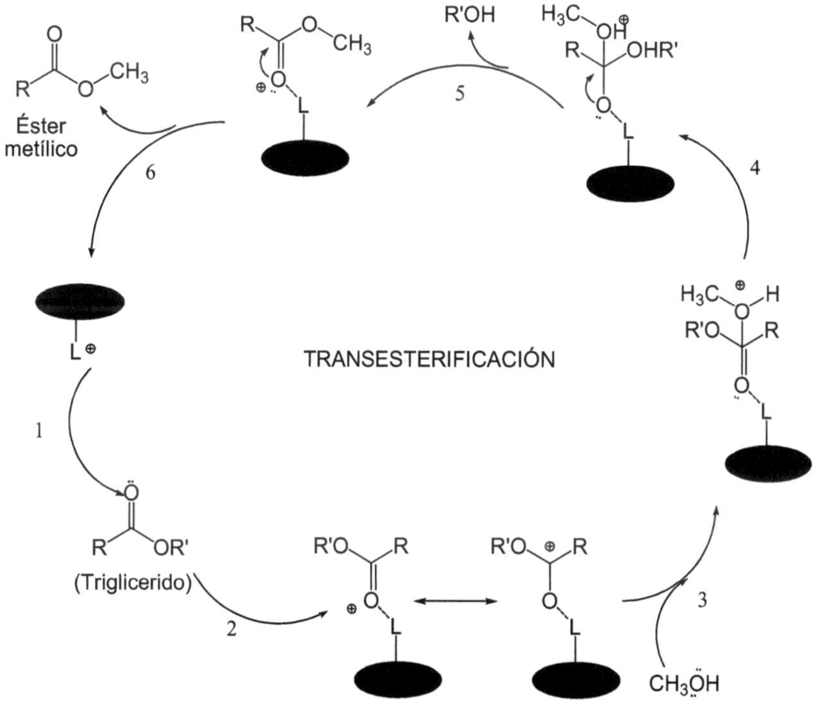

Figura I.23. *Mecanismo de transesterificación propuesto por Kulkarni y col. [64]*

En el 2006, Kulkarni y col. [64], estudiando la producción de biodiesel, propusieron un mecanismo (figura I.23) para la transesterificación de un monoglicérido (representativo de un triglicérido) con un alcohol, sobre los sitios ácidos de Lewis de un catalizador heterogéneo, siguiendo una cinética tipo Langmuir-Hinshelwood (LH). La interacción por parte del oxígeno carbonílico del monoglicérido con un sitio ácido de Lewis (L^+) del catalizador, genera un carbocatión. Posteriormente, el ataque nucleofílico de un alcohol sobre el carbocatión genera un intermediario con un carbono de tipo tetraédrico que elimina una molécula de agua para formar un mol éster ($RCOOCH_3$). El empleo de un exceso de alcohol favorece la reacción en la dirección de la formación de productos, incrementando por lo tanto el rendimiento de la misma. El catalizador se pudo reciclar y reutilizar con una perdida despreciable en su actividad catalítica.

En el 2013, Reyes y col. [65] emplearon como modelo de estudio la reacción de metanólisis de acetato de etilo con ácido sulfúrico como catalizador. Los resultados indican que los factores más importantes que afectan al mecanismo de la reacción son tres: (a) la capacidad ionizante del solvente, (b) la fortaleza ácida del catalizador y (c) la fortaleza del nucleófilo. De esta manera, se pueden identificar dos tipos extremos de mecanismos. En el primero de ellos, en solventes altamente ionizantes con catalizadores ácidos fuertes y nucleófilos buenos, el mecanismo es el tradicionalmente aceptado (figura I.24). En este caso, el catalizador ácido se encuentra totalmente disociado y su contraión está solvatado, no teniendo participación en el estado de transición. Este mecanismo de adición se realiza en etapas y el estado de transición es un par iónico libre.

En el segundo tipo de mecanismo estudiado por el grupo de Reyes, en un solvente no polar con un catalizador ácido y un nucleófilo (ambos débiles), el catalizador ácido sin disociar participa en la generación del estado de transición, facilitando la transferencia de hidrógeno que protona el átomo de oxígeno carbonílico y desprotona al nucleófilo. El mecanismo de adición es concertado y no iónico.

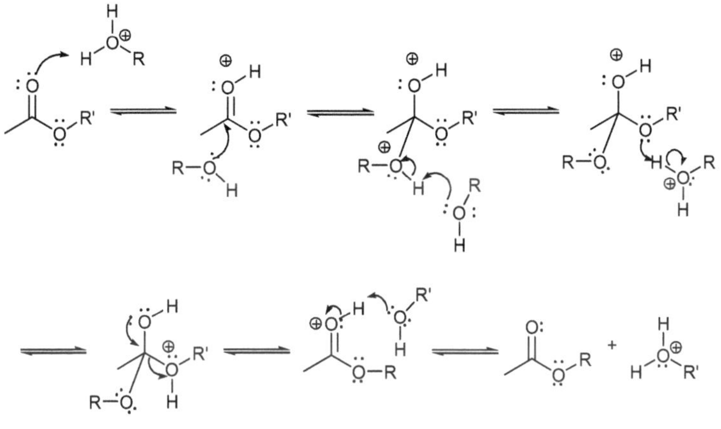

Figura I.24. *Mecanismo aceptado para una transesterificación catalizada por ácidos [65].*

La mayoría de las adiciones nucleofílicas pueden ser tratadas como casos intermedios entre estos dos tipos de mecanismos. Cambiando la naturaleza del solvente, el catalizador ácido y el nucleófilo, se puede encontrar un interesante espectro de mecanismos de adición entre los dos extremos identificados, ya que asumir un solo tipo de mecanismo de adición nucleofílica al grupo carbonilo ocasionaría una generalización un poco grosera [65].

I.8. EMPLEO DE ALQUENIL ÉSTERES COMO DADORES DE GRUPOS ACILOS

La mayoría de las reacciones de transesterificación alcanzan el estado de equilibrio químico cuyas constantes de equilibrio poseen valores cercanos a la unidad (K_{eq} ~ 1) [62], razón por la cual la conversión de las mismas no suele superar el 50% en un sistema cerrado. Se han aplicado diferentes artificios con la finalidad de desplazar el equilibrio químico hacia la formación de productos y por lo tanto, incrementar la conversión. Entre ellos se pueden mencionar los que emplean un exceso de reactivos y aquellos que remueven productos del sistema de reacción. De los primeros se pueden mencionar el empleo de excesos de alcoholes, mientras que entre los últimos se encuentran el empleo de zeolitas [43] y la destilación reactiva [66] que permiten secuestrar y eliminar productos de reacción del sistema, respectivamente.

Con el mismo fin, otro artificio que suele ser muy utilizado en biocatálisis, implica el empleo de alquenil ésteres como agentes dadores de grupos acilos. Entre ellos, el acetato de vinilo supone ventajas al ser considerado económico. El acetato de vinilo como agente dador de grupos acilos en reacciones de transesterificación presenta la ventaja de que al intercambiar su fracción alcohólica por otra, libera alcohol vinílico el cual se encuentra en equilibrio con acetaldehído mediante una tautomería ceto-enólica (figura I.25).

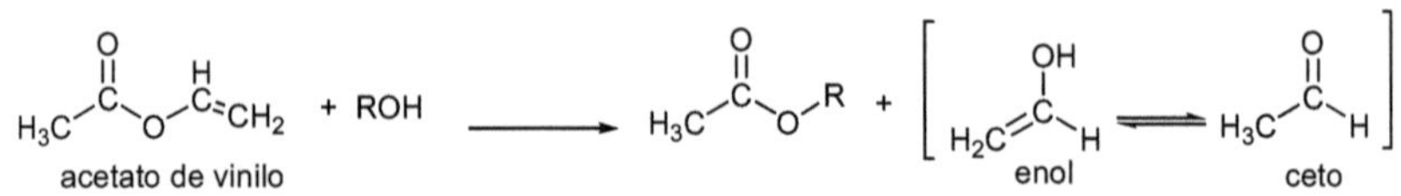

$H_3C{-}C(=O){-}O{-}CH{=}CH_2$ + ROH ⟶ $H_3C{-}C(=O){-}O{-}R$ + [$H_2C{=}C(OH){-}H$ ⇌ $H_3C{-}C(=O){-}H$]

acetato de vinilo — enol — ceto

Figura I.25. *Actuación del acetato de vinilo como dador de grupos acilos y tautomería ceto-enólica del alcohol vinílico.*

El equilibrio entre un aldehído o una cetona simple y los correspondientes tautómeros enol se encuentra generalmente tan desplazado hacia la forma ceto que la cantidad del enol en equilibrio no puede ser detectado o cuantificado mediante métodos habituales de análisis [67]. Por otra parte, el tautómero ceto del alcohol vinílico es el acetaldehído, el cual presenta un bajo punto de ebullición (P_{eb} = 20,2 °C), razón por la cual, a temperaturas de trabajo superiores a la ambiente, el acetaldehído gaseoso se escapa del sistema, favoreciendo la irreversibilidad de la reacción y generando un sistema de reacción más limpio y de menor complejidad.

I.9. SÍNTESIS DE ACETATO DE ISOAMILO

El acetato de isoamilo es el éster más requerido en la industria de alimentos debido a su intenso aroma a bananas [68]. Solamente en los EEUU, se utilizan más de 74 toneladas de este éster por parte de la industria de alimentos. Su producción a nivel industrial se realiza mediante síntesis química, con un mecanismo de esterificación de Fischer que emplea ácido sulfúrico concentrado como catalizador (figura I.26) [69].

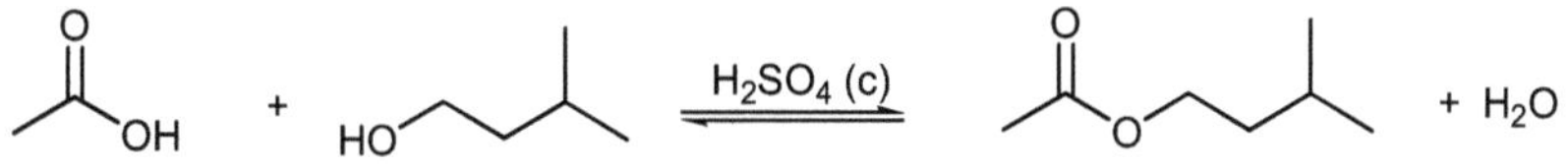

Figura I.26. *Reacción química de la síntesis industrial de acetato de isoamilo.*

Este método trae aparejado los inconvenientes anteriormente mencionados para la catálisis homogénea de tipo ácida, es decir, utiliza un ácido mineral, lo que lleva a contribuir con la contaminación del medioambiente, requiere un post-tratamiento y de esta manera encarece el proceso en la industria [70]. En trabajos recientes, se reporta el uso de lipasas comerciales en solventes orgánicos [70, 71] o en ausencia de los mismos [70], pero a pesar de indicar buenos resultados, es sabido que los procesos biotecnológicos son generalmente menos económicos que los químicos.

I.10. MODELADO MOLECULAR EN CATÁLISIS

En la actualidad, la industria se encuentra bajo una creciente presión por conseguir un control más preciso de los procesos catalíticos que se vea reflejado en los aspectos económicos y ambientales. Este progreso solo se puede llevar a cabo cuando se adquiere un buen grado de entendimiento sobre los sistemas catalíticos a nivel molecular [72]. Para ello, el modelado molecular se ha convertido rápidamente en una herramienta esencial para el diseño de catalizadores y otros materiales. Con ella, se puede proveer de nuevos puntos de vista, los cuales pueden ser difíciles de arribar aún mediante los métodos experimentales más modernos y sofisticados.

Es vital una estrecha interacción entre el modelado molecular y lo experimental. La estrategia más productiva para implementarlo en una investigación en catálisis, probablemente involucra un modo dual de trabajo por retroalimentación, donde los datos experimentales (estudios cinéticos, información termodinámica y datos espectroscópicos) sean utilizados para validar los modelos teóricos. Al mismo tiempo, el modelado molecular debe servir para explicar experimentos y resultados con la finalidad de sugerir nuevas experiencias o quizás de sustituir las mismas en la proyección de realizar cambios en las condiciones de reacción.

La superficie de un catalizador puede ser modelada utilizando un modelo finito de clúster o bien empleando un bloque periódico (en inglés: slab). La ventaja de utilizar la aproximación con un clúster es que se puede utilizar, con mínimas modificaciones, todo el espectro de métodos mecanocuánticos que se emplean con moléculas pequeñas, pero por otro lado, posee la desventaja que la capacidad de cálculo disminuye al incrementar el tamaño del clúster. Este inconveniente se ve superado cuando se utiliza el modelo de bloques. Este último es más útil cuando se desea estudiar el comportamiento de adsorbatos con un grado de recubrimiento de medio a elevado, ya que presenta un menor costo computacional que con la aproximación del clúster. Ambos métodos se pueden aplicar a diferentes niveles de cálculo: semiempíricos, ab initio y usando la teoría del funcional de la densidad (DFT).

I.10.1. Métodos computacionales

Existen dos grandes áreas principales en la química computacional orientadas al estudio de las moléculas y su reactividad, estas son: A) la mecánica molecular (MM) y B) la teoría de estructura electrónica (EE).

I.10.1.1. Métodos de Mecánica Molecular (MM)

La mecánica molecular utiliza las leyes de la física clásica para predecir estructuras y propiedades moleculares, no trata a los electrones de un sistema molecular de manera explícita pero optimiza el cálculo en base a la interacción electrón-núcleo. Los efectos electrónicos se consideran implícitos en los campos de fuerza. Esto hace que MM sea muy eficiente computacionalmente y pueda ser utilizada para realizar cálculos sobre moléculas muy grandes (del orden de 10^3 átomos) pero no se pueden realizar estudios sobre procesos que involucren formación o ruptura de enlaces. Por otro lado, las propiedades moleculares que dependen del entorno electrónico no son reproducibles.

I.10.1.2. Métodos de Estructura Electrónica (EE)

Los métodos de cálculo de estructura electrónica, están basados principalmente en las leyes de la mecánica cuántica, más que en la mecánica clásica. Los estados cuánticos, energía y otras propiedades relacionadas se obtienen resolviendo la ecuación de Schrödinger, pero solo para muy pocos sistemas esta ecuación puede ser resuelta exactamente. Los métodos de cálculo de estructura electrónica se caracterizan por realizar aproximaciones matemáticas para resolver esta ecuación, estos métodos pueden ser i) Semiempíricos, ii) ab-initio o de primeros principios y iii) los que utilizan la Teoría del Funcional de la Densidad (DFT).

i) Métodos semiempíricos: utilizan parámetros experimentales para simplificar el cálculo computacional. Estos métodos resuelven de manera aproximada la ecuación de Schrödinger que depende de parámetros apropiados al tipo de sistema químico estudiado. Poseen un bajo costo computacional y proveen una descripción cualitativa razonable, pero, su exactitud en la predicción cuantitativa de la energía y las estructuras moleculares depende de que tan buenos sean los conjuntos de parámetros, tamaño del sistema y tipo de átomos que lo conformen.

ii) Métodos ab-initio: a diferencia de MM y semiempíricos, no utilizan parámetros experimentales en el cálculo, están basados únicamente en las leyes de la mecánica cuántica y valores de constantes físicas fundamentales como la velocidad de la luz, masas y cargas de electrones y núcleos, constante de Plank, etc. Los métodos ab-initio predicen con mayor exactitud que los semiempíricos desde el punto de vista cuantitativo y cualitativo, pero su costo computacional incrementa sustancialmente. El tipo más simple de cálculo de estructura electrónica ab-initio es el método Hartree-Fock (HF) que puede ser considerado como una extensión de la teoría de orbitales moleculares en la que la repulsión electrón-electrón no es específicamente tomada en cuenta, sino que su efecto promedio es incluido en los cálculos.

iii) Métodos del Funcional de la Densidad: toma en cuenta la correlación electrónica como un funcional general de la densidad electrónica. Estos métodos pueden ser muy precisos, bajo un pequeño costo computacional. El inconveniente es que a diferencia de los ab-initio, no hay una manera sistemática de perfeccionar el método mediante mejora de la forma del funcional. Algunos combinan el intercambio de densidad del funcional con el intercambio de términos Hartree-Fock y son denominados métodos del funcional híbrido.

I.11. REFLEXIÓN DEL CAPÍTULO I

De manera resumida y en base a lo expuesto en el este capítulo, se puede afirmar que la catálisis favorece al desarrollo sustentable de nuestra sociedad, contribuyendo al perfeccionamiento de nuevos materiales catalíticos para ser aplicados en procesos que garantizan la conservación de los recursos existentes, restauración de los daños ocasionados y prevención de los perjuicios futuros. Debido a la capacidad de modular las características y distribución de los sitios ácidos en zeolitas, estos resultan materiales atractivos para realizar una catálisis que implique la actuación de sitios ácidos de Brønsted. Entre los catalizadores heterogéneos de tipo ácido que pueden utilizarse en reacciones de transesterificación, está comprobada la actuación por parte de zeolitas, no habiendo un consenso claro para el mecanismo de reacción que involucra una catálisis heterogénea de tipo ácida. En este sentido, los métodos computacionales sirven de gran ayuda y otorgan simplicidad al estudio mecanístico de las reacciones químicas.

REFERENCIAS

[1] Fechete, I., Wang, Y., Védrine, J.C., Catalysis Today 189 (2012) 2-27.

[2] Chapuis, C., Jacoby, D., Applied Catalysis A: General 221 (2001) 93-117.

[3] Rothenberg, G., Catalysis: Concepts and Green Applications, Wiley, 2008.

[4] Sheldon, R.A., Pure and Applied Chemistry 72 (2000) 1233-1246.

[5] McNaught, A.D., Wilkinson, A., Pure, I.U.o., Chemistry, A., IUPAC Compendium of Chemical Terminology, IUPAC, 2003.

[6] Clark, J.H., Macquarrie, D.J., Wilson, K., en: S. Abdelhamid, J. Mietek (Eds.), Studies in Surface Science and Catalysis, Volume 129, Elsevier, 2000, pág. 251-264.

[7] Colella, C., Gualtieri, A.F., Microporous and Mesoporous Materials 105 (2007) 213-221.

[8] Xu, R., Pang, W., Yu, J., Huo, Q., Chen, J., Chemistry of Zeolites and Related Porous Materials: Synthesis and Structure, Wiley, 2009.

[9] Baerlocher, C., McCusker, L.B., Database of Zeolite Structures, http://www.iza-structure.org/databases/.

[10] van der Gaag, F.J., ZSM-5 type zeolites: Synthesis and use in gasphase reactions with ammonia, Technische Universiteit Delft, Tesis doctoral, 1987, 132.

[11] Loewenstein, W., American Mineralogist 39 (1954) 92-96.

[12] Corma, A., Journal of Catalysis 216 (2003) 298-312.

[13] Kondo, J.N., Nishitani, R., Yoda, E., Yokoi, T., Tatsumi, T., Domen, K., Physical Chemistry Chemical Physics 12 (2010) 11576-11586.

[14] Stepto, R.F.T., Szostak, R., Molecular Sieves: Principles of Synthesis and Identification, Springer, 1998.

[15] Klabunde, K.J., Richards, R.M., Nanoscale Materials in Chemistry, Wiley, 2009.

[16] Hagen, J., Industrial Catalysis, Wiley-VCH Verlag GmbH & Co. KGaA, 2006, pág. 239-259.

[17] Everett, D.H., Manual of Symbol and Terminology for Physicochemical Quantities and Units., 31(4), Pure Appl. Chem., London, 1972, pág. 577-638.

[18] Byrappa, K., Yoshimura, M., en: K. Byrappa, M. Yoshimura (Eds.), Handbook of Hydrothermal Technology, William Andrew Publishing, Norwich, NY, 2001, pág. 315-414.

[19] Uzcátegui, D., González, G., Catalysis Today 107–108 (2005) 901-905.

[20] Pan, F., Lu, X., Wang, Y., Chen, S., Wang, T., Yan, Y., Microporous and Mesoporous Materials 184 (2014) 134-140.

[21] Sharples, A., Introduction to polymer crystallization, Edward Arnold, 1966.

[22] Wilson, S.T., en: H. Robson, K.P. Lillerud (Eds.), Verified Syntheses of Zeolitic Materials, Elsevier Science, Amsterdam, 2001, pág. 27-31.

[23] Huo, Q., en: R. Xu, W. Pang, Q. Huo (Eds.), Modern Inorganic Synthetic Chemistry, Elsevier, Amsterdam, 2011, pág. 339-373.

[24] Meng, X., Xiao, F.-S., Chemical Reviews 114 (2013) 1521-1543.

[25] Ng, E.-P., Zou, X., Mintova, S., en: S.L. Suib (Ed.), New and Future Developments in Catalysis, Elsevier, Amsterdam, 2013, pág. 289-310.

[26] Thompson, R.W., en: H. Robson, K.P. Lillerud (Eds.), Verified Syntheses of Zeolitic Materials, Elsevier Science, Amsterdam, 2001, pág. 21-23.

[27] Davis, M.E., Chemistry of Materials 26 (2013) 239-245.

[28] Bellussi, G., Carati, A., Rizzo, C., Millini, R., Catalysis Science & Technology 3 (2013) 833-857.

[29] Giordano, N., Recupero , L., Pino, L., Bart, J.C.J., Industrial Minerals (1987) 83-95.

[30] Christidis, G.E., Papaton, H., The Open Mineralogy Journal 2 (2008) 1-5.

[31] Wang, P., Shen, B., Gao, J., Catal.Today
Catalysts and Processes for Heavy Oil Upgrading 125 (2007) 155-162.

[32] Destéfanis, H.A., Erdmann, E., Acosta, D.E., International Journal of Chemical Reactor Engineering 5 (2007) 1-13.

[33] Rujiwatra, A., Mater.Lett. 58 (2004) 2012-2015.

[34] Chen, N.Y., Shape Selective Catalysis in Industrial Applications, Second Edition, Taylor & Francis, 1996.

[35] Weisz, P.B., Frilette, V.J., The Journal of Physical Chemistry 64 (1960) 382-382.

[36] Song, C., Garcés Juan, M., Sugi, Y., Shape-Selective Catalysis, 738, American Chemical Society, 1999, pág. 1-16.

[37] Beschmann, K., Riekert, L., Muller, U., Journal of Catalysis 145 (1994) 243-245.

[38] Beck, J.S., Vartuli, J.C., Roth, W.J., Leonowicz, M.E., Kresge, C.T., Schmitt, K.D., Chu, C.T.W., Olson, D.H., Sheppard, E.W., Journal of the American Chemical Society 114 (1992) 10834-10843.

[39] Na, K., Choi, M., Ryoo, R., Microporous and Mesoporous Materials 166 (2013) 3-19.

[40] Serrano, D.P., Escola, J.M., Pizarro, P., Chemical Society Reviews 42 (2013) 4004-4035.

[41] Groen, J.C., Jansen, J.C., Moulijn, J.A., Pérez-Ramírez, J., The Journal of Physical Chemistry B 108 (2004) 13062-13065.

[42] Witzeman, J.S., Tetrahedron Letters 31 (1990) 1401-1404.

[43] Koval, L.I., Dzyuba, V.I., Ilnitska, O.L., Pekhnyo, V.I., Tetrahedron Letters 49 (2008) 1645-1647.

[44] Otera, J., Nishikido, J., Esterification: Methods, Reactions, and Applications, Wiley, 2009.

[45] Otera, J., Chemical Reviews 93 (1993) 1449-1470.

[46] Chopade, S.G., Kulkarni, K.S., Kulkarni, A.D., Topare, N.S., Acta Chimica & Pharmaceutica Indica 2 (2012) 7.

[47] Lee, A.F., Bennett, J.A., Manayil, J.C., Wilson, K., Chemical Society Reviews 43 (2014) 7887-7916.

[48] Taft, R.W., Newman, M.S., Verhoek, F.H., Journal of the American Chemical Society 72 (1950) 4511-4519.

[49] Puna, J.F., Gomes, J.F., Correia, M.J.N., Soares Dias, A.P., Bordado, J.C., Fuel 89 (2010) 3602-3606.

[50] Meher, L.C., Vidya Sagar, D., Naik, S.N., Renewable and Sustainable Energy Reviews 10 (2006) 248-268.

[51] Leclercq, E., Finiels, A., Moreau, C., J Amer Oil Chem Soc 78 (2001) 1161-1165.

[52] Brito, A., Borges, M.E., Otero, N., Energy & Fuels 21 (2007) 3280-3283.

[53] Chung, K.-H., Park, B.-G., Journal of Industrial and Engineering Chemistry 15 (2009) 388-392.

[54] Shu, Q., Yang, B., Yuan, H., Qing, S., Zhu, G., Catalysis Communications 8 (2007) 2159-2165.

[55] Endalew, A.K., Kiros, Y., Zanzi, R., Biomass and Bioenergy 35 (2011) 3787-3809.

[56] Macario, A., Giordano, G., Onida, B., Cocina, D., Tagarelli, A., Giuffrè, A.M., Applied Catalysis A: General 378 (2010) 160-168.

[57] Balaji, B.S., Chanda, B.M., Tetrahedron 54 (1998) 13237-13252.

[58] Chavan, S.P., Dantale, S.W., Keshavaraja, A., Ramaswamy, A.V., Zubaidha, P.K., Process for the transesterification of keto esters using solid acid as catalysts, US Patent, Council of Scientific & Industrial Research New Delhi, IN, USA, 2001.

[59] Sasidharan, M., Kumar, R., Journal of Molecular Catalysis A: Chemical 210 (2004) 93-98.

[60] Srinivas, D., Srivastava, R., Ratnasamy, P., Catalysis Today 96 (2004) 127-133.

[61] Ogawa, H., Fujigaki, T., Saito, H., Bulletin of Tokyo Gakugei University. Series IV, Mathematics and natural sciences 56 (2004) 53-56.

[62] Juvet, R.S., Wachi, F.M., Journal of the American Chemical Society 81 (1959) 6110-6115.

[63] Kresnawahjuesa, O., Gorte, R.J., White, D., Journal of Molecular Catalysis A: Chemical 208 (2004) 175-185.

[64] Kulkarni, M.G., Gopinath, R., Meher, L.C., Dalai, A.K., Green Chemistry 8 (2006) 1056-1062.

[65] Reyes, L., Nicolás-Vázquez, I., Mora-Diez, N., Alvarez-Idaboy, J.R., The Journal of Organic Chemistry 78 (2013) 2327-2335.

[66] Steinigeweg, S., Gmehling, J., Chemical Engineering and Processing: Process Intensification 43 (2004) 447-456.

[67] Dubois, J.E., El-Alaoui, M., Toullec, J., Journal of the American Chemical Society 103 (1981) 5393-5401.

[68] Torres, S., Baigorí, M.D., Swathy, S.L., Pandey, A., Castro, G.R., Food Research International 42 (2009) 454-460.

[69] Welsh, F.W., Williams, R.E., Dawson, K.H., Journal of Food Science 55 (1990) 1679-1682.

[70] Ghamgui, H., Karra-Chaâbouni, M., Bezzine, S., Miled, N., Gargouri, Y., Enzyme and Microbial Technology 38 (2006) 788-794.

[71] Cvjetko, M., Vorkapić-Furač, J., Žnidaršič-Plazl, P., Process Biochemistry 47 (2012) 1344-1350.

[72] Broadbelt, L.J., Snurr, R.Q., Applied Catalysis A: General 200 (2000) 23-46.

CAPÍTULO II

OBJETIVOS, PLANTEO DE HIPÓTESIS Y METODOLOGÍA GENERAL DE TRABAJO

II.1. OBJETIVOS

II.1.1. Objetivo general

El objetivo general de esta tesis doctoral consiste en generar un conocimiento integral sobre la química de un proceso de catálisis heterogénea aplicado a la transesterificación empleando un material de interés industrial. El mismo se estudia comenzando por la preparación de un catalizador sólido, teniendo en cuenta las nuevas tendencias de síntesis (partiendo de materia prima abundante de la región y empleando un método de preparación amigable con el medioambiente), seguido por su aplicación en un sistema catalítico con importancia industrial, estudio de la influencia de variables operacionales que afectan el proceso, su cinética y el planteo racional de un posible mecanismo de reacción.

II.1.2. Objetivos particulares

1. Optimizar la preparación de un catalizador heterogéneo del tipo zeolita ácida, utilizando una metodología de síntesis que contemple la revalorización de materia prima abundante de la región y evite de manera total o parcial el empleo de sustancias orgánicas como agentes directores de estructura. La finalidad es aportar conocimiento acerca de la preparación

de un material zeolítico utilizando un método de preparación más ecológico que el utilizado en la actualidad.

2. Disminuir las barreras difusionales del catalizador zeolítico preparado, con la finalidad de incrementar el espectro de sustratos a utilizar en una catálisis heterogénea en solución y conservando las propiedades ácidas del material microporoso inicial.
3. Estudio de la actividad de los catalizadores preparados en procesos de interés actual que necesitan de una catálisis ácida, para los cuales, las zeolitas poseen una reconocida aceptación. El comportamiento de estos catalizadores heterogéneos es estudiado en reacciones de transesterificación con interés en la preparación de productos de la química fina y aditivos alimentarios.
4. Optimización de los parámetros operacionales para la preparación de acetato de isoamilo (esencia de bananas) empleando un proceso de transesterificación, evitando los sistemas catalíticos que involucren la participación de ácidos minerales como catalizadores.
5. Proponer un posible mecanismo de reacción mediante planteo racional, basado en datos experimentales y teóricos para los procesos de transesterificación catalizados por solidos ácidos del tipo zeolitas.

II.2. PLANTEO DE HIPÓTESIS

Una vez proyectados y definidos los objetivos de esta tesis, se plantean las siguientes hipótesis:

i. La perlita, un silicoaluminato natural, posee en su composición una cantidad considerable de sílice (SiO_2) y alúmina (Al_2O_3) que puede ser utilizada con la finalidad de reorganizar su estructura amorfa en una estructura porosa, ordenada y periódica del tipo zeolita ácida.

ii. La acidez que presentan los catalizadores zeolíticos se puede aprovechar para catalizar la transferencia de grupos acilos en reacciones de transesterificación. Particularmente, el acetato de isoamilo se puede obtener a partir de una reacción de transesterificación, utilizando la forma ácida de una zeolita ZSM-5 como catalizador sólido y alquenil ésteres como agentes dadores de grupos acilos.

iii. La zeolita ZSM-5 posee una adecuada acidez de tipo Brønsted para catalizar reacciones de transesterificación, pero su estructura microporosa introduce limitaciones estéricas en cuanto al tamaño de los sustratos. Para ello, los materiales porosos con estructura MCM-41, eluden estos inconvenientes y permiten mantener las fuertes características ácidas, siempre que se mantenga la estructura microporosa en un material con estructura jerárquica de poros, tal como H-ZSM-5/MCM-41.

iv. El mecanismo de reacción de transesterificación catalizado por los sitios ácidos de Brønsted de zeolitas, particularmente H-ZSM-5, puede ocurrir mediante un mecanismo concertado, en donde es posible la generación de un intermediario tipo zeolita acetilada.

II.3. METODOLOGÍA GENERAL DE TRABAJO

La preparación del catalizador heterogéneo se plantea a partir de Perlita Expandida, un silicoaluminato amorfo con gran abundancia en la región del Noroeste argentino, para lo cual, la provincia de Salta, presenta uno de los yacimientos más grandes de toda Latinoamérica.

Mediante la disolución del material vítreo mediada por iones hidroxilos, la estructura amorfa de la Perlita puede ser reorganizada en la de una zeolita, aplicando una síntesis hidrotermal. Para lograr una conversión efectiva de la Perlita en una zeolita particular, se estudia la influencia de diferentes parámetros en la metodología a utilizar y se optimizan con la finalidad de generar un producto con alto grado de cristalinidad y acidez adecuada.

El método de zeolitización de la Perlita a implementar, evita el empleo de agentes orgánicos directores de estructura, con lo cual se disminuye la posible contaminación medioambiental. En lugar de ello, el método de síntesis se dirige hacia una estructura de zeolita ZSM-5 mediante el uso de "semillas de cristalización".

La zeolita ZSM-5 obtenida a partir de Perlita es sometida a una rigurosa caracterización empleando diversos métodos fisicoquímicos de análisis, con la finalidad de extraer información estructural y fundamentalmente evaluar las características relacionadas a su posible actuación como catalizador heterogéneo de tipo ácido.

La generación de un material zeolítico con estructura jerárquica de poros, evita los inconvenientes difusionales de la zeolita ZSM-5 microporosa, a la vez que mantiene las fuertes características ácidas del mismo. La preparación de una zeolita ZSM-5 con una estructura jerarquizada en microporos y mesoporos, se realiza a partir de la zeolita ZSM-5 obtenida. Para ello, se emplea una síntesis hidrotermal en la cuál es inevitable el empleo de un agente generador de mesoporosidad. El material micro-mesoporoso estructurado se genera mediante hidrólisis parcial de la zeolita ZSM-5, seguida de una síntesis hidrotermal que emplea el catión hexadeciltrimetilamonio (cetiltrimetilamonio) como plantilla orgánica para la estructuración de los fragmentos de la red pentasil en una estructura ordenada del tipo H-ZSM-5/MCM-41.

El material H-ZSM-5/MCM-41 también es sometido a una caracterización fisicoquímica mediante el empleo de diversas técnicas, con la finalidad de evaluar los cambios ocasionados en los caracteres ácidos, superficie específica, cristalinidad, tamaño de partícula, tamaño de poros y estabilidad térmica con respecto a la zeolita H-ZSM-5 de partida.

La actividad catalítica de los materiales preparados se determina en reacciones de transesterificación, utilizando sistemas en batch. Para ello, se toman alícuotas del sistema reaccionante de manera periódica para cuantificar mediante cromatografía gaseosa la cantidad de reactivos y productos presentes a intervalos periódicos de tiempos. Para el estudio de la influencia de algunos parámetros operacionales de la reacción (cantidad de catalizador, polaridad del solvente, cantidad de reactivos, tiempo y temperatura de reacción) se tomará como prototipo la reacción de transesterificación entre acetato de vinilo y alcohol isoamílico, que permite obtener acetato de isoamilo, sirviendo de utilidad para definir las condiciones óptimas y dilucidar una cinética de reacción. La preparación de acetato de isoamilo resulta de particular interés en el área de aditivos alimentarios. Como se explicó en el capítulo 1, su preparación a escala industrial se realiza habitualmente utilizando catalizadores ácidos de tipo homogéneos como la mayoría de los ácidos minerales (ácido sulfúrico, ácido nítrico, ácido clorhídrico, etc.), lo que lleva aparejado las desventajas oportunamente mencionadas. Con esta idea, se elige la reacción de transesterificación para la preparación de acetato de isoamilo, en la que se utilizarán catalizadores sólidos del tipo zeolitas ácidas, evitando los inconvenientes generados por el uso de una catálisis con ácidos minerales.

Por otro lado, la reacción de transesterificación a estudiar involucra el empleo de ésteres vinílicos como agentes dadores de grupos acilos, con esto último, uno de los productos es el alcohol vinílico que tautomeriza a acetaldehído, el cuál escapa del medio de reacción, favoreciendo la irreversibilidad del proceso y por lo tanto mejorando la conversión del mismo.

Por último, para proponer un mecanismo de reacción, se parte de la base de algunos conocimientos previos en el tema, como la formación de un intermediario tipo zeolita acetilada en reacciones de transferencias de acilos. Partiendo de estos conocimientos y con el aporte de resultados experimentales, se estudian de manera teórica, utilizando métodos computacionales, diferentes reacciones de transferencias de acilos, entre ellos la trasferencia realizada por parte de ésteres. Los métodos computacionales permiten, de manera sencilla y con bajo costo, la investigación de probables intermediarios de reacción, elucidación de potenciales estructuras para los complejos activados y la fundamentación de posibles mecanismos de reacción. Los métodos computacionales también permiten obtener datos cinéticos y termodinámicos para realizar correlaciones de manera comparativa. El estudio teórico se realiza mediante la implementación de un clúster como representación de la superficie de zeolita ZSM-5, empleando diversos métodos de cálculo y a diferentes niveles. Los datos computacionales son correlacionados con datos experimentales con la finalidad de justificar el comportamiento de los sistemas reaccionantes.

CAPÍTULO III

METODOLOGÍA ESPECÍFICA Y TÉCNICAS EXPERIMENTALES

III.A.1. SÍNTESIS DE MATERIALES CATALÍTICOS

Los materiales catalíticos preparados en esta tesis, se pueden clasificar en dos grandes grupos, ambos pertenecientes a la familia de silicoaluminatos con estructura de red porosa. Atendiendo al método de preparación y teniendo en cuenta las dimensiones y organización de los poros, se los puede clasificar en:

- <u>Materiales exclusivamente microporosos</u>: comprenden las zeolitas ZSM-5 preparadas mediante zeolitización de la Perlita Expandida. El método de síntesis elegido fue un tratamiento hidrotermal en ausencia de agentes orgánicos directores de estructura.
- <u>Materiales con estructura jerárquica de poros</u>: Se incluyen en este grupo a los materiales con una estructura organizada en microporos y mesoporos. De acuerdo al método de preparación se distinguen en:
    - Material con mesoporos altamente organizados (MCM-41/ZSM-5): el método de preparación elegido fue la hidrólisis alcalina de zeolita ZSM-5 y posterior reorganización de los fragmentos, empleando una síntesis hidrotermal con agente orgánico generador de mesoestructura. Se genera un material que conserva la

microporosidad y posee mesoporos gracias a la formación de canales en una distribución hexagonal.

- Materiales con mesoporos en menor grado de organización (ZSM-5-MS): se prepararon a partir de hidrólisis parcial de la estructura microporosa de zeolita ZSM-5, empleando una solución de NaOH, lo que origina mesoporos menos organizados pero permite conservar los microporos del material de partida.

III.A.2. ACONDICIONAMIENTO DE LA PERLITA EXPANDIDA

Una Perlita Expandida procedente de San Antonio de los Cobres-Salta (noroeste de la República Argentina) fue previamente acondicionada mediante la siguiente secuencia de operaciones: (i) lavado con agua destilada, (ii) secado, (iii) molienda en seco y (iv) selección del tamaño de partículas.

La Perlita Expandida se presenta bajo la forma de sólido particulado de color blanco y muestra algunas impurezas claramente visibles como restos de órganos vegetales y algunas partículas de color negro. Inicialmente se realizó la separación manual de las impurezas visibles y se procedió luego al lavado con agua destilada, con la finalidad de eliminar impurezas solubles. Posteriormente, el material fue secado en estufa a 60 °C durante 12 horas y se sometió a un proceso de molienda en un molino de discos por aproximadamente 10-20 segundos. Finalmente, la Perlita fue llevada a un tamiz vibratorio donde se realizó la selección de partículas en función del tamaño. Se separó aquella fracción que atravieza una malla de 200 mesh y se retiene en otra de 325 mesh.

La Perlita procesada fue caracterizada empleando diferentes técnicas de análisis, cuyos resultados serán examinados y discutidos en el capítulo IV.

III.A.3. ZEOLITA ZSM-5 A PARTIR DE PERLITA

Para sintetizar la zeolita ZSM-5, se utilizó Perlita Expandida como única fuente de aluminio, empleando una síntesis hidrotermal que evita el empleo de agentes orgánicos directores de estructura. En lugar de estos, se utilizó un sistema de reacción que emplea "semillas de cristalización", usando para ello una zeolita comercial (ALSI Penta SN-55) al 7 % en peso, referida a la cantidad total de sílice inicial presente en el gel. Las cantidades de reactivos y condiciones óptimas de este proceso se resumen en la Tabla III.1.

Tabla III.1. *Condiciones óptimas de síntesis para la preparación de zeolita ZSM-5 a partir de Perlita Expandida.*

Variables de síntesis	Cantidades
Perlita Expandida	0,4000 g
Silicato de sodio	1,7659 g
Semilla de siembra	0,0890 g
Agua destilada	17,16 mL
pH	10,2
Temperatura	180 °C
Tiempo de síntesis	24 hrs

Para la preparación del material ZSM-5, se determinaron las masas de cada uno de los sólidos precursores y luego se colocaron en un vaso de precipitado de plástico. Un silicato de sodio comercial (ver Apéndice A) fue utilizado como fuente adicional de silicio con la finalidad de alcanzar la relación molar Si/Al optima en el gel de síntesis. Al final, se agregó agua destilada y el sistema se mantuvo bajo agitación a temperatura ambiente durante una hora. Posteriormente, se procedió a regular el pH del sistema mediante agregado de ácido sulfúrico concentrado, gota a gota y midiendo las variaciones de pH con un electrodo de vidrio apto para determinaciones en gel. Cercano al valor de 10,2 se obtuvo una masa de gel consistente, denominado "gel de síntesis" (una breve explicación sobre el gel de síntesis se presenta en el Apéndice B). El mismo fue colocado en un tubo de teflón de 20 mL de capacidad, se tapó y todo este sistema fue colocado en el interior de un autoclave de acero inoxidable con cierre hermético (figura III.1). Posteriormente, el autoclave se llevó a un horno de síntesis y se dejó reaccionando a temperatura constante durante todo el proceso de zeolitización.

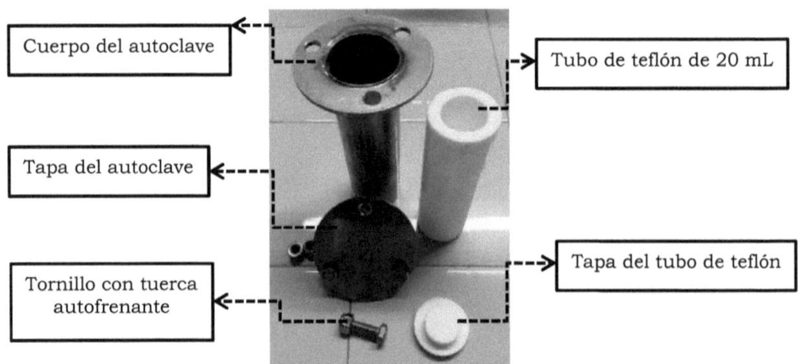

Figura III.1. *Autoclave de acero inoxidable y línea de teflón utilizados en la síntesis hidrotermal de zeolita ZSM-5.*

La composición del gel de síntesis, queda expresada mediante la siguiente relación de óxidos:

$$xSiO_2:Al_2O_3:0{,}38Na_2O:yH_2O \text{ (con } x = 20\text{-}55 \text{ e } y = 25\text{-}45)$$

Transcurrido el tiempo necesario para la conversión de la Perlita en zeolita ZSM-5, el autoclave se retira del horno y se deja enfriar en un baño de agua a temperatura ambiente. Una vez abierto, se puede observar la transformación del gel de síntesis en dos fases claramente diferenciadas, una sólida de aspecto arcilloso y otra líquida incolora.

La mezcla que contenía el producto se centrifugó a 2000 r.p.m. durante 5 minutos y se lavó con agua destilada. Luego de cada operación de lavado y centrifugado se determinó el pH de la solución sobrenadante. Estas operaciones se repitieron hasta que el pH de la misma se mantuvo entre 7-8. El producto final se obtuvo mediante secado en estufa a 120 °C durante doce horas, este corresponde a la forma sódica de una zeolita ZSM-5, denominada Na-ZSM-5.

Para el estudio de los parámetros de síntesis que influyen en la preparación de zeolita ZSM-5, se procedió de la misma manera pero acondicionando el medio hasta alcanzar el valor de la variable a estudiar. En esta etapa se utilizaron sendos autoclaves en serie, todos de la misma capacidad, en donde cada uno se cargó con gel de síntesis en una determinada condición de reacción.

III.A.4. OBTENCIÓN DE LAS FORMAS NH_4^+ Y H^+ DE ZEOLITAS ZSM-5

Las zeolitas Na-ZSM-5 empleadas en esta tesis, se sometieron a sucesivos intercambios iónicos con soluciones acuosas de NH_4Cl 10 % p/v a una temperatura de 80 °C durante 1 hora, utilizando el equipo representado en la figura III.2.

Transcurrido este tiempo, se retiró el líquido sobrenadante y la solución de NH_4Cl fue renovada. Estos pasos se repitieron tres veces más. La relación solido/líquido utilizada en las experiencias fue de 1:10. Finalmente el sólido se filtró y se dejó secar a temperatura ambiente durante 12 horas. Los productos obtenidos corresponden a zeolitas bajo la forma amónica, NH_4-ZSM-5 (reacción III.1).

$$Na^+\text{-}\mathbf{ZSM\text{-}5} + NH_4^+ \longrightarrow NH_4^+\text{-}\mathbf{ZSM\text{-}5} + Na^+ \qquad \text{(Reacción III.1)}$$

Para generar la forma protonada de la zeolita (H-ZSM-5), el sólido se colocó en una mufla y se llevó paulatinamente a 450 °C durante 6 horas. En esta etapa se produce la descomposición térmica de los iones amonio para generar amoníaco y protones, los cuales permanecen en la red zeolítica, neutralizando las cargas negativas ocasionadas por la presencia de aluminio trivalente (reacción III.2).

$$NH_4^+\text{-ZSM-5} \xrightarrow{450\ °C} H^+\text{-ZSM-5} + NH_3 \qquad \text{(Reacción III.2)}$$

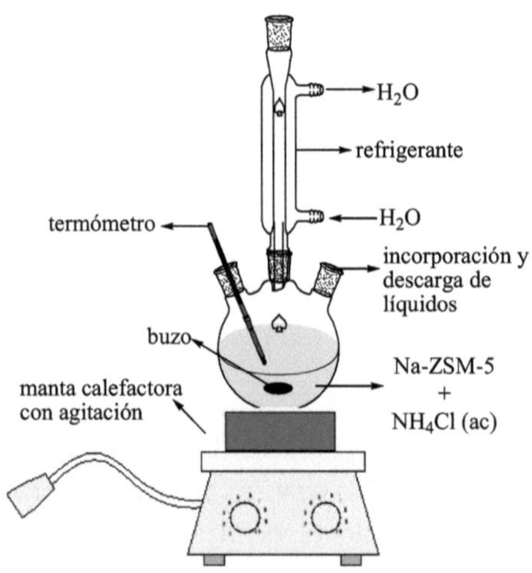

Figura III.2. *Equipo utilizado para realizar el intercambio iónico de las zeolitas Na-ZSM-5.*

III.A.5. MATERIALES CON ESTRUCTURA JERÁRQUICA DE POROS

III.A.5.1. ZSM-5/MCM-41

La zeolita Na-ZSM-5 preparada a partir de Perlita Expandida se sometió a una hidrólisis alcalina durante 30 minutos a 40 °C, para ello se utilizó una solución acuosa 2,5 mol/L en NaOH con el objetivo de fragmentar la red MFI. La suspensión resultante se agregó lentamente sobre una solución acuosa al 10 % en bromuro de cetiltrimetilamonio (CTABr o bromuro de hexadeciltrimetilamonio) mantenida bajo agitación constante durante 1 hora. Posteriormente, se ajustó el pH del medio al valor de 8.5 agregando gotas de H_2SO_4 concentrado. La mezcla de reacción se colocó en el interior de un tubo de Teflón y este a su vez en un autoclave de acero inoxidable para proceder a realizar un tratamiento hidrotermal a 110 °C. Transcurridas 24 horas, se volvió a ajustar el pH al valor indicado y se continuó con el tratamiento bajo iguales condiciones durante 24 horas más.

Consecutivamente, el sistema se filtró para recuperar el sólido y se secó en estufa a 60 °C. El material que se obtiene corresponde a la forma sódica de una zeolita ZSM-5 con estructura jerárquica de poros en un arreglo del tipo MCM-41, este se denomina Na-ZSM-5/MCM-41. Posteriormente, el producto se calcinó a 550 °C durante 6 horas para eliminar el surfactante. La forma ácida del material (H-ZSM-5/MCM-41) se obtuvo mediante sucesivos intercambios iónicos empleando soluciones 0,2 mol/L en NH_4NO_3 a 60 °C por 2 horas, siguiendo una metodología similar a la comentada en la sección III.A.4.

III.A.5.2. ZSM-5-MS

Basado en trabajos previos del grupo de Pérez-Ramírez y col. [1, 2], se conoce que la generación de mesoporosidad en zeolitas ZSM-5 se puede realizar mediante tratamiento con soluciones acuosas de NaOH, preservando de esta manera las propiedades iniciales de la zeolita original tales como el elevado rango de ordenamiento y la microporosidad. Se sabe que empleando este camino, tanto la temperatura como el tiempo de tratamiento influyen en la generación de mesoporosos, razón por la cual, en esta tesis se hará uso de los datos previamente reportados para definir una temperatura de trabajo a partir de la cual se realizarán modificaciones en el tiempo de tratamiento, con la finalidad de evaluar las condiciones para la generación de mesoporos.

Para ello, se tomaron 3 porciones de 1,0000 g de zeolita Na-ZSM-5 preparadas mediante tratamiento hidrotermal de Perlita Expandida y se colocaron en un reactor de polipropileno con tapa. Se agregaron 30 mL de solución acuosa 0,2 mol/L en NaOH y se procedió a calentar a 65 °C en un baño de silicona líquida por 30, 60 y 90 minutos. Posterior a este tratamiento, la suspensión de zeolita se enfrió inmediatamente utilizando un baño de hielo para detener la reacción de hidrólisis. El producto resultante se centrifugó y lavó cuidadosamente con agua destilada hasta conseguir valores de pH en las aguas de lavado cercanos a la neutralidad. El sólido se secó a 60 °C y finalmente se convirtió en la forma protonada (H-ZSM-5-MS) empleando la metodología explicada en la sección III.A.4.

III.A.6. Notación empleada para los materiales preparados

Se utilizará la siguiente nomenclatura para denominar a los materiales preparados en esta tesis:

III.B. CARACTERIZACIÓN

El paso siguiente a la síntesis y/o modificación de un material es su caracterización. Una adecuada caracterización es un prerrequisito indispensable para poder juzgar la reproducibilidad del proceso de síntesis y/o las modificaciones realizadas, permitiendo definir también las posibles aplicaciones, por ejemplo en catálisis o procesos de separación. A continuación, se presentará una breve descripción sobre aspectos generales, principios básicos, equipamiento y metodología utilizada para las técnicas de caracterización de los materiales sólidos empleados en esta tesis.

III.B.1. Difracción de rayos X (DRX)

La técnica de difracción de rayos X es uno de los métodos más utilizados para la caracterización de sólidos. A partir de experimentos empleando difracción de rayos X (DRX) se puede confirmar si una muestra es cristalina y los planos cristalinos que se encuentran presentes. Con una evaluación más profunda, se pueden determinar las cantidades relativas de los componentes cristalinos y refinar estructuras. Adicionalmente, se pueden derivar algunos parámetros estructurales tales como el tamaño de los cristalitos y la tensión de la red, mediante el análisis de los perfiles de líneas.

Esta es una técnica no destructiva en la que básicamente se puede decir que, si un haz de rayos X incide sobre un átomo, este resulta débilmente dispersado en todas direcciones. Si en cambio, este rayo encuentra una superficie con un arreglo periódico de átomos, las ondas dispersadas por cada uno de ellos serán reforzadas en ciertas direcciones y canceladas en otras. Geométricamente, se puede imaginar que un pequeño cristal de un sólido se encuentra formado por una familia de ciertos planos y solamente la dispersión producida por alguno de ellos podrá ser reforzada cuando los rayos reflejados arriben en fase al detector. Esto permite formular una relación entre la longitud de onda λ de los rayos X, el espacio d entre los planos de la red y el ángulo de incidencia θ de la radiación monocromática:

$$n \cdot \lambda = 2 \cdot d \cdot sen\ \theta \qquad \text{(ecuación III.1)}$$

Esta relación se conoce como *Ley de Bragg*, donde n es un número entero llamado orden de reflexión. En la figura III.3 se puede observar una representación del fenómeno de difracción.

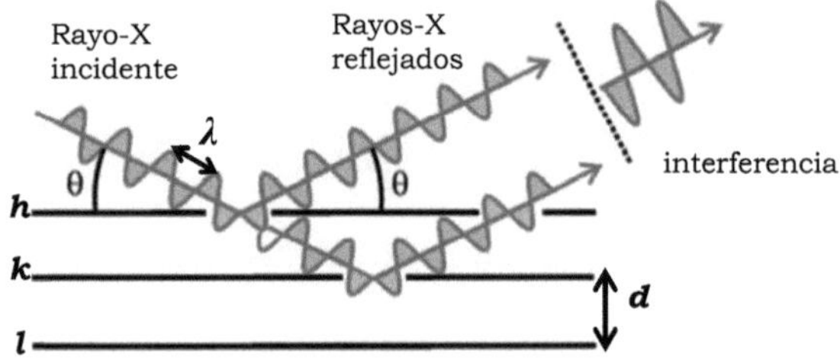

Figura III.3. *Fenómeno de difracción de rayos-X sobre la estructura de un sólido cristalino.*

Se puede observar que el ángulo desviado del haz de rayos X es 2θ con respecto a la dirección inicial. Esto se cumple de manera restringida para el caso de un cristal único ya que para cierta longitud de onda λ, incluso si el detector es colocado a un valor adecuado de 2θ, para un determinado espacio *d*, no habrá intensidad difractada al menos que el cristal sea alineado adecuadamente con el haz incidente y el detector. La esencia de la técnica de difracción de rayos X implica iluminar una gran cantidad de cristales, de esta manera, un número sustancial de ellos se encontrará en la orientación correcta para difractar los rayos X y llegar al detector.

Un patrón de difracción contiene gran cantidad de información acerca de la estructura del sólido. Las posiciones angulares de las reflexiones están relacionadas con el tamaño y la forma de la celda unitaria (la unidad del cristal que se repite en el espacio) mientras que la intensidad de la radiación refleja la simetría de la red y la densidad electrónica (relacionado con las posiciones y tipos de átomos) en el interior de la celda unitaria.

Por otro lado, la DRX es ampliamente utilizada para la caracterización de zeolitas. Los patrones de difracción de rayos X constituyen las huellas digitales para su identificación. Los patrones DRX para una fase cristalina dada, son sensibles a la composición de la red (abundancia de Si, Al u otros elementos en los sitios tetraédricos), tipo de cationes que compensan la carga de la red, posibles sustancias en el interior de los poros y desórdenes producidos en la estructura.

Equipamiento y metodología experimental

Los patrones de difracción de rayos X (DRX) de la Perlita Expandida, las zeolitas ZSM-5 preparadas a partir de esta y los catalizadores comerciales empleados en esta tesis, fueron determinados en un instrumento STOE STADI P provisto de una platina portamuestra que permite la determinación en serie (High Throughput Analysis) de hasta 96 muestras. Se empleó la radiación Kα de Cu (λ = 0,15415 nm) para identificar la fase de los productos obtenidos y calcular el porcentaje de cristalinidad. Para ello, se determinaron las líneas de difracción de 2θ comprendidas entre 1° y 60°, utilizadas para confirmar la fase de zeolita ZSM-5.

Previo a la determinación, las muestras fueron molidas en un mortero de ágata y colocadas en forma de polvo sobre la platina portamuestras del equipo.

El grado de cristalinidad de estas zeolitas se determinó mediante comparación con una referencia de zeolita ZSM-5 comercial (ALSI-PENTA SN-55, con una relación molar SiO_2/Al_2O_3 = 23), determinando la suma de áreas bajo los picos predominantes en la zona de 2θ comprendida entre 22° y 25°, siguiendo la metodología recomendada por la norma ASTM D5758-01(2011)e1 [3].

Los difractogramas de Rayos X de los materiales empleados para el estudio cinético de la preparación de la zeolita ZSM-5 a partir de Perlita, se determinaron en el mencionado equipo pero utilizando la técnica del método capilar. Para ello, las muestras fueron previamente molidas en un mortero de ágata y colocadas en sendos tubos capilares de 1 mm de diámetro, cerrando posteriormente ambos extremos y colocando los capilares sobre un portamuestra provisto de un cabezal giratorio. La alineación de los ejes del cabezal y del goniómetro se realizó mediante la monitorización con una cámara de video provista de un sensor CCD. Esta metodología permite determinaciones de mayor precisión al minimizar el efecto de la orientación de los cristales.

Los difractogramas de RX de las zeolitas con estructura jerárquica de poros se determinaron en un Difractómetro de polvos Miniflex marca Rigaku, empleando las mismas condiciones descriptas anteriormente.

III.B.2. Microscopía Electrónica

La microscopía electrónica surge de la necesidad de querer observar estructuras diminutas con mayor detalle, las cuales eran imposibles de ser resueltas mediante la microscopía óptica. Con la finalidad de incrementar la resolución empleando radiaciones de longitudes de onda cada vez menores, surge la posibilidad de emplear un haz de electrones acelerados por aplicación de una elevada diferencia de potencial para iluminar las muestras. La microscopía electrónica es una herramienta muy útil al momento de determinar la estructura de diferentes materiales, esta otorga información acerca de la morfología, la estructura superficial y su composición elemental. Esta técnica presenta la gran ventaja de utilizar cantidades muy pequeñas de material.

En microscopía electrónica se trabaja generalmente en elevados valores de vacío. Esto se debe a que como se opera con electrones que viajan en una trayectoria prefijada desde la fuente hasta su destino, es imprescindible que estos no sean desviados por la presencia de átomos o moléculas diferentes a los de la muestra a estudiar. Para ello, el camino a seguir por los electrones debe encontrarse libre de moléculas gaseosas, lo cual se consigue empleando potentes bombas de vacío. Las presiones frecuente de trabajo oscilan entre los 10^{-7} y 10^{-10} bar, es decir, la presión se reduce por debajo de una millonésima parte de la presión atmosférica.

Cuando un haz de electrones en un microscopio incide sobre una muestra (figura III.4) se produce una serie de interacciones que en parte son responsables de las imágenes observadas y por otra, originan distintas radiaciones secundarias que pueden utilizarse para obtener información complementaria. La utilización de una u otra nos puede brindar diferentes aspectos de la muestra en estudio.

Una de las señales que se genera son los electrones transmitidos. Estos son aquellos que atraviesan la muestra sin sufrir pérdidas de energía. La fracción de estos electrones, así como la atenuación del haz dependen fuertemente del espesor de la muestra.

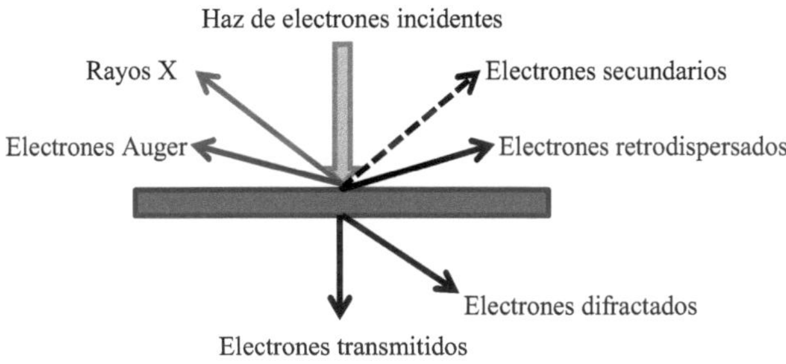

Figura III.4. *Radiaciones secundarias que ocasiona la interacción de un haz de electrones incidentes con una muestra.*

La señal de electrones secundarios es la que se emplea normalmente para obtener una imagen en microscopía electrónica de barrido y es la señal que proporciona una imagen más real de la superficie estudiada. Se considera un electrón secundario aquel que emerge de la superficie de la muestra con una energía inferior a 50 eV, mientras que un electrón retrodispersado es aquel que lo hace con una energía superior.

La señal de electrones retrodispersados está compuesta por aquellos electrones que emergen de la muestra con una energía superior a 50 eV. Estos electrones proceden en su mayoría del haz incidente que rebota en el material luego de interactuar varias veces con la muestra. La intensidad de la señal de electrones retrodispersados, para una dada energía del haz, depende del número atómico de los átomos presentes en el material (a mayor numero atómico Z, mayor intensidad). Este hecho permite obtener información del material tal como su composición elemental y distinguir fases con diferente composición química.

Los electrones Auger y los Rayos-X se generan cuando electrones con alta energía inciden sobre la superficie del material, provocando que los electrones de los átomos que lo componen pasen a ocupar niveles de energía por encima del nivel de Fermi. Esto ocasiona la salida de un electrón, generando una vacancia, haciendo que electrones de niveles superiores pasen a ocuparla. De esta manera, cuando un electrón pasa a ocupar un nivel de menor energía, provoca la emisión de energía de dos tipos: i) emisión de Rayos-X y ii) emisión de un electrón (Auger). Estos dos tipos de emisiones proveen información útil acerca de la estructura y el entorno de los átomos. La detección de Rayos-X constituye la base de la técnica conocida como EDS (Energy Dispersive Spectroscopy) o Espectroscopía de Energía Dispersiva.

Por otro lado, los electrones difractados son aquellos que se obtienen cuando un haz de electrones incide sobre un material constituido por átomos en un arreglo de planos cristalinos, separados por una distancia "*d*". En el caso que se cumpla la condición de Bragg, ocurrirá un refuerzo de ondas difractadas observándose un máximo de difracción. La detección de los electrones transmitidos o refractados por la muestra constituye la base de la microscopía electrónica de transmisión.

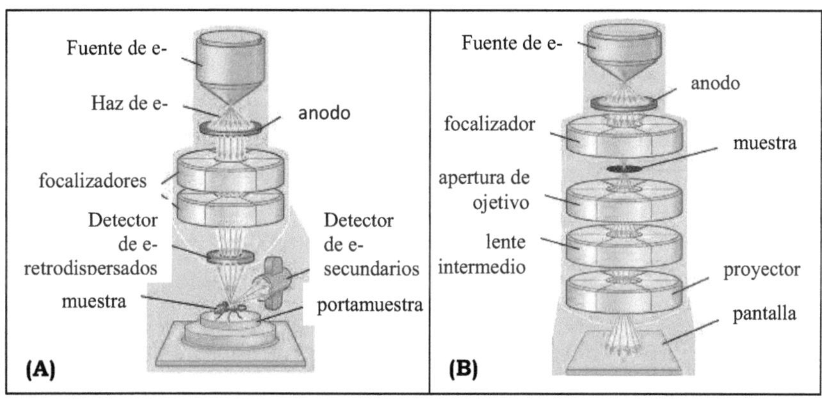

Figura III.5. *Esquemas de microscopios electrónicos. (A) SEM, (B) TEM.*

Las pequeñas longitudes de onda permiten resolver imágenes con gran resolución, superior a la de un microscopio óptico habitual. Hay diferentes clases de microscopía electrónica que permiten observar diversos tipos de imágenes. Ellas pueden operar en el modo de transmisión (los electrones atraviesan la muestra) o reflexión (los electrones son reflejados desde la superficie).

III.B.2.1. Microscopía electrónica de transmisión.

La microscopía electrónica de transmisión, generalmente abreviada con las siglas TEM, del inglés *Transmission Electron Microscopy,* es aquella en la cual la imagen se forma a partir del haz transmitido, es decir que no ha sufrido dispersión (figura

III.5B), en este caso, la imagen que se obtiene es oscura sobre un fondo brillante. Si, por el contrario, se utilizan los electrones difractados, en este caso la imagen aparece brillante sobre un fondo oscuro. Por este motivo, estas dos técnicas se denominan *formación de imagen en campo claro* y *en campo oscuro*, respectivamente, siendo la primera de ellas la más utilizada.

La imagen producida no posee profundidad, por lo tanto, no puede ser utilizada para investigar características superficiales y el área observada es fija pero bien resuelta. Las imágenes formadas con TEM son dependientes de la metodología utilizada para la preparación de la muestra, ya que son requeridos films muy delgados (~2000 Å) para producir buenas imágenes. Estos films pueden ser obtenidos mediante diversas técnicas, incluyendo el bombardeo con iones. TEM permite la observación directa de cristales defectuosos tales como dislocaciones, defectos de apilamiento y límites de fases. Mediante esta técnica se pueden resolver imágenes en el rango 10 - 1000 Å. En esta práctica, el haz de electrones permite generar una imagen 2D, a diferencia de la microscopía electrónica de barrido en donde se genera una imagen 3D.

Equipamiento y metodología experimental

La preparación de las muestras se realizó dispersando una pequeña cantidad de las mismas en etanol, mediante la ayuda de un baño de ultrasonido. Posteriormente, una pequeña gota de la dispersión zeolita/etanol se colocó sobre un portamuestras formado por una malla de Cu recubierta por un film Formvar. Las determinaciones se realizaron en un equipo ZEISS modelo EM-109, empleando un voltaje de aceleración de 80 kV con un poder de resolución de 8,5 Å.

III.B.2.2. Microscopía electrónica de barrido.

La microscopía electrónica de barrido, también conocida como SEM, del inglés *Scanning Electron Microscopy*, es otra herramienta poderosa para el estudio de materiales zeolíticos. Haciendo uso de esta se pueden determinar parámetros como el tamaño y la forma de partículas, morfología de la superficie, grado de agregación, presencia de otras fases, etc. La técnica utiliza los electrones secundarios y los retrodispersados por la superficie de un material para generar una imagen, por lo tanto, el espesor de la muestra no es importante y su preparación es menos dificultosa que para las determinaciones por TEM. Una sonda produce un haz de electrones focalizado a través de un sistema de lentes magnéticos de elevada intensidad (figura III.5A). La señal de los electrones retrodispersados y secundarios producidos, son continuamente medidos mientras el microscopio se mueve desde un punto a otro de la superficie, permitiendo la visualización de una imagen de la zona enfocada. Debido a que las muestras de materiales como zeolitas, no son conductoras y contienen átomos con bajo número atómico, tienden a acumular cargas adquiridas por el haz de electrones, lo que se manifiesta como anormalidades en la imagen. Por este motivo, las muestras zeolíticas son recubiertas con una fina capa (varios nanómetros) de un material conductor como oro o grafito para prevenir la acumulación de cargas superficiales. Por lo mencionado, SEM puede utilizarse para generar imágenes sobre un amplio rango de magnificación, desde 1 μm (100 Å) hasta 100 μm, permitiendo el estudio morfológico de partículas.

Equipamiento y metodología experimental

La Perlita Expandida y los materiales microporosos ZSM-5 se analizaron en un microscopio de barrido marca JEOL modelo JSM-6480 LV operando a una diferencia de potencial de 15 kV. Las muestras se colocaron en un portamuestras de aluminio y se adhirieron a la misma mediante una cinta grafitada de doble faz. Debido a la naturaleza no conductora de las muestras, estas fueron metalizadas mediante la deposición de una lámina de oro.

El material micromesoporoso ZSM-5/MCM-41, el microporoso ZSM-5 obtenido luego de optimizar los parámetros operacionales para su síntesis y los catalizadores comerciales, se analizaron en un microscopio electrónico marca ZEISS modelo SUPRA 55-VP FESEM de presión variable, con espectrofotómetro y un emisor Schottky con cátodo de ZrO/W, operando a una diferencia de potencial entre 2 y 4 kV. Las muestras fueran metalizadas mediante formación de una lámina por espolvoreado con oro.

III.B.3. Espectroscopia Infrarrojo por Transformada de Fourier (FTIR)

La radiación infrarrojo abarca la zona del espectro electromagnético que posee longitudes de onda comprendidas entre 1 y 1000 µm. En la espectroscopia infrarrojo, en lugar de utilizar longitud de onda (λ), generalmente se emplean "números de onda" ($\bar{\nu}$), estos se expresan en unidades de cm^{-1} ($\bar{\nu} = 1/\lambda$).

Tabla III.2. *Clasificación de la radiación IR [4].*

Región	longitud de onda (µm)	número de ondas (cm^{-1})	energía (meV)	señal detectada
Cercano	1 - 2,5	10000 - 4000	496 - 1240	sobretonos
Medio	2,5 - 50	4000 - 200	25 - 496	vibraciones moleculares
Lejano	50 - 1000	200 - 10	1,2 - 25	vibraciones de red

La zona del espectro infrarrojo se encuentra dividida en tres regiones: cercano, medio y lejano (tabla III.2). La región del IR con mayor aplicación en la caracterización de zeolitas es aquella comprendida entre 4000 y 500 cm^{-1}. La espectroscopia IR involucra la medida de la longitud de onda e intensidad de la radiación absorbida por una muestra. La radiación de la región del IR medio posee longitudes de onda comprendidas entre 2,5 - 50 µm, lo cual corresponde a números de onda entre 4000 - 200 cm^{-1}, es decir, que es lo suficientemente energética para excitar las vibraciones moleculares.

Para que una sustancia absorba radiación IR, las vibraciones o rotaciones moleculares presentes deben provocar un cambio neto en el momento dipolar de la molécula. El campo eléctrico de la radiación incidente interactúa con en el momento dipolar de la molécula. Si la frecuencia de esta radiación se iguala a la frecuencia de vibración molecular, se absorberá provocando un cambio en la amplitud de la vibración molecular. Estas absorciones corresponden a las transiciones entre 2 niveles energéticos de vibración y el conjunto de todas ellas da lugar al espectro IR.

Mediante la siguiente fórmula se puede aproximar la frecuencia de vibración característica (ν) de 2 átomos con masas m_1 y m_2 unidos mediante un enlace cuya constante de fuerza es k, donde $\mu = m_1.m_2/(m_1+m_2)$ es la masa reducida del sistema formado por dos átomos:

$$\nu = \frac{1}{2\pi}\sqrt{\frac{k}{\mu}} \qquad \text{(ecuación III.2)}$$

A medida que aumentan las masas de los átomos enlazados o disminuyen las constantes de fuerzas de los enlaces, disminuye la frecuencia de la radiación IR a la cual absorbe el enlace y viceversa.

La espectroscopia vibracional posee un importante rol en la caracterización de materiales. Los principios involucrados en la determinación de espectros IR en materiales sólidos son similares a los esperados en solución pero la metodología experimental difiere un poco. Por ejemplo, el espectro IR de una zeolita se suele determinar mediante dispersión del sólido en una matriz de KBr y aplicando presión para obtener una pastilla, esto último es preferible a realizar dicha determinación mediante dispersión del sólido en un líquido. El primer método produce las mismas líneas características que las esperadas en dispersión líquida, sin embargo, los espectros de sólidos generan bandas más amplias.

III.B.3.1. Espectroscopía FTIR de zeolitas

Las vibraciones de redes zeolíticas dan lugar a bandas típicas en el IR medio y lejano. Flanigen y col. [5] realizaron un estudio detallado sobre las bandas de IR observadas en polvos puros de zeolitas diluidas en pastillas con KBr, otorgando una interpretación en términos de ***modos vibracionales internos y externos*** de la red.

Los ***modos internos*** de vibración se pueden visualizar como vibraciones T-O (T = Si o Al) correspondiente a los tetraedros TO_4 aislados de la red, mientras que los ***modos externos*** se pueden interpretar como vibraciones que involucran enlaces de tetraedros adyacentes.

En relación a la terminología empleada en esta clasificación, se presenta un inconveniente menor, reportado por algunos autores. En espectroscopia vibracional del estado sólido, el término vibración "externa" se utiliza para designar modos translacionales (y/o rotacionales o libracionales), por ejemplo vibraciones de cationes y no vibraciones de la red. Contrariamente, el término vibración "interna" se origina (predominantemente) por estructuras covalentes tales como los grupos -OH enlazados. Por ello, Santen y col. proponen los términos vibraciones "intra-tetraedricas" e "inter-tetraédricas" en reemplazo de los términos interno y externo, respectivamente.

Las sugerencias para la asignación de bandas vibracionales de la red se resumen en la figura III.6. Las dos principales categorías corresponden a vibraciones intra-tetraédricas e inter-tetraédricas, las cuales se indican mediante (1) líneas sólidas y (2) líneas punteadas, respectivamente.

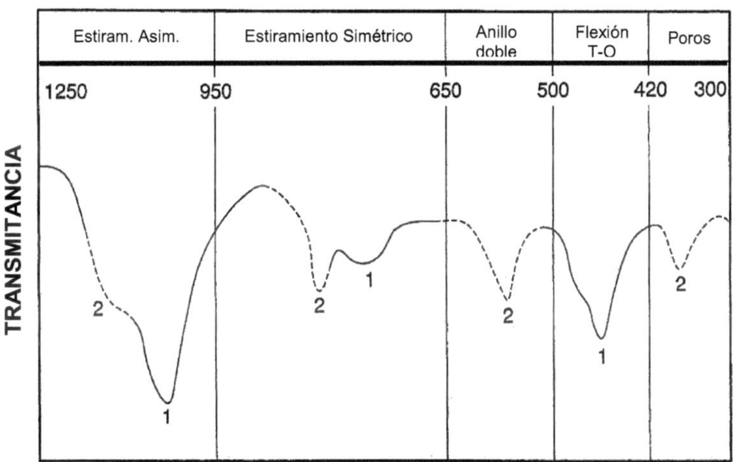

Figura III.6. *Vibraciones de redes zeolíticas de acuerdo a la interpretación de Flanigen y col. (tomada de [5]); (1) línea sólida: vibraciones intra-tetraédricas y (2) línea punteada: vibraciones inter-tetraédricas.*

Las bandas más prominentes, atribuidas a los modos intra-tetraédricos, designados como i_n, se presentan en los siguientes rangos: (i_1) 1250 - 950 cm^{-1}, (i_2) 790 - 650 cm^{-1} e (i_3) 500 - 420 cm^{-1}. Las asignaciones propuestas se resumen de la siguiente manera y se listan en la tabla III.3, donde T = Si o Al:

- (i_1) modo de estiramiento asimétrico, ν_{as} (←OT→←O);
- (i_2) modo de estiramiento simétrico, ν_s (←OTO→) y
- (i_3) modo de flexión, δ (O−T−O).

De manera similar, las bandas entre 650 y 500 cm^{-1}, designadas como e_3, se atribuyen a vibraciones inter-tetraédricas de anillos dobles de cuatro miembros (D_4R, como los de la zeolita tipo A) o anillos dobles de seis miembros (D_6R, como en las zeolitas-X e Y del tipo faujasita).

Las vibraciones intra-tetraédricas son esencialmente insensibles a la estructura. Esto se pone en evidencia cuando se comparan las características espectrales de diferentes estructuras zeolíticas. Más aún, las bandas respectivas (i_1 – i_3) son poco afectadas cuando se destruye progresivamente la estructura de la zeolita mediante tratamiento hidrotermal, mientras que las bandas originadas de los modos inter-tetraédricos son debilitadas para finalmente desaparecer tras el colapso de la estructura.

Tabla III.3. *Asignaciones IR para zeolitas siguiendo la correlación propuesta por Flanigen y col.[5]*

Asignación aproximada	Rango de número de onda (cm^{-1})
Tetraedro interno	
TO_4 estiramiento asimétrico, i_1	1250 – 950
TO_4 estiramiento simétrico, i_2	720 – 650
TO_4 flexión, i_3	500 – 420
Enlaces externos	
Estiramiento asimétrico, e_1	1150 – 1050
Estiramiento simétrico, e_2	820 – 750
Modo anillo doble, e_3	650 – 500
Apertura de poro, e_4	420 – 300

i: vibraciones internas (intra-tetraédricas)
e: vibraciones externas (inter-tetraédricas)

Previo a que la técnica de resonancia magnética nuclear de ^{29}Si se volviera accesible, la espectroscopia FTIR era utilizada para la determinación de la relación Si/Al en la red zeolítica. De hecho, pioneros en el estudio de zeolitas como Beyer y otros investigadores [6, 7] utilizaron los modos de estiramiento asimétricos (ν_{as}) y simétricos (ν_s) para la determinación de la fracción molar $n_{Al}/(n_{Si}+n_{Al})$ de zeolitas con estructuras de red tipo faujasita.

Equipamiento y metodología experimental

Los espectros FT-IR fueron determinados en un equipo Perkin Elmer modelo Spectrum GX en el rango 400-4000 cm^{-1}, utilizando pastillas de las muestras sólidas molidas en un mortero de ágata y diluidas en una matriz de KBr previamente secado, aplicando una presión de 2-3 ton/cm^2. En todos los casos, las muestras fueron analizadas bajo el modo de absorbancia y realizando un promedio de 10 scans con una resolución de 4 cm^{-1}.

III.B.3.2. Determinación de sitios ácidos

Como se comentó anteriormente, la espectroscopia infrarrojo se basa en la excitación de los estados vibracionales de una sustancia que posee un momento dipolar permanente o inducido, mediante absorción de radiación electromagnética de cierta frecuencia. Debido a los momentos dipolares de los grupos OH, los sitios ácidos de Brønsted en zeolitas se pueden estudiar directamente mediante FTIR, mientras que el estudio de los sitios ácidos de Lewis requiere siempre el uso de *moléculas prueba* (sondas). En la caracterización de los sitios ácidos de Brønsted, generalmente se emplea la espectroscopia IR en el modo de transmisión, lo cual en principio permite determinar, la densidad de diferentes tipos de grupos OH. Para ello, es necesario conocer los valores de los coeficientes de extinción molares [8]. Un método más apropiado para determinar la densidad de grupos OH implica la adsorción selectiva de moléculas prueba sobre los sitios específicos y el seguimiento de la respuesta generada mediante evaluación de los espectros FTIR.

La adsorción/desorción de moléculas con características básicas es una técnica frecuentemente utilizada para determinar la acidez de materiales. Las dos bases más populares son amoníaco y piridina. El amoníaco es quimisorbido muy fácilmente y de manera reversible a temperaturas superiores a 150 °C, volviéndolo ideal para estudios de Desorción a Temperatura Programada (TPD, de la siglas en inglés Temperature Programmed Desorption), otorgando información acerca de la fortaleza de los sitios ácidos como así también, la acidez total que presenta el material. Por otro lado, se suele utilizar la combinación de adsorción de piridina con la espectroscopia IR, resultando una técnica extremadamente útil para diferenciar entre sitios ácidos de Brønsted y sitios ácidos de Lewis.

III.B.3.3. Determinación de sitios ácidos empleando moléculas sonda

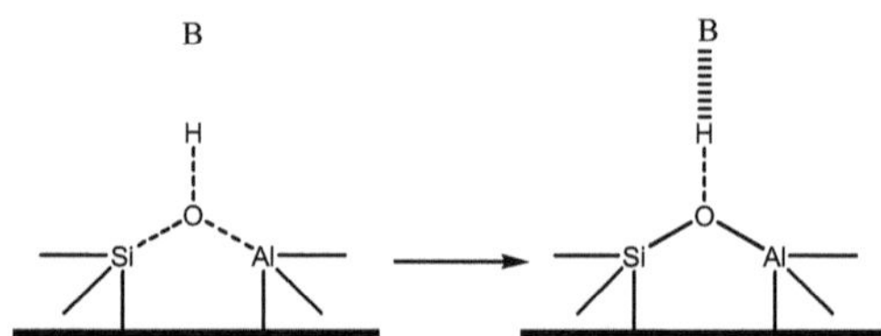

Figura III.8. *Interacción de una molecula prueba basica con un sitio ácido de Brønsted de una zeolita y generación de puente hidrógeno.*

Cuando se genera un puente H entre un grupo OH superficial y una molécula prueba (figura III.8), la densidad electrónica entre oxígeno e hidrógeno disminuye, la distancia entre ellos se incrementa y el enlace OH se debilita. La vibración de estiramiento ν(OH) se vuelve más lenta y la correspondiente banda se corre hacia menores números de onda (corrimiento rojo o batocrómico). También se inducen otras modificaciones cuando se alarga el enlace OH tales como el aumento en la variación del momento dipolar, lo que ocasiona que la intensidad de la banda de vibración ν(OH) incremente.

Cuando lo que se quiere es caracterizar a los sitios ácidos de sólidos, las moléculas prueba más utilizadas suelen ser NH_3 y diferentes aminas.

Piridina (Py)

Dentro de las moléculas sonda más utilizadas para caracterizar los sitios ácidos de sólidos, se encuentra la piridina (Py), una base fuerte con capacidad de protonarse sobre los sitios ácidos de Brønsted y de coordinarse fuertemente con los sitios de Lewis.

Con los débiles sitios de Brønsted, tales como los grupos silanoles presentes en la sílice, puede formar aductos silanol-Py en los que la piridina se mantiene unida mediante puente hidrógeno. Por lo tanto, se pueden observar tres clases de complejos con la piridina adsorbida (figura III.9): Py-OH, Py-H^+ y Py-L. [9]

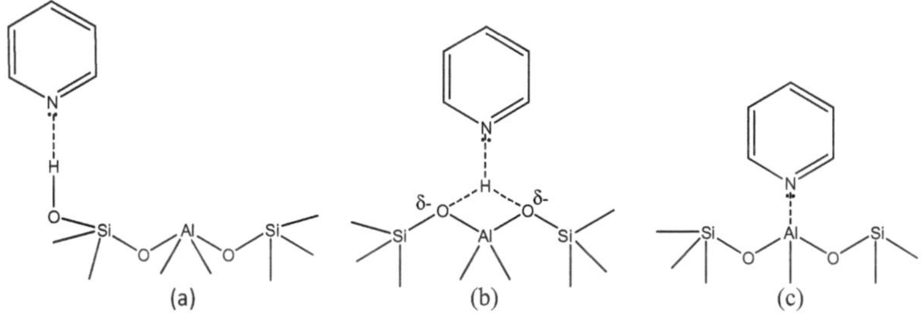

Figura III.9. *Posible interacción entre piridina y los diferentes sitios ácidos de zeolitas (a) grupo silanol (Py-OH), (b) sitio ácido de Brønsted (Py-H^+) y (c) sitio ácido de Lewis (Py-L).*

Cada uno de estos complejos puede ser identificado mediante la frecuencia de vibración de las bandas del heterociclo aromático entre 1400 y 1700 cm^{-1}. Adoptando la notación empleada por Wilson para los modos de vibración normales del benceno, generalmente se reportan cuatro modos vibracionales para la piridina, designados como 19b, 19a, 8b y 8a (figura III.10) [10], los que tienen absorción en los rangos que se resumen en la tabla III.4 [9].

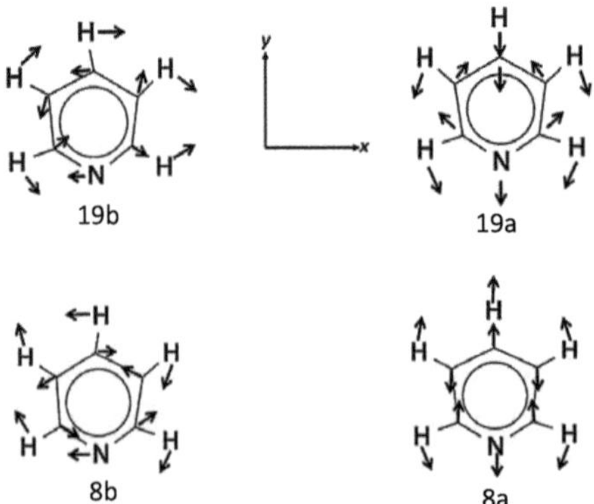

Figura III.10. *Modos vibracionales de la piridina en el rango 1400–1700 cm^{-1} [10].*

Las bandas correspondientes a los modos de vibración 19b y 8a son muy sensibles a la coordinación sobre el átomo de nitrógeno y son utilizadas para identificar y cuantificar los sitios ácidos. El corrimiento del modo 8a se utiliza para determinar la fortaleza de los sitios ácidos de Lewis.

Tabla III.4. *Frecuencias típicas (cm^{-1}) para la adsorción de piridina en un sólido ácido.[9]*

	ν_{8a} ν(CC) (cm^{-1})	ν_{8b} ν(CC) (cm^{-1})	ν_{19a} ν(CN) (cm^{-1})	ν_{19b} ν(CN) (cm^{-1})
Gas	1584	1580	1483	1440
Puente-H	1595	1580	1490 md	1445
Lewis	1630-1600	1580 md	1490 md	1450
Brønsted	1640	1610	1490	1545

md = banda muy débil

Por otro lado, la piridina posee una gran estabilidad térmica, lo que facilita el estudio de la acidez sobre sitios ácidos de zeolitas a temperaturas elevadas, inclusive tan elevadas como aquellas empleadas para llevar a cabo las reacciones químicas.

Lutidina (Lu)

La lutidina (2,6-dimetilpiridina) se puede utilizar de manera más conveniente que la piridina para detectar sitios ácidos de Brønsted con menor fortaleza ya que posee una elevada basicidad (pK_a = 6,7; comparado con el de 5,2 para la piridina). Otra ventaja acerca del uso de esta molécula como sonda, en comparación con la piridina, es su habilidad para brindar información acerca de la fortaleza de los sitios ácidos de Brønsted. La posición de la banda ν_{8a} en el espectro de la lutidina protonada varía con la fortaleza de los sitios ácidos de Brønsted: a menores números de onda de la banda ν_{8a}, mayor es la acidez. La lutidina, al igual que la colidina, se utiliza como sonda específica para los sitios de Brønsted, especialmente en zeolitas, donde el protón de estos sitios sobresale de la superficie del sólido (en contraste con las vacancias electrónicas que se presentan en los sitios de Lewis). Además, debido a la presencia de sustituyentes en el anillo, el nitrógeno básico se encuentra oculto, ocasionando que los sitios de Brønsted interaccionen más fácilmente que los de Lewis. De esta forma, se pone de manifiesto cierta selectividad. Por otro lado, los sitios de Brønsted que se encuentran estéricamente ocultos producen una interacción más débil y el puente-H posee menor fortaleza que aquel formado con piridina.

Al igual que la piridina, la adsorción de lutidina genera especies coordinadas, protonadas y formando puente-H, por lo que los espectros IR permiten diferenciar sitios ácidos de Lewis y grupos hidroxilos ácidos fuertes y débiles, respectivamente (tabla III.5). En particular, la banda ν_{8a} situada a 1594 cm^{-1} en el espectro de la lutidina líquida, es muy sensible a los modos de adsorción. Cuando la banda ν_{8a} es mayor a 1625 cm^{-1}, se considera característica de especies protonadas, mientras que números de onda más bajos corresponde a especies coordinadas (Lewis) o formando puente-H (silanoles) [11].

Tabla III.5. *Frecuencias típicas (cm^{-1}) para la adsorción de lutidina en un sólido ácido [11].*

	ν_{8a} ν(CC) (cm^{-1})	ν_{8b} ν(CC) (cm^{-1})	ν_{19a} ν(CN) (cm^{-1})	ν_{19b} ν(CN) (cm^{-1})
Líquido	1594	1580	1480	1410
Puente-H	~1602	1580	1480	1410
Lewis	1595-1620	1580	1477	1410
Brønsted	1640-1655	1630	1473	1415

Equipamiento y metodología experimental

La fortaleza relativa y distribución de los sitios ácidos presentes en los materiales utilizados, fueron determinados mediante adsorción de piridina a temperatura programada. Para ello, la desorción de la molécula sonda se siguió mediante espectroscopia FTIR en un espectrómetro Nicolet 6700, equipado con un detector DTGS. La determinación de los espectros se realizó tomando 128 barridos con una resolución de 2 cm^{-1}, utilizando pastillas autosoportadas de aproximadamente 10-15 mg de cada muestra y una celda de infrarrojo al vacío provista de ventanas de ZnSe.

Las propiedades de las superficies de los sólidos (sitios ácidos o adsorción de reactivos) solamente pueden ser estudiadas empleando una muestra pura, es decir que deben removerse de la superficie aquellas moléculas que puedan encontrarse adsorbidas, evitando la utilización de KBr ya que podría contaminar la superficie o introducir cationes externos. Esta etapa se conoce como *activación* y experimentalmente se realizó calentando la muestra a una temperatura determinada en condiciones de vacío. Con esta finalidad, la muestra fue inicialmente molida en mortero de ágata hasta obtener un polvo fino y luego prensada para formar una pastilla muy delgada que fuera lo suficientemente transparente en el IR. Si la pastilla no es lo suficientemente delgada, la radiación que llega al detector es muy baja y el espectro suele presentar mucho ruido. Más aún, el detector no opera en su rango de linealidad. Para evitar la pérdida de una respuesta lineal, operando en el modo de transmisión (el más utilizado cuando se desean estudiar las propiedades de una superficie), la línea de base de los espectros debe ser lo suficientemente baja para que las bandas no alcancen una intensidad superior a 2-3 en el rango en donde no se encuentran bandas presentes.

La etapa de activación se realizó en vacío a 400 °C y por el lapso de una hora, en el interior de una celda casera provista de un horno y controlador de temperatura. Pasado este tiempo, la muestra se dejó enfriar hasta 40 °C y se determinaron los espectros IR a 50, 150, 250 y 350 °C, previo a la adsorción de la molécula sonda.

Posteriormente, se procedió a saturar la muestra a 50 °C durante 30 minutos con vapores de piridina a 25 mbar (18,75 mmHg), aproximadamente. Luego, la piridina fue desorbida a temperatura programada, efectuando calentamientos a 150, 250 y 350 °C, manteniendo la temperatura constante durante 30 min y registrando los espectros de la muestra, posterior a la adsorción de la amina.

Los espectros de la muestra, posterior a la adsorción de la amina, fueron sustraídos de los respectivos espectros previos a su adsorción (a la misma temperatura). Se determinaron las intensidades de las bandas presentes en el intervalo 1400-1700 cm^{-1}, asignando las bandas correspondientes a la piridina adsorbida sobre sitios ácidos de Brønsted (1540 cm^{-1}) y sitios ácidos de Lewis (1450 cm^{-1}). La densidad de sitios ácidos se determinó empleando los coeficientes de extinción molar para la zeolita ZSM-5, previamente determinados por Emeis [12].

Según Emeis, la cantidad de sitios ácidos de Brønsted se calcula empleando la ecuación III.3 (ver Apéndice A para su deducción).

$$C_B = 1{,}88\, AI_B R^2/m \qquad \text{(ecuación III.3)}$$

donde C_B es el número de sitios de Brønsted (mmol/g de material); AI_B es la absorbancia integrada para estos sitios, es decir, el área del pico en 1545 cm^{-1}; R es el radio de la pastilla (cm) y m su masa (mg).

La cantidad de sitios ácidos de Lewis (C_L) se puede calcular de manera similar, aplicando la ecuación III.4 (ver Apéndice A), siendo AI_L la absorbancia integrada para los sitios en 1450 cm^{-1}.

$$C_L = 1{,}42\, AI_L R^2/m \qquad \text{(ecuación III.4)}$$

III.B.4. Análisis Termogravimétrico (TGA) y Análisis Térmico Diferencial (DTA)

El análisis termogravimétrico (en inglés Thermogravimetric Analysis) permite monitorear las variaciones de peso en función de la temperatura que puede sufrir una muestra cuando es calentada bajo una atmósfera gaseosa controlada. Conociendo los productos finales, esta técnica provee información acerca de la estequiometría del cambio, la magnitud del evento térmico y aporta información sobre la cantidad de sustancias adsorbidas en el interior de materiales sólidos, como así también de los procesos de descomposición y eliminación de los mismos. Por otro lado, es habitual trabajar con la derivada del análisis termogravimétrico (DTG), a partir de la cual se puede obtener información acerca de la temperatura donde es máxima la velocidad de pérdida de peso.

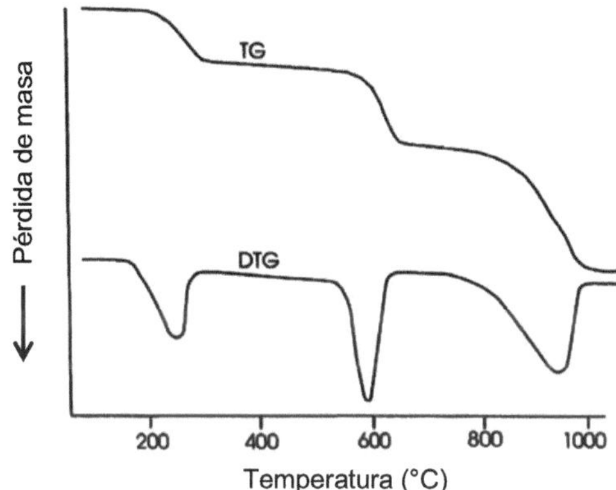

Figura III.11. *Esquema de termograma con información de TGA y DTG.[13]*

Un termograma típico se presenta como una gráfica de la masa en función del tiempo (o temperatura), graficando la pérdida de masa en las ordenadas de manera decreciente (figura III.11) y/o la ganancia de masa de manera creciente, en relación a la línea de base [13]. Otra manera de representarla es mediante la pérdida de masa como porcentaje (referido a la masa inicial) en el eje de ordenadas, en función del tiempo o la temperatura.

Alternativamente, los datos se pueden presentar como la derivada de esta curva (DTG), la cual es una gráfica de la velocidad del cambio de masa con respecto al tiempo o bien la velocidad del cambio de temperatura en función del tiempo o la temperatura (figura III.11).

De manera simplificada, un analizador termogravimétrico consiste en un crisol metálico conectado a una balanza muy precisa, la cual se encuentra inserta dentro de un horno cuya atmosfera es controlada. La muestra se calienta siguiendo un programa, mientras se registra la masa en función del tiempo y la temperatura.

Por otro lado, DTA (Análisis Térmico Diferencial) es una técnica que determina las diferencias de temperatura entre una muestra y un material de referencia en función de la temperatura (o el tiempo), mientras se varía la temperatura de análisis bajo una atmósfera controlada. A modo de resumen, el equipo para determinar DTA consiste en un par de crisoles inertes, uno para la muestra y otro para la sustancia de referencia, ambos en el interior de un horno donde se realiza un control adecuado de la atmósfera. Durante el calentamiento, en ausencia de reacciones químicas, la diferencia de temperatura entre ambos crisoles es baja y constante, esta señal se utiliza como línea de base. Cualquier cambio relacionado a la transferencia de calor podrá ser observado como un salto o pico endotérmico (fusión, deshidratación, etc.) o exotérmico (oxidación, cristalización, etc.)[14].

Equipamiento y metodología experimental

El análisis termogravimétrico se efectuó con la finalidad de evaluar la estabilidad térmica de los materiales preparados. Para ello, se pesaron aproximadamente 10-15 mg de las muestras previamente molidas y colocadas en los respectivos crisoles de platino de un analizador TGA marca TA Instruments modelo Q500, provisto de un autosampler programable. Previo a cada análisis se realizó una tara de los crisoles empleando el muestreador automático del equipo. Las determinaciones se efectuaron a una velocidad de calentamiento de 10 °C/minuto, partiendo de la temperatura ambiente hasta alcanzar 1000 °C bajo una atmósfera controlada de Nitrógeno.

III.B.5. Caracterización Textural

Uno de los aspectos más relevantes en la caracterización de un catalizador heterogéneo es la determinación de los caracteres texturales. Estos brindan gran información acerca de la textura del material y permiten relacionar la actividad catalítica con alguna/s propiedad/es del mismo. La caracterización textural se suele realizar a partir de los datos de una isoterma de adsorción. El fenómeno de adsorción ocurre al poner en contacto un fluido (gas o líquido) con un sólido, siendo el primero retenido y concentrado por los átomos superficiales del segundo. Se puede definir la adsorción como el enriquecimiento de la superficie de un sólido por una interfase de líquido o gas. El fluido disponible para ser adsorbido se conoce como *adsorptivo* y cuando la fase fluida se encuentra adsorbida se le otorga el nombre de *adsorbato*. El sólido sobre el cual se produce la adsorción se denomina *adsorbente*, mientras que el término *desorción* implica la liberación de un fluido retenido por adsorción en la superficie de un sólido.

La interacción de un fluido con un sólido puede involucrar las débiles fuerzas de van der Waals y en este caso hace referencia a una adsorción de tipo física o fisisorción. Estas fuerzas son análogas a las que actúan en la condensación de un vapor y no provocan cambios en el sólido ni en el fluido. En el caso que ocurra una transferencia de electrones y cambien las propiedades del sólido, el proceso se denomina adsorción química o quimisorsión.

III.B.5.1. Determinación de Superficie Específica Mediante Fisisorción de Gases

Fijado un par adsorbente-adsorbato (sólido-gas) y realizando la determinación a temperatura constante, la cantidad adsorbida solo es función de la presión del adsorbato. La representación gráfica de la cantidad de gas adsorbida en función de la presión de adsorbato se denomina isoterma de adsorción. Los principales pasos para la determinación de una isoterma de adsorción en la mayoría de los equipos modernos consisten fundamentalmente en: 1) activación de la muestra, 2) calibración del volumen del espacio muerto, 3) adsorción y desorción.

Brevemente, cada una de estas etapas consisten en: 1) la activación o de-gaseado de la muestra asegura un estado definido y reproducible de la misma, previo a cada experimento. Lo que básicamente se hace es remover las especies fisisorbidas mediante calentamiento y/o vacío, evitando degradar la estructura del material. Posterior al de-gaseado, la muestra se coloca en el *manifold* donde se realizará la determinación de adsorción. 2) Previo a cada experiencia, se realiza la determinación del espacio muerto (aquel espacio de la celda destinado a la muestra y parte del manifold), para ello, se emplea He ya que es considerado un gas que generalmente no presenta absorción por parte de la muestra. 3) La medida de adsorción por si misma consiste en dosificar una cantidad conocida del gas adsorptivo sobre un volumen de referencia para luego (mediante apertura de una válvula) poner en contacto el gas con la muestra y estudiar el sistema hasta que alcanza la condición de equilibrio, es decir, no ocurre más adsorción de gas por parte del sólido. El criterio frecuentemente adoptado para determinar el estado de equilibrio consiste en evaluar la presión por encima de la muestra hasta que se encuentra por debajo de cierto límite en un determinado tiempo.

Empleando las leyes de los gases ideales (siempre que se cumpla el comportamiento ideal) se determina la cantidad de gas presente en el volumen de referencia y la muestra en cada dosis. La cantidad adsorbida se expresa por gramo de material para cada presión de equilibrio. Esta presión se suele reportar de manera relativa a la presión de vapor de saturación p°. Por lo tanto, la representación de la cantidad de gas adsorbida (en mmol/g) en función de p o de p/p°, se denomina isoterma de adsorción. La cantidad de gas se conoce como la cantidad adsorbida y depende de la extensión de la superficie, la concentración del gas y la temperatura. Para el caso de la adsorción de N_2 a su temperatura normal de licuefacción (77 K ó -196,15 °C), la isoterma de adsorción representa la totalidad de los estados de equilibrio para presiones desde cero hasta la presión de vapor de saturación del adsorptivo.

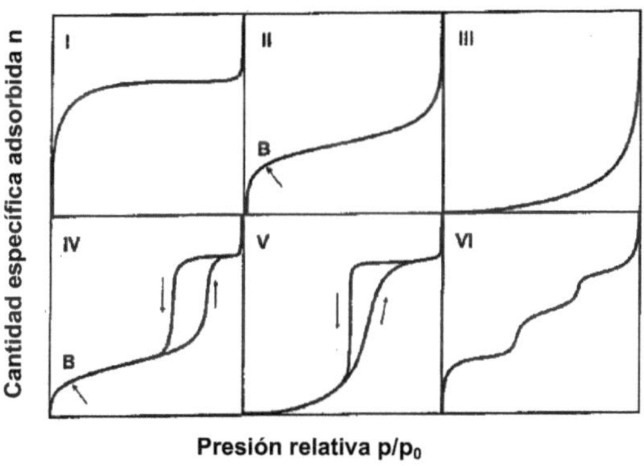

Figura III.12. Isotermas de adsorción de gases de acuerdo a los siguientes materiales: (I) microporoso; (II) macroporoso o no-poroso con una elevada energía de adsorción; (III) material no-poroso o macroporoso con interacciones gas-sólido débiles; (IV) material mesoporoso con elevada energía de adsorción; (V) mesoporoso con baja energía de adsorción; (VI) adsorción multicapa en superficies altamente uniformes.

La mayoría de las isotermas resultantes de una adsorción física pueden ser agrupadas en seis clases de acuerdo a la clasificación propuesta por IUPAC (figura III.12). De todas ellas, la que más interesa en esta tesis es la isoterma de adsorción tipo I ya que es característica de un material microporoso. Esta isoterma es cóncava en relación al eje de la presión relativa (p/p°), se eleva abruptamente a bajos valores de p/p° y alcanza una zona de meseta conocida como *plateau*. El reducido rango de presión relativa necesario para alcanzar el *plateau* es indicativo del limitado rango de tamaño de poros, mientras que la aparición de un *plateau* casi horizontal indica una superficie específica externa muy pequeña. Además de una pequeña adsorción en multicapas en la superficie externa, no debería haber adsorción adicional a valores elevados de p/p°.

Una distorsión de la clásica curva de tipo I se encuentra frecuentemente en zeolitas que poseen un sistema secundario de poros formados por mesoporos generados por tratamientos postsíntesis. Por lo tanto, se observa un fenómeno de condensación capilar en el interior de la estructura porosa secundaria, ocasionando que el llenado de los poros ocurra de manera diferente al vaciado de los mismos, esto se conoce como *loop de histéresis* y se encuentra presente en el rango de condensación capilar de la isoterma de nitrógeno.

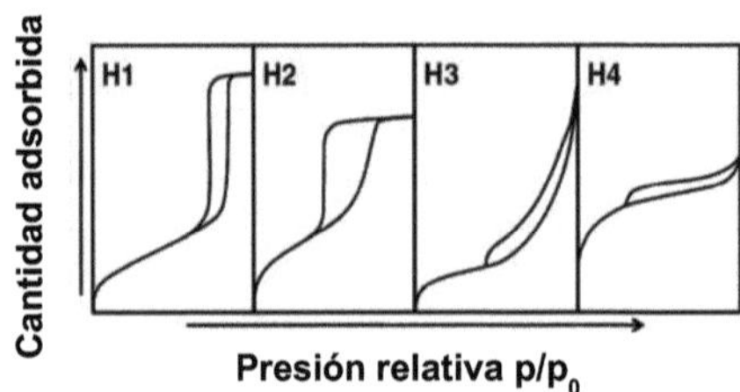

Figura III.13. *Representación de los diferentes tipos de loops de histéresis descriptos por IUPAC.*

Existe una correlación entre la forma de los loops de histéresis y la textura de un material mesoporoso (distribución de tamaño de poros, geometría, conectividad, etc.). La IUPAC considera cuatro tipos de curvas de histéresis (figura III.13). Un loop de histéresis tipo H1 es característico de ramas de adsorción y desorción paralelas, las que pueden deberse a la adsorción sobre materiales con mesoporos no conectados, de poros bien definidos tipo cilíndricos o en aglomerados compactos de esferas uniformes con una distribución estrecha del tamaño de poros. Este tipo de histéresis se puede observar en materiales como la sílice estructurada MCM-41. El loop de histéresis tipo H2 es casi triangular y típico de poros que están interconectados, frecuentemente con entradas pequeñas, lo que hace referencia a poros con forma de botella. Los loops de histéresis de tipo H3 y H4 se presentan en estructuras cuyas paredes de poros no son rígidas, estas pueden encontrarse entre pequeñas partículas en forma de ranuras (H3) o también en poros con forma de ranuras pero en donde los mismos son del orden de los microporos (H4) [15]. La falta de una región con un plateau plano cercano a p/p° = 1, donde no hay solapamiento entre las ramas de adsorción y desorción, es característico de la no rigidez en estos dos últimos tipos de poros.

III.B.5.2. Evaluación de la superficie específica empleando el método BET

Mediante la introducción de una serie de suposiciones simplificadoras, Brunauer, Emmett y Teller (1938) fueron capaces de ampliar el mecanismo de adsorción monocapa de Langmuir a un modelo de adsorción multicapa para obtener la ecuación de una isoterma (la ecuación BET). De acuerdo al modelo BET, las moléculas adsorbidas en una sola capa pueden actuar como sitios de adsorción para la capa siguiente. Se sigue entonces que la superficie se encuentra compuesta por moléculas apiladas. La ecuación BET es usualmente descripta en su forma lineal como:

$$\frac{p}{(p^\circ - p)V} = \frac{1}{C \cdot V_{mono}} + \frac{(C-1)}{C \cdot V_{mono}} \frac{p}{p^\circ} \qquad \text{(ecuación III.5)}$$

donde V es el volumen de gas adsorbido, V_{mono} es el volumen de gas adsorbido en la monocapa y p° es la presión de vapor de saturación. La constante C es igual a $e^{(E_1 - E_L)/RT}$, donde E_1 es el calor de adsorción de la primera capa y E_L el calor de adsorción de las capas subsiguientes. En el modelo BET se asume que todas las capas luego de la primera tienen un comportamiento similar a un líquido. El método conduce a valores correctos de superficie específica de sólidos si el rango de presiones parciales se limita a los valores de p/p° comprendidos entre 0,05 y 0,30. El área específica se obtiene a partir del volumen de la monocapa mediante aplicación de la siguiente relación:

$$A_{BET} = V_{mono}.N_A.\sigma \qquad \text{(ecuación III.6)}$$

Donde N_A es el número de Avogadro y σ es el área promedio que ocupa una molécula de nitrógeno (σ = 0,162 nm^2/molécula).

Si bien el método BET no es válido para sólidos microporosos, suelen realizarse correcciones al mismo con la finalidad de reportar una superficie BET equivalente para materiales con tales características [16]. Para ello, se suele utilizar un rango de p/p° inferior a 0,05; frecuentemente 1,4 x 10^{-5} < p/p° < 0,016; en el cuál se pueden observar valores elevados para la constante C del método BET, debido a la fuerte atracción del nitrógeno sobre la superficie del sólido microporoso.

III.B.5.3. Métodos para el estudio de microporos
III.B.5.3.1. *t*-plot

La forma de la isoterma de adsorción de cierto gas sobre la superficie de un sólido particular, a temperatura constante, depende de la naturaleza del gas y del sólido, de manera que cada par adsorbato-absorbente dará lugar a una isoterma característica. No obstante, si se utiliza N_2 como adsorbato sobre diferentes solidos que difieran en el área total pero no en el interior de los poros, es de esperarse que presenten isotermas similares [17].

Diversos autores sugieren que para un adsorbato específico, la representación de la cantidad adsorbida (V_a) sobre un sólido no poroso, dividida por la superficie (*S*) del mismo (Ecuación III.7), en función de p/p°, debería reproducir una curva única, independientemente del sólido utilizado. Esta curva se denomina una isoterma estándar en donde *t* se conoce como espesor estadístico.

$$t = \frac{V_a}{S} \qquad \text{(ecuación III.7)}$$

Para poder aplicar el método *t* a la determinación de microporos, primero hay que disponer de una isoterma estándar que sirva de referencia. Esta isoterma se obtiene a partir de los datos de adsorción para un sólido no poroso cuya constante C del método BET sea similar a la del sólido que se desea estudiar. En el caso de zeolitas, la referencia utilizada suele ser alúmina [18]. La isoterma experimental se representa como el volumen de gas adsorbido versus *t*, el espesor de la multicapa estándar del material no poroso de referencia al correspondiente valor de p/p° (figura III.14) [18].

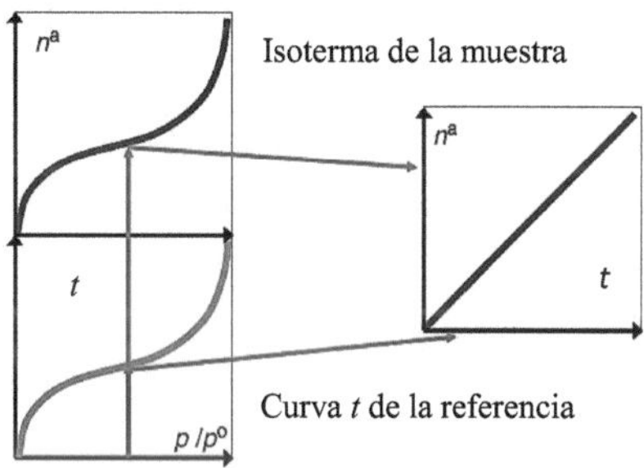

Figura III.14. *Representación esquemática de la obtención de un gráfico t-plot.*

Según Lippens y de Boer, la representación de *t* en función de p/p° para diferentes sólidos no porosos, genera una curva común, lo que indica que el espesor de la capa es prácticamente independiente del sólido y depende principalmente de la presión relativa y del ordenamiento geométrico de las moléculas en la misma.

Para el análisis de materiales zeolíticos, el espesor estadístico t frecuentemente se calcula aplicando la ecuación de Harkins-Jura:

$$t(nm) = \left[\frac{0{,}1399}{0{,}034-\log(p/p^{\circ})}\right]^{0{,}5} \qquad \text{(ecuación III.8)}$$

De esta manera, graficando la cantidad adsorbida n^a en función de t para un sólido desconocido, se obtiene un gráfico como el que se observa en la figura III.14.

Para un material no-poroso, el t-plot es una línea recta que se intersecta en el origen. El t-plot provee información para evaluar el volumen de microporos y la superficie externa. La extrapolación de la recta sobre el eje y es proporcional al volumen de microporos, mientras que la pendiente de la misma lo es a la superficie externa. En el caso de mesoporos, se pueden observar dos rangos de linealidad con pendientes diferentes. La extrapolación del primer segmento lineal es proporcional al volumen de microporos y el segundo segmento lo es al volumen total de la muestra. De la diferencia entre ambos se puede determinar el volumen de mesoporos.

III.B.5.3.2. *α*-plot

El método α-plot propuesto por Sing representa el volumen de gas adsorbido en función de un parámetro α, definido de la siguiente manera:

$$\propto = \frac{n^a}{n^a_{0,4}} \qquad \text{(ecuación III.9)}$$

donde n^a es la cantidad de gas adsorbida y $n^a_{0,4}$ es la cantidad adsorbida en un material no poroso de referencia a la presión relativa de 0,4. Este es un valor de referencia adecuado en el cual ya se ha formado la monocapa, luego del llenado de la mayoría de los microporos y antes que ocurra la condensación capilar. Se toma como curva de referencia a la representación de α versus p/p° para un sólido no-poroso.

Un α-plot es un gráfico de n^a versus α para cada valor de p/p°, de manera análoga al *t*-plot. Este presenta ciertas ventajas frente a *t*-plot ya que no requiere de la determinación del volumen de la monocapa, permitiendo una comparación más directa entre la isoterma de la muestra y la referencia. La estimación del volumen de microporos se obtiene al igual que *t*-plot, mediante extrapolación sobre el eje *y*. Ya que el método α-plot no asume ningún valor para el espesor de una capa adsorbida, el cálculo de la superficie específica se obtiene mediante relación directa entre la pendiente del α-plot de la muestra y la correspondiente a un estándar de superficie conocida.

III.B.5.3.3. Dubinin-Radushkevich (D-R)

La ecuación de Dubinin-Radushkevich (D-R) es ampliamente utilizada para describir la adsorción de gases en solidos microporosos como zeolitas [19]. Tiene su fundamento en la Teoría del Potencial de Polanyi, la cual postula que para cierto sistema adsorbente/adsorbato, la variación de volumen adsorbido, respecto a la energía, es invariable e independiente de la temperatura. En base a este concepto, Dubinin y Radushkevich arribaron a la siguiente expresión:

$$logV = logV_{micro} - Dlog^2(p°/p) \qquad \text{(ecuación III.10)}$$

donde

$$D = B(\frac{T}{\beta})^2 \qquad \text{(ecuación III.11)}$$

V es el volumen específico de adsorbato (cm^3/g), V_{micro} es el volumen total de microporos (cm^3/g), T la temperatura (K), β es el coeficiente de afinidad y D una constante que depende de las características del adsorbente. El rango de aplicación de este método se encuentra dentro del intervalo $10^{-5} < p/p° < 0{,}2$-$0{,}4$. La gráfica de $logV$ en función de $log^2(p°/p)$ se ajusta a una recta cuya pendiente es el valor del parámetro D y el volumen total de microporos se puede calcular a partir de la ordenada al origen.

III.B.5.3.4. Dubinin-Astakhov (D-A)

La ecuación de Dubinin-Astakhov es una relación más general para la determinación del volumen de microporos. También está basada en la teoría del llenado de microporos. Su aplicación es exclusiva a solidos microporosos en general y particularmente a zeolitas. Esta relación es similar a la ecuación D-R pero de acuerdo con Dubinin y Astakhov, el valor del exponente empírico n en este caso varía entre 3 y 6 en lugar de 2. Con esta ecuación, la gráfica de los datos de adsorción producirá una recta, inclusive en el rango correspondiente a bajas presiones. La ecuación D-A tiene la siguiente forma:

$$logV = logV_{micro} - Dlog^n(p°/p) \qquad \text{(ecuación III.12)}$$

Esta relación requiere de la determinación de tres constantes experimentales, V_{micro}, D y n.

Los pasos seguidos para la aplicación del método D-A a partir de las isotermas de adsorción de nitrógeno en esta tesis fueron:

i) Calcular $logV$ para todos los datos haciendo uso de una planilla Excel.
ii) Determinar los valores de $log^n(p°/p)$ usando la herramienta "solver" de una planilla Excel. Para ello, se estableció como objetivo maximizar el coeficiente de correlación lineal para la recta $logV$ vs $log^n(p°/p)$, determinando para ello el mejor valor de n.

iii) Obtener los valores de la pendiente y la ordenada al origen de la recta. A partir de esta última se puede calcular el volumen de microporos.

iv) La pendiente de la recta (D) se relaciona con la energía característica de adsorción (E) según la ecuación III.13:

$$E = \left(\frac{2{,}303^{n-1}\,(RT)^{n}}{D}\right)^{1/n} \qquad \text{(ecuación III.13)}$$

v) Graficar la distribución de tamaño de poros (PSD, del inglés *pore size distribution*) para los microporos, aplicando la siguiente relación:

$$\frac{d(^{W}/_{W_0})}{dr} = 3 \cdot n \cdot \left(\frac{K}{E}\right)^{n} \cdot r^{-(3n+1)} exp\left[-\left(\frac{K}{E}\right)^{n} \cdot r^{-3n}\right] \qquad \text{(ecuación III.14)}$$

donde la constante de interacción K toma el valor de 2,96 $kJ.nm^3.mol^{-1}$ para el nitrógeno.

III.B.5.4. Métodos para el estudio de mesoporos

III.B.5.4.1. Método de Barret, Joyner y Halenda (BJH)

Cuando una muestra sólida porosa se expone a dosis crecientes de un gas como el Nitrógeno, el número de moléculas adsorbidas sobre la superficie incrementa, llegando a un estado de equilibrio dinámico donde la velocidad de las moléculas adsorbidas se iguala a las que abandonan la superficie. Determinando la presión a la cual ocurre este equilibrio, se puede calcular la cantidad de gas adsorbido. A medida que se incrementa la presión, ocurren una serie de eventos que se resumen en la figura III.15.

Inicialmente, a presiones bajas, algunas moléculas de gas quedan adsorbidas sobre sitios aislados de la superficie. A medida que aumenta la presión, más moléculas se fijan a la superficie del sólido hasta cubrirla totalmente con una monocapa de adsorbato. Posteriormente, acontece un llenado en multicapas en el cuál comienzan a llenarse los poros de menor tamaño (microporos) para finalmente dar lugar al fenómeno de condensación capilar, transformando el gas adsorbido en un líquido en el interior de los poros, a valores de presión cercanos a la saturación del vapor.

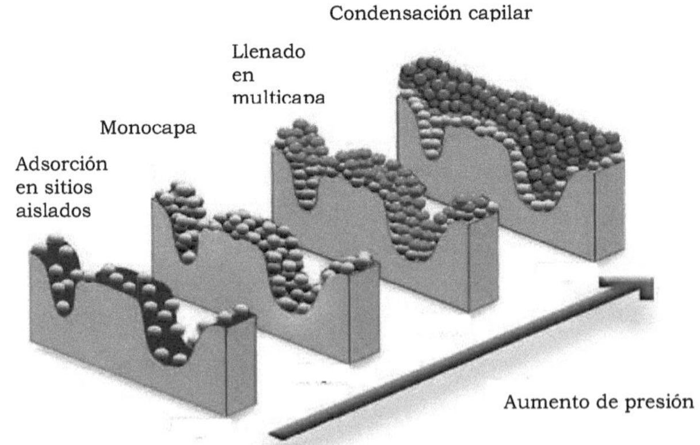

Figura III.15. *Fases de la adsorción de nitrógeno sobre una superficie.*

Existen una gran cantidad de modelos que se pueden aplicar a las isotermas de adsorción de nitrógeno y argón con la finalidad de determinar el tamaño de poros. La mayoría de ellos determinan la derivada de la isoterma de adsorción, sustraen la porción que proviene del engrosamiento de las capas adsorbidas, asumen que el remanente proviene del llenado de poros y utilizan un modelo como la ecuación de Kelvin (Ecuación III.15) para determinar el tamaño de los poros. La condición de coexistencia de un líquido y un gas en un poro cilíndrico viene dada por la ecuación de Kelvin donde V_m^les el volumen molar del líquido, γ la tensión superficial, r_K el radio de Kelvin, $p°$ la presión de saturación y θ el ángulo de contacto del menisco con las paredes del poro (se asume igual a cero).

$$ln(p/p°) = -\frac{2V_m^l\gamma}{r_K RT}cos\theta \qquad \text{(ecuación III.15)}$$

Para el nitrógeno adsorbido a 77K, se emplea γ=8,85x10^{-3} N.m^{-1} y V_m^l=34,71 cm^3.mol^{-1}, de esta manera, el radio de Kelvin

(r_K) para el nitrógeno, expresado en nanómetros, se puede calcular aplicando la ecuación III.16.

$$r_K = -\frac{0{,}415}{log(p/p°)} \qquad \text{(ecuación III.16)}$$

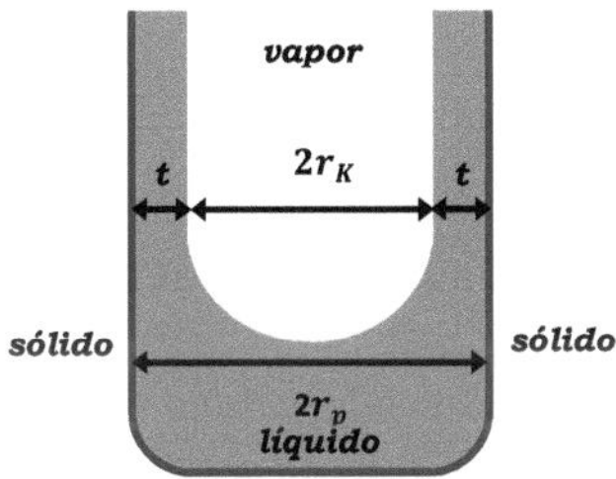

Figura III.16. *Relación entre el radio de Kelvin r_K y el radio de poro r_p en un mesoporo cilíndrico.*

Por otro lado, el radio de Kelvin se relaciona con el radio del poro como se puede apreciar en la figura III.16, de manera que: $r_p = r_K + t$

Uno de los métodos más utilizados para determinar la distribución de tamaño de poros emplea el modelo de Barrett, Joyner y Halenda, más conocido como método BJH. Para poder aplicar este método, son necesarios: i) datos de la isoterma, ii) un modelo para el llenado de poros (ecuación de Kelvin), iii) un modelo semiempírico para determinar el espesor de la capa adsorbida que generalmente viene dado por modelo de Halsey (ecuación III.17) o el de Harkins-Jura adjustado por Kruk y col. (ecuación III.18) [20] y iv) contemplar que el adsorbato sobre poros de diferentes tamaño tiene que regresar a la fase vapor a diferentes valores de presiones relativas.

$$t[\text{Å}] = 3{,}54 \cdot \left[\frac{5{,}00}{\ln(p°/p)}\right]^{1/3} \qquad \text{(ecuación III.17)}$$

$$t[\text{Å}] = \left[\frac{60{,}65}{0{,}03071 - \ln(p/p°)}\right]^{0{,}3968} \qquad \text{(ecuación III.18)}$$

Según este método, el volumen de gas que se puede desorber (o adsorber) por un descenso (o incremento) de presión relativa p/p° en un sistema de poros cilíndricos, se computa para cada punto de la isoterma aplicando la ecuación III.19, donde $V_{p,n}$ es el volumen de poros que se llena (o vacía) durante el n-avo paso de adsorción (o desorción), $A_{p,n} = 2V_{p,n}/r_{pn}$ es el área de la pared del poro, ΔV_n es el cambio observado en el volumen de poro adsorbido para el n-avo punto de la isoterma, Δt_n es el cambio del espesor estadístico, $R_n = \left[r_{p,n}/\left(r_{k,n} + \Delta t_n/2\right)\right]^2$ el radio del volumen cilíndrico entre los poros (radio r_p) y el interior de la capa adsorbida (radio $r_k+\Delta t/2$), esto es, el radio correspondiente al volumen de un fluido antes del paso n y el volumen luego del paso n.

$$V_{p,n} = R_n \Delta V_n - R_n \Delta t_n \sum_{j=1}^{n-1} \frac{\bar{r}_p - \bar{t}}{\bar{r}_p} A_{p,j} \qquad \text{(ecuación III.19)}$$

El primer término representa el incremento total en volumen mientras que el segundo incorpora el proceso de engrosamiento/adelgazamiento de la capa de adsorbato que acontece en otro poro. Al graficar $V_{p,n}/\Delta r$ (que representa a dV_p/dr) frente al radio promedio de poro, se obtiene la curva de distribución de tamaño de poro.

III.B.5.4.2. Método de Villarroel, Barrera y Sapag (VBS)

Con la finalidad de evitar el empleo de técnicas de caracterización adicionales a las experiencias de adsorción-desorción de nitrógeno, Villarroel, Barrera y Sapag [21] propusieron el método VBS para analizar la distribución del tamaño de poros en materiales mesoporosos. Este es un método mejorado en comparación con el método tradicional BJH. En este último, el radio de poro (r_p) se obtiene a partir de la suma entre el radio de Kelvin (r_K) y el espesor estadístico de la capa de nitrógeno adsorbida (t). Teniendo en cuenta que el valor de t se obtiene a partir de datos experimentales, subestimando el valor de r_K que se obtiene a partir de la ecuación de Kelvin, el método VBS adiciona un término de corrección, f_c, a la expresión original de Kelvin para obtener un radio de poro más correcto. Más aún, a diferencia del algoritmo BJH, el método VBS considera mecanismos apropiados para la condensación y evaporación capilar en los mesoporos (para poros cilíndricos y esféricos) e introduce una ecuación adicional para materiales con geometría esférica de poros. Adicionalmente, este método tiene en cuenta la presencia de microporos en materiales mesoporosos ordenados.

El método consiste en construir una base de datos (con información del volumen de poro calculado) utilizando: i) la ecuación modificada de Kelvin (r_K) con un valor fijo de f_c; ii) una ecuación apropiada para estimar el valor estadístico del espesor de la capa absorbida de nitrógeno (t); iii) una expresión adecuada para estimar el volumen de poro (ΔV_p) de cada tamaño de poro (w_p) y iv) los datos de la isoterma de nitrógeno de la rama seleccionada (los datos de p/p° deben tener intervalos de 0,005 obtenidos por interpolación no lineal).

Posteriormente, a partir de los datos anteriores se construye una isoterma simulada con el correspondiente valor de f_c para la rama seleccionada. De esta manera, se obtiene una serie de isotermas simuladas con diferentes valores de f_c, a partir de la cual se encuentra el valor del término de correlación final, cuya isoterma simulada se ajuste a la isoterma experimental, lo cual valida la autoconsistencia del método.

Finalmente, se obtiene la distribución de tamaño de poros ($\Delta V_p/\Delta w_p$ vs $\overline{w}_p$) con los datos de la isoterma experimental y el valor del término de correlación final.

III.B.5.5. Determinación del volumen total de poros: Regla de Gurvich

El volumen total de poros se puede obtener a partir de la isoterma de adsorción de N_2 aplicando la regla de Gurvich. Esta se basa en el hecho que bajo condiciones de saturación, el volumen líquido de diferentes adsorbatos medido sobre adsorbentes sólidos se mantiene constante y es independiente del adsorptivo. Esta constancia del volumen líquido adsorbido en condiciones de saturación se conoce como regla de Gurvich [18]. Aplicando esta regla, se puede determinar el volumen total de poros empleando una relación sencilla:

$$V_p = \frac{M_{N_2}}{22414{,}1\rho_l} V_{0,985} \qquad \text{(ecuación III.20)}$$

Donde V_p (cm^3/g) es el volumen de poros, $V_{0,985}$ el volumen de nitrógeno gaseoso a una presión relativa posterior a la condensación capilar, generalmente a p/p°=0,985 (ya sea medido o interpolado), M_{N_2}y el valor 22414,1 cm^3/mol corresponden a la masa molar del nitrógeno y el volumen molar, respectivamente. ρ_l=0,808 g/cm^3 es la densidad del nitrógeno líquido. Por otro lado, asumiendo que no existe otra superficie más que la interna aportada por los poros y una geometría cilíndrica de los mismos, el radio promedio de poros $\bar{r}_p$ (Å) se puede calcular empleando el valor de la superficie BET (m^2/g) y el volumen total de poros V_p (cm^3/g):

$$(2V_p/S_{BET})10^4 = \bar{r}_p \qquad \text{(ecuación III.21)}$$

Equipo y metodología experimental

La superficie específica y la caracterización textural de los materiales microporosos fueron determinadas mediante el análisis de las isotermas de adsorción y desorción de Nitrógeno, utilizando la metodología de Brunaüer-Emmett-Teller (BET). Con la finalidad de remover la mayoría de las especies adsorbidas durante el almacenamiento de la muestra (ej. CO_2 y H_2O), las muestras fueron de-gaseadas a 300 °C empleando vacío a una presión de 1,0 x 10^{-6} mbar (7,5 x 10^{-7} mmHg) durante 10-12 hrs, previo a cada determinación. Las isotermas fueron obtenidas a la temperatura de Nitrógeno líquido (77 K ó -196,15 °C) en un sistema de adsorción de gases automatizado marca Quantachrome Quadrasorb SI, empleando la técnica volumétrica. La superficie externa y el volumen de microporos fueron determinados empleando la rama de adsorción de la isoterma, utilizando diferentes métodos para el análisis de microporosidad (método *t*-plot, α-plot y Dubinin-Radushkevich).

Los materiales con mesoporosidad (ZSM-5/MCM41 y ZSM-5-MS), la Perlita Expandida y los catalizadores comerciales, se analizaron en un sorptómetro marca Micromeritics, modelo ASAP 2020, empleando nitrógeno como adsorbato a 77 K (-196,15 °C). El de-gaseado de los sólidos se realizó aplicando un vacío de aproximadamente 6 x 10^{-3} mmHg a 150 °C durante 24 horas. Para la isoterma de adsorción se determinaron una serie de puntos en la rama de adsorción y otros en la de desorción, para ello, se enviaron pulsos de nitrógeno gaseoso a presiones crecientes, manteniendo durante cierto tiempo hasta alcanzar el equilibrio. Una vez alcanzado, se estableció el volumen de gas adsorbido. La superficie específica se determinó aplicando el método BET y para la caracterización textural se aplicaron los métodos de Dubinin-Radushkevich, Dubinin-Astakov, *t*-plot y α-plot para el estudio de microporos. El estudio de la mesoporosidad se realizó aplicando los métodos BJH y el método VBS en la rama de adsorción.

El volumen total de poros se determinó empleando la regla de Gurvich, interpolando el volumen de nitrógeno adsorbido a p/p° = 0,985 y calculando el volumen total de poros con la ecuación III.20.

III.B.6. Resonancia Magnética Nuclear de Sólidos

La espectroscopia de resonancia magnética nuclear (RMN) es una técnica muy utilizada en catálisis heterogénea para la caracterización del entorno químico y estructural de los átomos en un catalizador. El principio de la misma implica la transición entre niveles energéticos de spin, de ciertos núcleos atómicos, inducida por un campo magnético. En general, la información más relevante que se puede obtener de un espectro RMN es aquella concerniente a la coordinación de los núcleos estudiados y al número de núcleos vecinos equivalentes.

De manera simplificada, se puede decir que los núcleos atómicos con un número impar de protones y/o neutrones poseen un spin nuclear $I \neq 0$ y consecuentemente un momento magnético dado por $\mu = \gamma\hbar I$, donde γ es la razón giromagnética (una constante específica de cada tipo de núcleo). Cuando los núcleos se colocan en un campo magnético externo B_0, se produce la degeneración de los estados de energía, resultando en orientaciones cuantizadas del momento magnético nuclear (figura III.17). El núcleo puede adoptar $2I+1$ orientaciones posibles cuyos valores de energía vienen dados por la relación $E(m) = -m\gamma\hbar B_0$, donde $m = I, I-1,\ldots,-I$ son los posibles valores para el número cuántico m. Las transiciones entre estados energéticos vecinos ($\Delta m = \pm 1$) pueden ser inducidas mediante radiación electromagnética de energía $E = h\nu$, por lo tanto, las frecuencias a la cual resuenan los núcleos, viene dada por la ecuación de Larmor: $\nu_0 = \gamma B_0/2\pi$, encontrándose las mismas en la zona de radiofrecuencias (1-600 MHz).

En el caso más simple, un núcleo con I = ½ posee dos niveles de energía, denotados como spin superior e inferior (figura III.17). Un fotón con una cantidad de energía, igual a la diferencia entre estos niveles u orientaciones, podrá provocar la transición desde un estado de spin de menor energía a otro de energía superior.

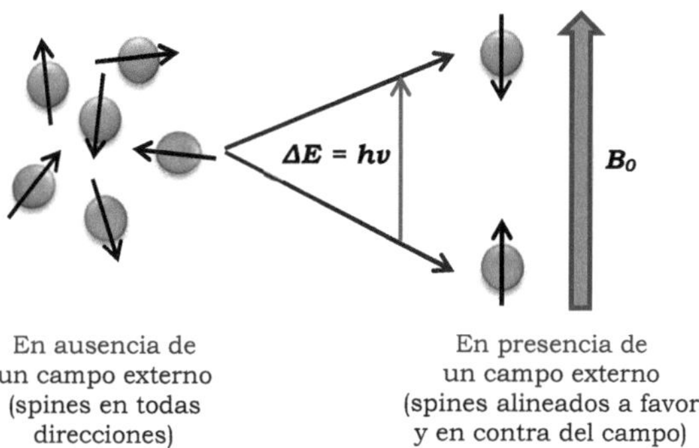

Figura III.17. *Alineación de los spines nucleares en presencia de un campo magnético externo.*

En estado líquido o sólido, cada núcleo se encuentra expuesto a interacciones con otros y con los campos eléctricos de los electrones circundantes. El movimiento de los electrones en el núcleo ocasiona un campo magnético inducido pequeño que se opone al campo aplicado externo, se dice entonces que el núcleo está protegido (o apantallado). Si todos los núcleos estuvieran protegidos en la misma magnitud, entrarían en resonancia a la misma combinación de frecuencia y campo magnético externo. Por fortuna, los núcleos con diferentes entornos químicos se encuentran protegidos en cantidades diferentes. Por lo tanto, el campo magnético local B_{local} que experimenta un núcleo es la suma del campo magnético externo B_0 y los componentes internos, $B_{interno}$. Este último término contiene la información estructural y química que puede ser determinada por medición de la frecuencia de resonancia: $\nu = \gamma B_0 / 2\pi$.

La aplicación de RMN a los sólidos presenta algunas dificultades. En particular, la baja resolución de los espectros de muestras sólidas hace que su interpretación resulte complicada. A diferencia de los líquidos, el movimiento aleatorio en los sólidos se encuentra limitado. Por lo tanto, en estos últimos, las interacciones de spines nucleares son anisotrópicas (dependen de la orientación de los cristales) y no se promedian como ocurre en los líquidos, ocasionando el ensanchamiento de las líneas. Uno de los artificios más utilizados para reducir el ensanchamiento de bandas en los espectros RMN de sólidos se conoce como "giro bajo ángulo mágico" (en inglés magic angle spinning). Esta técnica se basa en hacer nula la contribución por parte de los factores que ocasionan este efecto, como las interacciones dipolo-dipolo y el desplazamiento químico anisotrópico. Estos efectos dependen de un término $3cos^2\theta-1$, donde θ es el ángulo entre B_0 y el vector internuclear que conecta ambos núcleos, siendo nulo para el denominado "ángulo mágico", θ = 54°74'. Por lo tanto, una muestra que se somete a giros a velocidades elevadas formando el ángulo mágico entre el portamuestra (rotor) y el campo magnético externo, anula las contribuciones que ocasionan el ensanchamiento de bandas. La técnica de RMN bajo ángulo mágico se abreviará en esta tesis como RMN-AM.

Dentro de los núcleos presentes en las estructuras de redes zeolíticas y que son activos para ser estudiados mediante RMN, se encuentran los núcleos de ^{29}Si (I = 1/2) y ^{27}Al (I = 5/2). Los desplazamientos químicos de estos elementos pueden proveer información acerca de la presencia de los mismos en las estructuras zeolíticas, ya sea formando o no parte de la red. Esta técnica resulta particularmente adecuada para la caracterización de zeolitas, ya que la similitud entre átomos de Al y Si ocasiona que su estructura no pueda ser determinada por otros métodos habituales como FTIR, DRX, etc. [22] De esta manera, la posición de la resonancia del Si es crucial ya que presenta un corrimiento a valores de desplazamientos químicos positivos, a medida que los enlaces Si-O-Si son reemplazados por Si-O-Al.

Por último, para independizar las señales en un espectro RMN de los campos magnéticos externos, se suele representar la posición de las mismas referidas a la de un compuesto puro (referencia). De esta manera, lo que se grafica en un espectro es la intensidad de radiación de cierta frecuencia adsorbida ν, en función de una cantidad conocida como desplazamiento químico (δ), definida mediante la siguiente expresión:

$$\delta(ppm) = \frac{(\nu - \nu_r)}{\nu_r} . 10^6 \qquad \text{(ecuación III.22)}$$

donde ν_r es la frecuencia de resonancia de una sustancia empleada como referencia.

III.B.6.1. RMN-AM de ^{27}Al

En la caracterización de materiales zeolíticos se utiliza la RMN-AM de ^{27}Al para investigar la coordinación en la que se encuentran los átomos de Al. Dependiendo del número de coordinación que presente un átomo de Al y de la naturaleza de los núcleos que lo rodean, se pueden identificar diferentes tipos de especies en base a los valores de corrimientos químicos. En los espectros RMN-AM de ^{27}Al de zeolitas se pueden detectar dos señales principalmente en 55 y 0 ppm [22]. La primera corresponde a átomos de Al con coordinación tetraédrica que forman parte de la red zeolítica, mientras que la última se origina por la presencia de átomos de Al en coordinación octaédrica, asignada a la presencia de átomos de Al externos a la red. También, ocasionalmente se puede reconocer una señal en el rango 30-50 ppm (cuya asignación es controversial y producto de debate), la que algunos autores atribuyen a átomos de Al pentacoordinados.

III.B.6.2. RMN-AM de ^{29}Si

Los átomos de Si en las redes de zeolitas presentan coordinación tetraédrica y por lo tanto, pueden presentarse cinco tipos de ambientes para un átomo de Si, los cuales se denotarán como Si(*n*Al), donde *n* representa el número de átomos de aluminio conectados a silicio mediante átomos de oxígeno. Por lo general, la sustitución de Si[(*n*-1)Al] por Si(*n*Al) ocasiona un desplazamiento hacia zonas de campos bajos en el espectro, de aproximadamente 5 ppm. Cada tipo de unidad Si(*n*Al) con *n* = 0, 1, 2, 3 o 4 genera señales en rangos bien definidos de desplazamientos químicos. Estos rangos se resumen en la figura III.18.

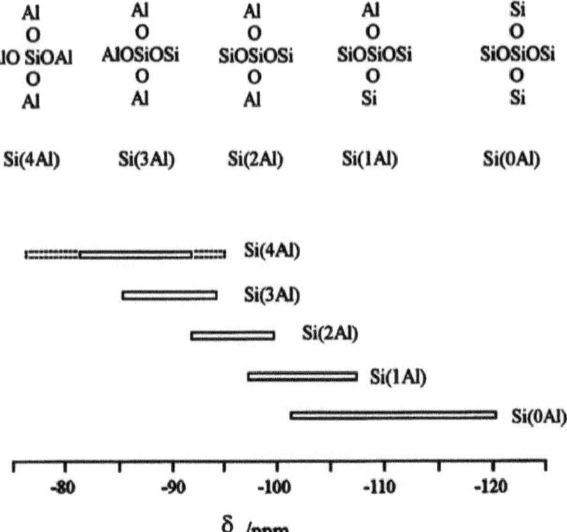

Figura III.18. *Desplazamientos químicos para átomos de ^{29}Si de unidades Si(nAl) en redes de zeolitas.[23]*

Cuando un espectro RMN-AM de ^{29}Si contiene más de una señal, se realiza la asignación de las mismas en término de unidades Si(*n*Al), teniendo en cuenta la regla de Loewenstein, es decir que no se presentan enlaces tipo Al–O–Al. La relación molar Si/Al de la red zeolítica se puede calcular a partir del espectro RMN-AM de ^{29}Si, realizando la deconvolución del mismo y determinando las intensidades de cada banda para aplicarlas en la siguiente relación [22, 23]:

$$(Si/Al)_{RMN} = \sum_{n=0}^{4} I_{Si(nAl)} \Big/ \sum_{n=0}^{4} 0{,}25 \cdot n \cdot I_{Si(nAl)} \qquad \text{(ecuación III.23)}$$

donde $I_{Si(nAl)}$ son las intensidades de las señales de RMN atribuibles a unidades Si(*n*Al). Este método es válido ya que no existen enlaces Al–O–Al, entonces el entorno de cada átomo de Al es Al(4Si). Por lo tanto, cada enlace Si–O–Al de una unidad Si(*n*Al) contribuye en una fracción de 0,25 a la cantidad de átomos de Al y la totalidad de los átomos de Al es 0,25*n*.

Equipo y metodología experimental

RMN-AM DE ^{27}Al

El estado de coordinación de los átomos de Al en las muestras de zeolitas fue confirmado mediante Resonancia Magnética Nuclear con Giro bajo Ángulo Mágico (Magic Angle Spinning Nuclear Magnetic Resonance ó ^{27}Al MAS-NMR). Los espectros fueron determinados en un espectrómetro Bruker Advance DSX400, operando a un campo magnético de 9,4 T, acumulando 36000 scan con una frecuencia de giro de 20 kHz, una longitud de pulso de 0,3 µs y reciclos de demora de 100 ms. Las señales de ^{27}Al fueron referidas a una solución acuosa 0,1 mol/L de $[Al(H_2O)_6]^{3+}$.

RMN-AM DE ^{29}Si

Los espectros de resonancia magnética nuclear de ^{29}Si con giro bajo ángulo mágico (en inglés: ^{29}Si MAS-NMR) fueron determinados en un espectrómetro Bruker AMX300 con un campo magnético de trabajo de 7,0 T, mediante acumulación de 4000 barridos (scans) a una frecuencia de giro de 5 kHz, un ancho de pulso de 5 µs y un retardo de pulso de 60s. Una referencia de Tetrametilsilano fue utilizada para determinar los desplazamientos químicos (δ).

III.C. ESTUDIO CINÉTICO DE LA PREPARACIÓN DE ZEOLITA ZSM-5 A PARTIR DE PERLITA

Desde que Culfaz y Sand [24] reportaron por primera vez las velocidades relativas de nucleación y cristalización en la síntesis de una zeolita, con el propósito de compararlas con sistemas similares a diferentes temperaturas, se han realizado una gran cantidad de investigaciones con la finalidad de identificar los mecanismos de nucleación y crecimiento basados en curvas de cristalización.

Metodología experimental

La cinética de cristalización de zeolita ZSM-5 a partir de Perlita Expandida se estudió aplicando el modelo de nucleación y crecimiento de Kolmogorov-Johnson-Mehl-Avrami, comentado en la sección I.6.5.2. Para ello, se preparó una serie de zeolitas ZSM-5 en diferentes estadios, a partir de Perlita Expandida y empleando las condiciones óptimas de síntesis (tabla III.1) pero haciendo variar el tiempo y la temperatura del proceso. Con esta finalidad, la reacción fue conducida a 170, 180 y 190 °C, siguiendo el mismo procedimiento explicado en la sección III.A.3.

Para el ajuste y reconstrucción de la curva a partir de datos experimentales, la determinación de los parámetros de la Ley de Avrami y deducción de magnitudes relacionadas, se utilizó el software de cálculo para ingeniería, Mathcad versión 14.0.0.163 [25] y el programa OriginPro 8.5 de OriginLab.

Con el propósito de separar y definir claramente las etapas de nucleación y crecimiento, Valtchev y Mintova [26] introdujeron el concepto de período de transición. Estos investigadores eligieron un punto arbitrario correspondiente al 15 % de cristalinidad como límite superior para el período de transición, en una serie de curvas de cristalización obtenidas a diferentes temperaturas. Sin embargo, la aplicación de un valor elegido arbitrariamente para curvas de cristalización con diferentes velocidades de crecimiento cristalino, puede ocasionar sobre- o subestimación de la energía de activación para el período de transición. Con la finalidad de evitar este inconveniente, Kim y col. [27-29] propusieron un abordaje diferente para estimar la energía de activación. En esta tesis se emplea la metodología propuesta por Kim y col., que permite determinar los parámetros característicos en las etapas de nucleación y crecimiento cristalino, utilizando datos de las curvas de cristalización. Para ello, la etapa correspondiente a la nucleación convencional se dividió en dos regiones a saber: 1) período de inducción durante el cual no se aprecian cristales de zeolita ZSM-5 y 2) período de transición en el que se puede observar un crecimiento cristalino lento.

Por otra parte, asumiendo que la formación de núcleos durante el período de inducción es un proceso energéticamente activado y que la nucleación es la etapa determinante de velocidad para dicho período, la energía de activación para la etapa de inducción (E_{n1}), se puede calcular teniendo en cuenta que la velocidad de nucleación presenta una dependencia de tipo Arrhenius con la temperatura, como se puede apreciar en la ecuación III.24. En esta, t_0 es el período de inducción, A_{n1} el factor preexponencial y E_{n1} la energía de activación, todos ellos correspondientes a la primera etapa de nucleación (período de inducción).

$$\ln(1/t_0) = lnA_{n1} - E_{n1}/RT \qquad \text{(ecuación III.24)}$$

Debido a la dificultad en la determinación del límite superior del período de transición cuando el fenómeno de cristalización es rápido, las curvas de cristalización se ajustaron inicialmente siguiendo el comportamiento de la ecuación modificada de Avrami (ecuación I.1).

Teniendo en cuenta el procedimiento a comentar en breve, resulta necesario definir la primera y segunda derivada de la ecuación I.1. Estas quedan definidas mediante las ecuaciones III.25 y III.26, respectivamente.

$$\frac{d\alpha}{dt} = kn(t - t_0)^{(n-1)} \cdot e^{-k(t-t_0)^n} \qquad \text{(ecuación III.25)}$$

$$\frac{d^2\alpha}{dt^2} = kn(n-1)(t - t_0)^{(n-2)} \cdot e^{-k(t-t_0)^n} - k^2n^2(t - t_0)^{(2n-2)}e^{-k(t-t_0)^n}$$

(ecuación III.26)

Con el objetivo de obtener el punto de inflexión de la curva de cristalización, la ecuación I.1 fue diferenciada dos veces con respecto al tiempo (ecuación III.26) e igualada a cero, $d^2\alpha/d\,t^2 = 0$, para encontrar las coordenadas del punto crítico (α_c, t_c), es decir, el punto de inflexión en la figura III.19, en el intervalo correspondiente a la cristalización. La pendiente de la recta que es tangente al punto de inflexión, permite determinar la velocidad de cristalización ($v_c = d\alpha/dt$), es decir, el valor de la primera derivada (ecuación III.25) de la ecuación I.1 evaluada en t_c.

Posteriormente, con ayuda de la ecuación de una recta que pasa por los puntos genéricos (x_1, y_1) y (x_2, y_2) cuya forma es: $y_1 - y_2 = m(x_1 - x_2)$, teniendo en cuenta que la misma debe ser tangente al punto de inflexión y se debe intersectar sobre el eje de las abscisas en $t = t_{tr}$, se encuentra la ecuación III.27, expresión de la recta cuya pendiente es v_c y pasa por los puntos (t_c, α_c) y $(t_{tr}, 0)$. Esta permite obtener el valor de t_{tr} correspondiente al límite superior del período de transición, es decir, a partir de la intersección con el eje del tiempo por parte de la recta tangente al punto crítico en la curva de cristalización (figura III.19).

$$\alpha_c = v_c(t_c - t_{tr}) \qquad \text{(ecuación III.27)}$$

A partir del valor de t_{tr} se puede evaluar la ecuación I.1 en el mismo, con la finalidad de obtener la cristalinidad correspondiente al tiempo de transición (α_{tr}) (equivalente a prolongar una vertical sobre el eje del tiempo para t = t_{tr} hasta intersectar la curva de cristalización en el valor $\alpha = \alpha_{tr}$ como se muestra en la figura III.19). Por otro lado, evaluando la primera derivada en t_{tr} se obtiene la velocidad de nucleación correspondiente al límite superior del período de transición, $v_{n2} = d\alpha/dt\,|_{t=t_{tr}}$.

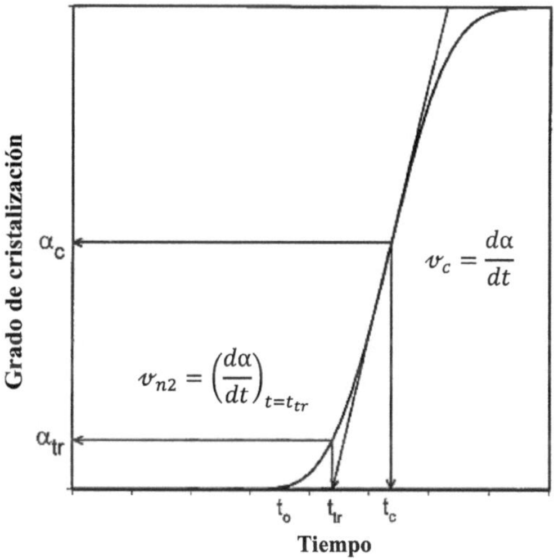

Figura III.19. *Esquema para la determinación de las etapas de nucleación, transición y cristalización en la curva de cristalización de ZSM-5*

Luego, la energía de activación (E_{n2}) y el factor preexponencial (A_{n2}), correspondientes al período de transición, se determinaron a partir de la respectiva ecuación de Arrhenius (ecuación III.28).

$$\ln(v_{n2}) = lnA_{n2} - E_{n2}/RT \qquad \text{(ecuación III.28)}$$

Finalmente, la velocidad de cristalización (v_c) se determinó de la siguiente manera. Ya que el punto de inflexión en la etapa de cristalización presenta la pendiente más empinada, este se eligió como la velocidad de cristalización. Una vez que se ha determinado el correspondiente grado de cristalinidad para el punto de inflexión (α_c) y luego de evaluar a la primera derivada de la ecuación de Avrami en $t = t_c$, se obtiene la respectiva velocidad de cristalización, v_c.

La energía de activación correspondiente a la etapa de cristalización (E_c) se determinó aplicando la correspondiente la ecuación de Arrhenius (ecuación III.29).

$$\ln(v_c) = lnA_c - E_c/RT \qquad \text{(ecuación III.29)}$$

III.D. ACTIVIDAD CATALÍTICA

La actividad de los catalizadores preparados se determinó frente a diferentes reacciones de transesterificación en fase líquida utilizando un sistema cerrado en batch.

Tomando específicamente la reacción de transesterificación entre acetato de vinilo y alcohol isoamílico como prototipo, se analizó la dependencia de parámetros operacionales sobre esta reacción en particular. Para ello, se estudió la influencia de:

i. Cantidad de catalizador
ii. Concentración de sustrato.
iii. Temperatura.
iv. Polaridad del solvente.
v. Tipo de red zeolítica y presencia de mesoporosidad.
vi. Relación molar Si/Al del catalizador.

III.D.1. Sistema Empleado y Procedimiento Experimental

Los estudios de actividad catalítica se llevaron a cabo en viales de vidrio de 10 mL provistos con sendas tapas de aluminio y septum de doble faz con una cara de silicona y otra de teflón (figura III.20).

Previo a cada estudio, se realizó la activación de los catalizadores para eliminar posibles gases adsorbidos en las superficies de los sólidos. Las masas de catalizadores (previamente determinadas en balanza analítica) se colocaron en respectivos viales de vidrio y fueron sometidas a un calentamiento paulatino en mufla hasta alcanzar 450 °C. Alcanzado este valor, el mismo se mantuvo durante 2 horas. Se colocaron pequeños buzos magnéticos en el interior de los viales y fueron cerrados con respectivos septums y tapas de aluminio, haciendo uso de una pinza encapsuladora manual para realizar un sellado hermético (figura III.20). La hermeticidad del sistema se comprobó realizando un seguimiento de la masa contenida en un vial cerrado con un volumen determinado de CCl_4 durante una semana y sobre otro vial en idénticas condiciones pero calentado a 90 °C. Los resultados indicaron que la variación de masa, durante una semana para el primer vial y para el segundo a lo largo de 72 horas, es prácticamente despreciable (menor al 1 %).

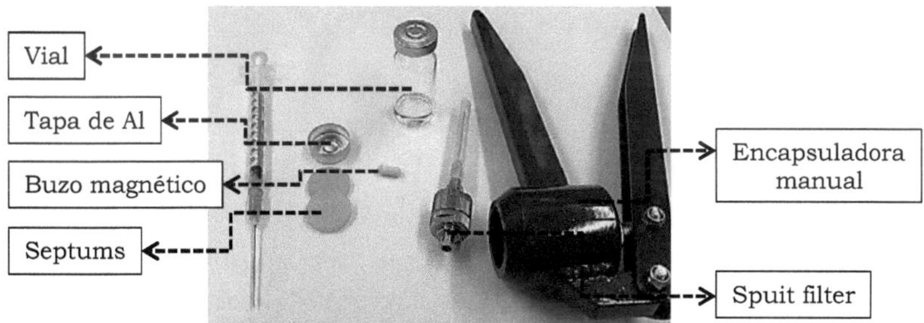

Figura III.20. *Materiales y equipos utilizados en el estudio de actividad catalítica.*

Los viales conteniendo los sólidos y buzos magnéticos se colocaron en el interior de un desecador hasta alcanzar la temperatura ambiente. Posteriormente, se determinó la pérdida de masa de los catalizadores mediante pesada.

Haciendo uso de jeringas con agujas, se introdujeron aproximadamente 8 mL de la mezcla de reacción y los viales fueron colocados en respectivos orificios de un bloque de aluminio, trabajando sobre una manta calefactora con agitación magnética, con la finalidad de mantener una temperatura de reacción más estable. El control de temperatura se realizó en un equipo Cole-Parmer modelo 89000-15, con capacidad de regulación de temperatura a una precisión de ± 0,1 °C.

A los tiempos programados, se tomaron alícuotas del sistema reaccionante de aproximadamente 0,1 mL, haciendo uso de agujas y jeringas. Posteriormente, las alícuotas se filtraron utilizando un *spuit filter* de acero inoxidable, provisto de una membrana intercambiable con un diámetro de poros de 0,45 µm (figura III.20), con la finalidad de separar el catalizador de la muestra de reacción. Las soluciones filtradas se recibieron en sendos tubos eppendorff de 500 µL y se analizaron mediante cromatografía gaseosa o en su defecto, se conservaron en heladera a 4 °C durante algunas horas hasta ser analizadas.

III.E. SEPARACIÓN Y CUANTIFICACIÓN DE REACTIVOS Y PRODUCTOS DE REACCIÓN

La separación y cuantificación de sustancias presentes en el sistema de reacción se realizó mediante Cromatografía Gaseosa. Para ello, se inyectó 1 µL de las alícuotas del sistema en un cromatógrafo gaseoso marca Perkin Elmer modelo Claurus 580, provisto de una columna capilar tipo ELITE-5 (0,25 µm x 0,25 mm x 30,0 m), equipado con un detector de ionización de llama (FID) fijado a 230 °C, con el inyector operando bajo la modalidad split/splitless a una temperatura de 200 °C.

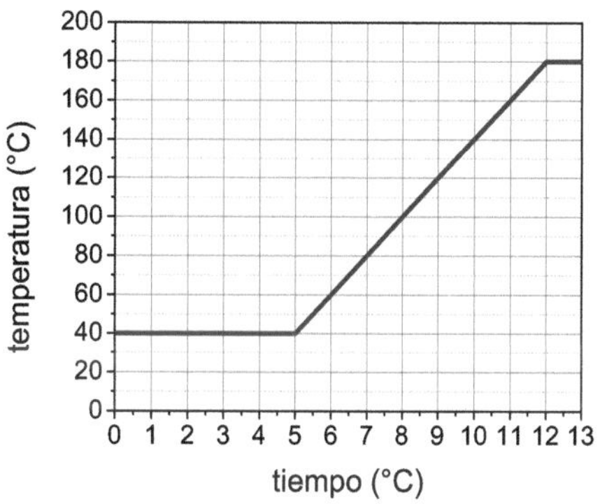

Figura III.21. *Programa de calentamiento para el horno de la columna en el CG.*

La separación de los componentes se realizó utilizando el programa de calentamiento que se observa en la figura III.21 y empleando nitrógeno calidad extra puro como gas carrier, operando a una velocidad lineal de 1 mL/m. Algunas propiedades de las sustancias presentes en el sistema de reacción se resumen en la tabla III.6.

Tabla III.6. *Algunas propiedades de las sustancias presentes en la mezcla de reacción.*

	Punto de ebullición (°C)	Masa Molar (g/mol)	Tiempo de retención (min)
Tolueno	110,6	92,14	6,0-6,6
Acetato de vinilo	72,7	86,09	2,7
Alcohol isoamílico	131	88,15	5,5
Acetato de isoamilo	142	130,19	8,1
Alcohol vinílico	-	44,05	n.d.
Acetaldehído	20,2	44,05	2,1

n.d. = no determinado.

La conversión de la reacción se determinó (Apéndice C) en base a las áreas de los picos presentes en el cromatograma, estimando los factores de respuesta para el FID mediante números de carbono efectivos (ECN, en inglés *effective carbon number*) [30]. Para ello, en cada alícuota se evaluó el porcentaje de acetato de isoamilo presente y la cantidad de alcohol isoamílico o acetato de vinilo remanente, haciendo uso del método del área porcentual con factores de respuesta propuesto por Dettmer y col. [31].

III.F. IDENTIFICACIÓN DE PRODUCTOS DE REACCIÓN

La identificación de los productos de reacción se realizó mediante cromatografía gaseosa acoplada a espectrometría de masas (CG-EM). Se inyectaron 1 µL de las alícuotas de reacción en un cromatógrafo gaseoso marca AGILENT modelo 6890 N, equipado con una columna capilar AGILENT HP-5MS (0,25 mm de diámetro interno x 0,25 µm de espesor x 30 m de longitud) acoplado a un detector selectivo de masas marca AGILENT, modelo 5973, operando bajo el modo Split, siguiendo el programa de calentamiento que se indica en la figura III.22 y empleando He como gas carrier.

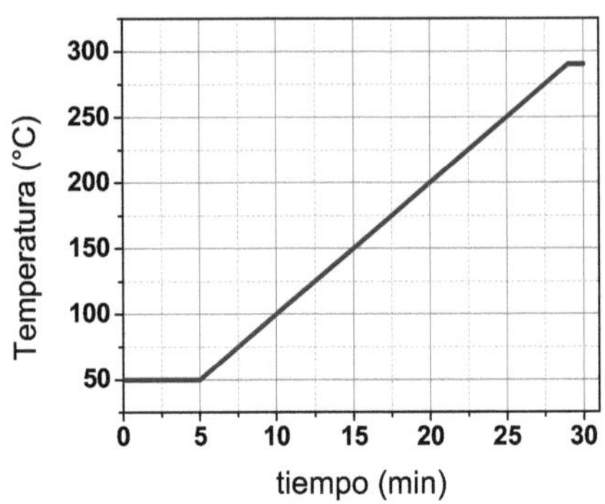

Figura III.22. *Programa de calentamiento para el horno en el CG-EM.*

El espectrómetro de masas se mantuvo a 300 °C, operando en el modo de barrido. Los espectros fueron determinados entre m/z 20,0 y 500,0 y la asignación de los picos se efectuó mediante comparación con los tiempos de retención de sustancias puras y con la biblioteca de espectros de masas (NIST) incluida en el software del equipo.

III.G. MODELADO MOLECULAR

III.G.1. Obtención del clúster

El estudio teórico de las reacciones de transesterificación se realizó mediante la aplicación de un modelo de clúster formado por 3 tetraedros TO_4, denominado clúster-3T.

Inicialmente, se partió de una estructura generada a partir de los datos cristalográficos de un archivo CIF de la silicalita, una zeolita puramente silícea análoga a ZSM-5 (ver sección I.5). Este archivo, contiene las coordenadas de cada uno de los átomos presentes en la red cristalina, descargado desde la página de la Asociación Internacional de Zeolitas (IZA) [32]. Este archivo a su vez fue obtenido a partir de los aportes estructurales realizados por van Koningsveld y col. [33]. La información del archivo CIF se utilizó como base para construir el respectivo clúster.

Se adoptó una metodología ampliamente aceptada [34-37], que consiste en tomar una porción de la estructura de la silicalita, más específicamente, aquella que contiene el sitio ácido de Brønsted. Se conocen 12 tipos diferentes de sitios tetraédricos (denominados T1, T2... T12) presentes en la red de una zeolita ZSM-5, cada uno de ellos con diferentes entornos. Se sabe además que el sitio ácido de Brønsted se localiza en la intersección entre un canal longitudinal y uno transversal, más precisamente en el sitio denominado T12 en la jerga de esta zeolita [38].

Siguiendo esta modalidad, se identificó el sitio T12 a partir de los datos del archivo CIF y se procedió a la sustitución isomórfica del átomo de Si por uno de Al. A continuación, utilizando el software Gaussview 5.0, se recortó la zona de intersección entre un canal longitudinal y uno transversal (figura III.23).

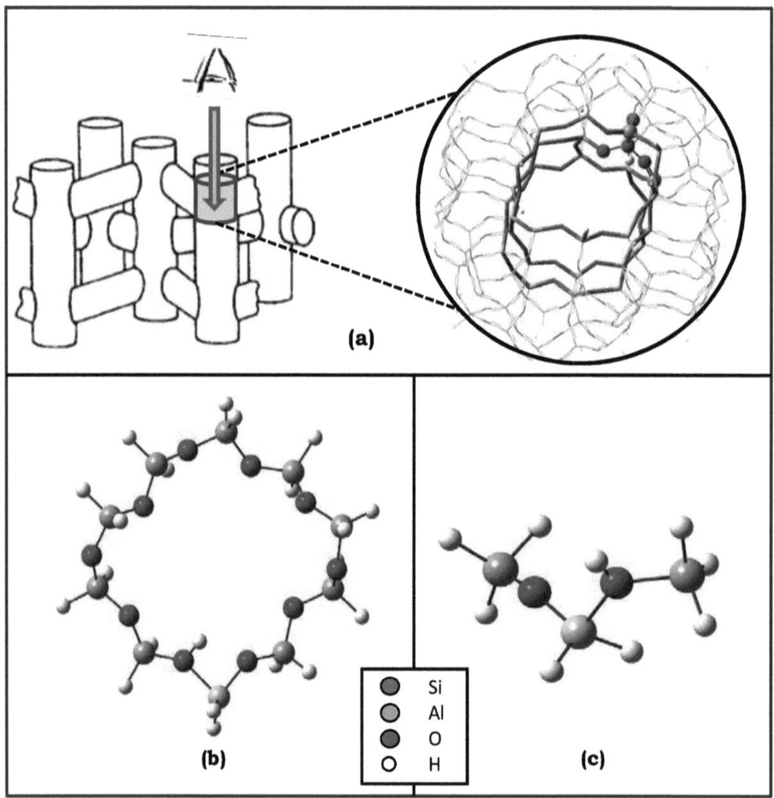

Figura III.23. *(a) Esquema de la metodología empleada para obtener los clústers de zeolita ZSM-5. Modelos de clúster (b) 10T y (c) 3T.*

De esta manera, se obtiene una porción de la red zeolítica formada inicialmente por un anillo de 10 tetraedros y a partir de esta, resulta sencillo realizar recortes hasta obtener la correspondiente al clúster de 3 tetraedros (figura III.23). En este último, se pueden observar terminaciones formadas por átomos de oxígeno, producto de recortar el fragmento de una red infinita con repetición de estructuras O–T–O en todo el espacio. Para evitar estas terminaciones, que ocasionarían una red con excedente de cargas negativas, se reemplazaron los átomos de oxígeno terminales por sendos átomos de hidrógeno. Estos hidrógenos fueron fijados en las respectivas posiciones cristalográficas a lo largo de los enlaces Si–O de la red ZSM-5. El clúster 3T que será utilizado para el modelado de las reacciones se designa como ZSM-5-3T.

III.G.2. Optimización del clúster

Posterior a la obtención del clúster, se realizó la optimización de su estructura empleando el software Gaussian 09 [39]. Para ello, se optó por aplicar una metodología ampliamente aceptada, que implica mantener fijos (congelados) la mayoría de los átomos de la estructura, relajando solamente aquellos átomos que forman la porción central, ≡Si–O–Al$(H)_2$–OH–Si≡, correspondiente al grupo de átomos del sitio activo en donde ocurrirán las interacciones con las diferentes moléculas orgánicas. La primera optimización se realizó aplicando un método computacional de bajo costo, el método semiempírico AM1 y posteriormente otro de mayor precisión, empleando Teoría del Funcional de la Densidad (DFT). Para esto último se utilizó el funcional híbrido triparamétrico de Becke con el funcional de correlación de Lee-Yang-Parr, conocido como B3LYP, con el conjunto de bases 6-311+G(d).

Se conoce que la técnica que utiliza un clúster para modelar reacciones químicas con zeolitas es ampliamente aceptada por su sencillez, pero para que un modelo de clúster no se comporte como una molécula libre gaseosa y pueda reflejar la rigidez que posee la red ZSM-5, los átomos de hidrógeno terminales se deben mantener en posiciones fijas a cierta distancia de los átomos de silicio. Para ello, se deben congelar las posiciones de los hidrógenos terminales enlazados a los silicios a una distancia fija, previamente definida. Algunos valores de longitudes de enlaces Si-H, utilizados por diferentes investigadores son 0,95 Å [40]; 0,96 Å [41]; 1,470 Å [38] o 1,487 Å [42], entre otros. En la presente tesis se utilizó esta metodología, aplicando los siguientes pasos: i) se sustituyeron los átomos de oxígeno terminales de la red zeolítica original por átomos de hidrógeno y luego, ii) manteniendo fija las direcciones de los enlaces Si–H, se hizo variar la distancia Si–H al valor 1,48346 Å, el cual corresponde a la longitud de enlace para la molécula de silano (SiH_4), optimizada al nivel de cálculo B3LYP/6-311+G(d).

III.G.3. Optimización de las moléculas orgánicas

El estudio teórico de la hipersuperficie de energía potencial de las moléculas orgánicas a interaccionar con el clúster, se realizó empleando el módulo de Dinámica Molecular incluido en el paquete computacional del software HyperChem versión 8.0.3 [43]. Las moléculas orgánicas elegidas para interactuar con el cluster 3T, constituyen agentes acilantes que usualmente se utilizan en reacciones de sustitución nucleofílica de acilo: ácido acético, anhídrido acético, cloruro de acetilo y acetato de vinilo.

Estas moléculas orgánicas poseen un alto grado de flexibilidad estructural, por lo que se prevén varias conformaciones significativamente diferentes entre sí. Por lo tanto, conviene realizar un estudio teórico previo de la hipersuperficie de energía potencial, mediante variación sistemática de todos los ángulos diedros. De esta manera, se generaron estructuras correspondientes a las moléculas orgánicas, empleando el software Hyperchem 8.0.3 y se realizó una optimización inicial, empleando el método semiempírico AM1. Este método posee un bajo costo computacional y demostrada aceptación para la predicción en el estudio teórico de características geométricas y electrónicas de compuestos orgánicos sencillos.

A continuación, se procedió a generar 20 conformaciones iniciales, suficientemente diferentes en el mapeo del espacio conformacional, mediante simulación de un calentamiento a temperaturas entre 0 y 900 K (-273,15 y 626,85 °C), manteniendo la temperatura constante mediante acoplamiento a un sistema de baño térmico, durante un período de tiempo adecuado, del orden de los picosegundos. Con este procedimiento, las moléculas experimentan estiramientos y rotaciones, superando las barreras energéticas entre las posibles conformaciones. Las coordenadas respectivas de cada paso se guardaron un archivo.

De esta manera, se obtuvieron 20 conformaciones optimizadas con el método semiempírico AM1. De todas estas, se seleccionaron aquellas estructuras cuyos valores de energía diferían entre sí en por lo menos 1,0 kcal/mol, con la finalidad de asegurar un conjunto de moléculas que posea la contribución de los diferentes arreglos espaciales posibles.

Cada conformación seleccionada fue sometida a una posterior optimización de geometría utilizando la Teoría del Funcional de la Densidad, la que permite obtener un mayor carácter predictivo en el cálculo de propiedades moleculares, que además facilita el empleo de funcionales de intercambio y correlación que incluyen correcciones por gradientes de la densidad. Se utilizó en primer lugar la aproximación LSDA (Local Spin Density Aproximation) como optimización a nivel intermedio de cálculo, seguida por una optimización definitiva, empleando el funcional B3LYP con el conjunto de bases 6-311+G(d). De las conformaciones optimizadas por el método DFT, se eligió aquella de menor energía, para estudiar su interacción con el clúster de zeolita ZSM-5.

III.G.4. Interacción entre el clúster de zeolita y las moléculas orgánicas

Posterior a la optimización del clúster y de cada una de las estructuras de reactivos y productos a un nivel de cálculo DFT, se procedió a la construcción de las posibles geometrías de los complejos adsorbidos sobre el sitio ácido de Brønsted de la zeolita.

Con la finalidad de estudiar la interacción entre los diferentes dadores de acilo y el clúster de zeolita ZSM-5, se adsorbieron las diferentes moléculas orgánicas sobre el clúster 3T. Los complejos de adsorción (figura III.24-b) para cada uno de los dadores de acilo, se optimizaron a nivel de cálculo B3LYP/6-311+G(d). Este mismo procedimiento se realizó para optimizar las estructuras de los productos de la interacción (zeolita acetilada y especie H-G, figura III.24-d). Las diferentes etapas modeladas se resumen en la figura III.24.

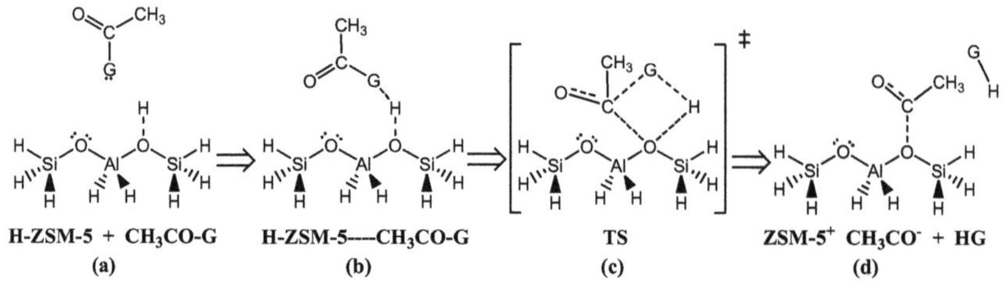

H-ZSM-5 + CH_3CO-G (a) ⟹ H-ZSM-5---CH_3CO-G (b) ⟹ TS (c) ‡ ⟹ ZSM-5$^+$ CH_3CO^- + HG (d)

Figura III.24. *(a) Zeolita y dador de acilo aislados, (b) Interacción zeolita-dador de acilos, (c) Complejo activado y (d) Zeolita acetilada y producto de reacción.*

III.G.5. Determinación del estado de transición

La teoría del estado de transición postula la existencia de un solo punto crítico (llamado complejo activado o estado de transición) en la superficie de energía potencial, de cada camino de reacción que procede de manera exitosa. Más aún, este punto de ensilladura es un confórmero de mínima energía en todas la direcciones (todos los grados de libertad), excepto en aquella que involucra las coordenadas de la reacción. En ese último caso se presenta como un máximo.

De esta manera, una vez optimizadas las estructuras de los complejos de adsorción con reactivos (figura III.24-b) y productos (figura III.24.d), se procede a la determinación de la estructura del estado de transición (TS). Para ello, se aplicó la metodología DFT al mismo nivel de cálculo que para los demás complejos, es decir, usando el funcional B3LYP y el conjunto de bases 6-311+G(d).

La estructura del complejo activado se determinó aplicando el *Método Cuasi-Newton Guiado por Tránsito Sincrónico* (STQN, de las siglas en inglés *Synchronous Transit-Guided Quasi-Newton)*, denominado por el software de cálculo como QST2 y QST3. Estos últimos se resumen muy brevemente a continuación:

- QST2: consiste en encontrar la estructura del TS, especificando la estructura de los estados previo y posterior al mismo, realizando una aproximación de su estructura, de manera tal que sea intermedia a los estados especificados.
- QST3: similar a QST2 solo que necesita de una estructura predefinida del TS como partida, la que se irá modificando hasta encontrar aquella que sea óptima.

Con la finalidad de caracterizar al estado de transición, se realizó el análisis de las frecuencias de vibración, encontrándose una única frecuencia imaginaria acorde a la ruptura/generación de enlaces que permite la adecuada generación de productos. La presencia de una única frecuencia imaginaria asegura que la estructura encontrada es un mínimo en todas las direcciones, excepto en aquella que conecta a los estados previo y posterior, definidos para su cálculo, es decir, se trata de un verdadero Estado de Transición.

III.G.6. Determinación de caminos de reacción

Una vez obtenida la estructura del TS, se procedió a reconstruir el camino de reacción que conecta el mismo con los estados iniciales y finales. El camino completo de reacción, también conocido como *coordenada intrínseca de reacción* (IRC, de las siglas Intrinsic Reaction Coordinate) se calculó inicialmente empleando el método semiempírico AM1. Para ello, se partió de la estructura optimizada del complejo activado (TS), reconstruyendo el camino de reacción de manera de seguir la pendiente en descenso más empinada hacia la dirección del estado previo (o reactivo o reverse) y de manera similar hacia la del estado posterior (o producto o forward). En cada caso se utilizó el algoritmo por defecto incluido en el software Gaussian 09 para realizar los cálculos.

Cuando el camino de reacción en ambas direcciones, converge a la estructura de reactivos y productos deseados, se procede a la optimización de estas últimas, aplicando la metodología DFT (B3LYP/6-311+G(d)).

Las estructuras de complejos reactivos, complejos productos y TS optimizadas a nivel B3LYP/6-311+G(d) son las que se utilizaron para la determinación de parámetros cinéticos y termodinámicos.

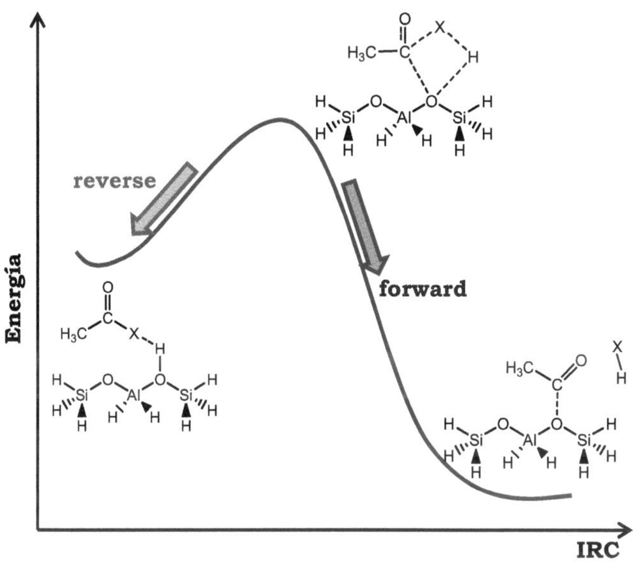

Figura III.25. *Coordenada Intrínseca de Reacción para la etapa de interacción entre los dadores de acilos y el clúster de zeolita H-ZSM-5.*

III.H. CONCLUSIONES DEL CAPÍTULO III

Se pueden aplicar diferentes métodos de preparación con la finalidad de obtener catalizadores zeolíticos con diversas propiedades (acidez, superficie específica, tamaño de cristales, mesoporosidad, etc.)

Las técnicas fisicoquímicas de análisis permiten obtener diferentes características de los materiales. Las utilizadas en esta tesis son:

- Difracción de Rayos X.
- Caracterización textural: determinación de la superficie BET, método α-plot, método t-plot, BJH, VBS, regla de Gurvich. Todos ellos determinados a partir de las isotermas de adsorción de N^2.

- RMN-AM de ^{29}Si y ^{27}Al.

- FTIR.

- Análisis Termogravimétrico (TGA) y Análisis Térmico Diferencial (DTA).

- Determinación de sitios ácidos mediante adsorción de moléculas sonda.

- Microscopía Electrónica de Barrido y Microscopía Electrónica de Transmición.

La mejor prueba de caracterización de un catalizador es el estudio de su actividad catalítica, mientras que el estudio teórico empleando métodos de modelado computacional en química, permite obtener información acerca del mecanismo de reacción que se puede complementar y/o corroborar con los datos experimentales.

REFERENCIAS

[1] Groen, J.C., Peffer, L.A.A., Moulijn, J.A., Pérez-Ramírez, J., Colloids and Surfaces A: Physicochemical and Engineering Aspects 241 (2004) 53-58.

[2] Groen, J.C., Moulijn, J.A., Pérez-Ramírez, J., Microporous and Mesoporous Materials 87 (2005) 153-161.

[3] ASTM D5758-01(2011)e1, "Standard Test Method for Determination of Relative Crystallinity of Zeolite ZSM-5 by X-Ray Diffraction", ASTM International, 2011, DOI: 10.1520/D5758-01R11E01, www.astm.org.

[4] Auerbach, S.M., Carrado, K.A., Dutta, P.K., Handbook of Zeolite Science and Technology, CRC Press, 2003.

[5] Flanigen Edith, M., Khatami, H., Szymanski Herman, A., Molecular Sieve Zeolites-I, 101, AMERICAN CHEMICAL SOCIETY, 1974, pág. 201-229.

[6] Beyer, H.K., Belenykaja, I.M., Hange, F., Tielen, M., Grobet, P.J., Jacobs, P.A., Journal of the Chemical Society, Faraday Transactions 1: Physical Chemistry in Condensed Phases 81 (1985) 2889-2901.

[7] Kubelkova, L., Seidl, V., Borbely, G., Beyer, H.K., Journal of the Chemical Society, Faraday Transactions 1: Physical Chemistry in Condensed Phases 84 (1988) 1447-1454.

[8] Weitkamp, J., Hunger, M., en: H.v.B.A.C. Jiří Čejka, S. Ferdi (Eds.), Studies in Surface Science and Catalysis, Volume 168, Elsevier, 2007, pág. 787-835.

[9] Thibault-Starzyk, F., Maugé, F., Characterization of Solid Materials and Heterogeneous Catalysts, Wiley-VCH Verlag GmbH & Co. KGaA, 2012, pág. 1-48.

[10] Boscoboinik, J.A., Yu, X., Emmez, E., Yang, B., Shaikhutdinov, S., Fischer, F.D., Sauer, J., Freund, H.-J., The Journal of Physical Chemistry C 117 (2013) 13547-13556.

[11] Oliviero, L., Vimont, A., Lavalley, J.-C., Romero Sarria, F., Gaillard, M., Mauge, F., Physical Chemistry Chemical Physics 7 (2005) 1861-1869.

[12] Emeis, C.A., J.Catal. 141 (1993) 347-354.

[13] Kaufmann, E.N., Characterization of materials, Wiley-Interscience, 2003.

[14] Che, M., Vedrine, J.C., Characterization of Solid Materials and Heterogeneous Catalysts: From Structure to Surface Reactivity, Wiley, 2012.

[15] Rouquerol, F., Rouquerol, J., Sing, K., en: F. Rouquerol, J. Rouquerol, K. Sing (Eds.), Adsorption by Powders and Porous Solids, Academic Press, London, 1999, pág. 191-217.

[16] Llewellyn, P.L., Bloch, E., Bourrelly, S., Characterization of Solid Materials and Heterogeneous Catalysts, Wiley-VCH Verlag GmbH & Co. KGaA, 2012, pág. 853-879.

[17] Luisa, R.C.M., Diseño y síntesis de materiales "a medida" mediante el método SOL-GEL, UNED, 2012.

[18] Lowell, S., Shields, J., Thomas, M., Thommes, M., Characterization of Porous Solids and Powders: Surface Area, Pore Size and Density, 16, Springer Netherlands, 2004, pág. 129-156.

[19] Nguyen, C., Do, D.D., Carbon 39 (2001) 1327-1336.

[20] Kruk, M., Jaroniec, M., Sayari, A., Langmuir 13 (1997) 6267-6273.

[21] Villarroel-Rocha, J., Barrera, D., Sapag, K., Microporous and Mesoporous Materials 200 (2014) 68-78.

[22] Engelhardt, G., Michel, D., High-Resolution Solid-State NMR of Silicates and Zeolites, Wiley, Gran Bretaña, 1987.

[23] Hunger, M., Brunner, E., en: H. Karge, J. Weitkamp (Eds.), Characterization I, 4, Springer Berlin Heidelberg, 2004, pág. 201-293.

[24] Ali, C., L. B, S., Molecular Sieves, 121, AMERICAN CHEMICAL SOCIETY, 1973, pág. 140-151.

[25] Ansari, K.A., An Introduction to Numerical Methods using MathCAD 14, Schroff Development Corporation, 2008.

[26] Valtchev, V., Mintova, S., Zeolites 14 (1994) 697-700.

[27] Kim, W.J., Kim, S.D., Jung, H.S., Hayhurst, D.T., Microporous and Mesoporous Materials 56 (2002) 89-100.

[28] Dong Kim, S., Hyun Noh, S., Kim, W.J., Microporous and Mesoporous Materials 65 (2003) 165-175.

[29] Kim, S.D., Noh, S.H., Seong, K.H., Kim, W.J., Microporous and Mesoporous Materials 72 (2004) 185-192.

[30] Scanlon, J.T., Willis, D.E., Journal of Chromatographic Science 23 (1985) 333-340.

[31] Dettmer-Wilde, K., Engewald, W., en: K. Dettmer-Wilde, W. Engewald (Eds.), Practical Gas Chromatography, Springer Berlin Heidelberg, 2014, pág. 271-302.

[32] Lindén, M., Babonneau, F., Amenitsch, H., Baccile, N., Riley, A., Tolbert, S., en: P.M. Antoine Gédéon, B. Florence (Eds.), Studies in Surface Science and Catalysis, Volume 174, Part A, Elsevier, 2008, pág. 103-108.

[33] Van Koningsveld, H., Van Bekkum, H., Jansen, J.C., Acta Crystallographica Section B 43 (1987) 127-132.

[34] Lomratsiri, J., Probst, M., Limtrakul, J., Journal of Molecular Graphics and Modelling 25 (2006) 219-225.

[35] Rattanasumrit, A., Ruangpornvisuti, V., Journal of Molecular Catalysis A: Chemical 239 (2005) 68-75.

[36] Panjan, W., Limtrakul, J., Journal of Molecular Structure 654 (2003) 35-45.

[37] Raksakoon, C., Limtrakul, J., Journal of Molecular Structure: THEOCHEM 631 (2003) 147-156.

[38] Huang, Y., Dong, X., Li, M., Zhang, M., Yu, Y., RSC Advances 4 (2014) 14573-14581.

[39] Frisch, M.J., Trucks, G.W., Schlegel, H.B., Scuseria, G.E., Robb, M.A., Cheeseman, J.R., Scalmani, G., Barone, V., Mennucci, B., Petersson, G.A., Nakatsuji, H., Caricato, M., Li, X., Hratchian, H.P., Izmaylov, A.F., Bloino, J., Zheng, G., Sonnenberg, J.L., Hada, M., Ehara, M., Toyota, K., Fukuda, R., Hasegawa, J., Ishida, M., Nakajima, T., Honda, Y., Kitao, O., Nakai, H., Vreven, T., Montgomery Jr., J.A., Peralta, J.E., Ogliaro, F., Bearpark, M.J., Heyd, J., Brothers, E.N., Kudin, K.N., Staroverov, V.N., Kobayashi, R., Normand, J., Raghavachari, K., Rendell, A.P., Burant, J.C., Iyengar, S.S., Tomasi, J., Cossi, M., Rega, N., Millam, N.J., Klene, M., Knox,

J.E., Cross, J.B., Bakken, V., Adamo, C., Jaramillo, J., Gomperts, R., Stratmann, R.E., Yazyev, O., Austin, A.J., Cammi, R., Pomelli, C., Ochterski, J.W., Martin, R.L., Morokuma, K., Zakrzewski, V.G., Voth, G.A., Salvador, P., Dannenberg, J.J., Dapprich, S., Daniels, A.D., Farkas, Ö., Foresman, J.B., Ortiz, J.V., Cioslowski, J., Fox, D.J., Gaussian 09, Gaussian, Inc., Wallingford, CT, USA, 2009.

[40] Gao, J., Zheng, Y., Fitzgerald, G.B., de Joannis, J., Tang, Y., Wachs, I.E., Podkolzin, S.G., The Journal of Physical Chemistry C 118 (2014) 4670-4679.

[41] Farnworth, K.J., O'Malley, P.J., Electronic Journal of Theoretical Chemistry 1 (1996) 172-182.

[42] Hansen, N., Brüggemann, T., Bell, A.T., Keil, F.J., The Journal of Physical Chemistry C 112 (2008) 15402-15411.

[43] Stein, S., Analytical Chemistry 84 (2012) 7274-7282.

CAPÍTULO IV

PREPARACIÓN Y CARACTERIZACIÓN DE CATALIZADORES

IV.A. CARACTERIZACIÓN DE LA PERLITA EXPANDIDA

El análisis químico de la Perlita Expandida se realizó en el Centro de Química Superficial y Catálisis (COK) de la Universidad Católica de Lovaina (KULeuven), empleando espectroscopía de absorción atómica en un equipo Varian 720 ES, provisto de un detector CCD. Los resultados obtenidos permiten establecer la composición porcentual reflejada en la tabla IV.1.

Tabla IV.1. *Composición porcentual de la Perlita Expandida.*

compuestos	% en masa
SiO_2	73,40
Al_2O_3	13,49
TiO_2	0,20
Fe_2O_3	0,66
MnO	0,06
MgO	0,28
CaO	1,04
Na_2O	3,42
K_2O	4,72
P_2O_5	0,04
H_2O	2,44

Por otro lado, el patrón de difracción de rayos-X (figura IV.1a) revela la naturaleza principalmente amorfa de la Perlita

Expandida mientras que la observación mediante microscopía electrónica de barrido (figura IV.1) permite determinar una estructura altamente porosa, similar a una esponja, producto del proceso de expansión al que fue sometida. Se observa una estructura con fragmentación escamosa al azar, de superficies lisas y delgadas.

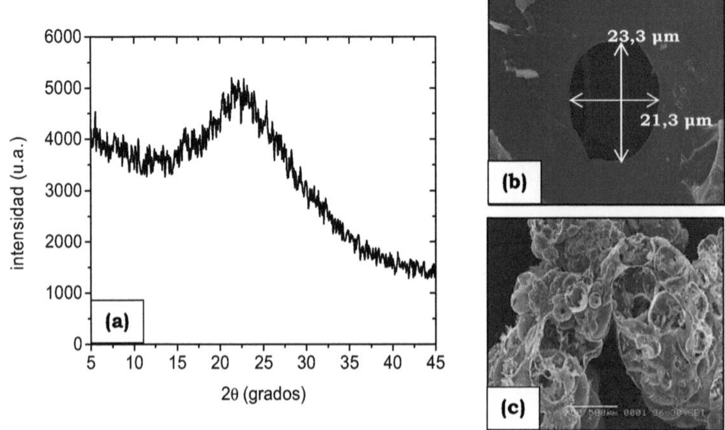

Figura IV.1. *(a) Difractograma de RX y (b), (c) Microfotografías SEM de la Perlita.*

La Perlita Expandida posee una superficie específica de 2 m^2/g, calculada en base a la isoterma de adsorción de N_2 (figura IV.2) y aplicando el método BET en el intervalo p/p° comprendido entre 0,05 y 0,14 con una constante del método BET calculada, C_{BET}=134. La isoterma es característica de un material no poroso o con macroporos. Los datos de la caracterización textural se resumen en la tabla IV.2.

A los fines prácticos, se puede considerar que la Perlita Expandida no posee microporos ni mesoporos. La porosidad presente se debe fundamentalmente a la presencia de macroporos generados durante el proceso de expansión de la Perlita.

Tabla IV.2. *Caracterización textural de la Perlita Expandida.*

Método	V_{micro} (cm^3/g)	V_{meso} (cm^3/g)	V_{total} (cm^3/g)
DR	~0	-	-
DA	~0	-	-
t-plot	~0	-	-
α-plot	~0	-	-
BJH	-	0,003	-
Gurvich	~0	0,005	0,005

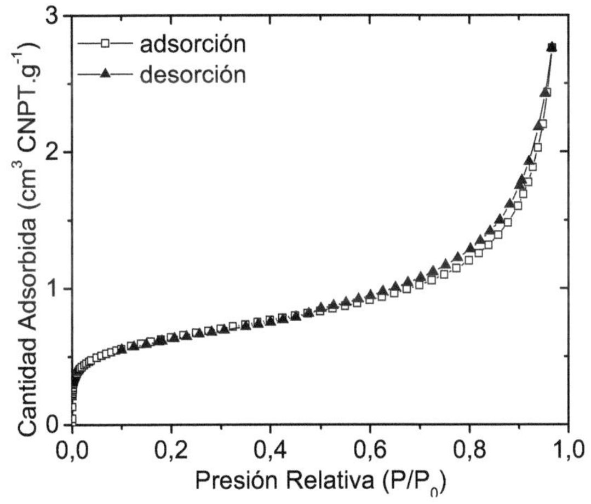

Figura IV.2. *Isotermas de adsorción-desorción de Nitrógeno de la Perlita Expandida.*

IV.B. ZEOLITA ZSM-5 A PARTIR DE PERLITA EXPANDIDA

IV.B. 1. EFECTO DE LA COMPOSICIÓN EN LA MEZCLA DE REACCIÓN

Se estudió la preparación de zeolita ZSM-5 con diferentes grados de cristalinidad mediante variación de las condiciones de síntesis. Se conoce con seguridad que las zeolitas del tipo silicoaluminatos se forman mediante polimerización de especies ricas en silicio y aluminio, presentes en una solución alcalina a una temperatura específica y presión autógena.

Tabla IV.3. Campo de cristalización para el tratamiento hidrotermal de la Perlita a 180 °C por 24 horas, variando la composición química del gel inicial, expresada como: SiO_2/Al_2O_3, H_2O/SiO_2 y pH. Se utilizaron (a) 0,0700 g de semillas de cristalización y (b) un 7 % de semilla con respecto a la cantidad inicial de SiO_2.

SiO_2/Al_2O_3	H_2O/SiO_2	pH	semilla	Cristalinidad (%)	productos
20[a]	23.75	10.2	0.0700 g	6	ZSM-5
25[a]	23.75	10.2	0.0700 g	23	ZSM-5
31[a]	23.75	10.2	0.0700 g	43	ZSM-5
35[a]	23.75	10.2	0.0700 g	76	ZSM-5
40[a]	23.75	10.2	0.0700 g	90	ZSM-5
45[a]	23.75	10.2	0.0700 g	84	ZSM-5
55[a]	23.75	10.2	0.0700 g	70	ZSM-5
40[b]	25	10.2	7 %	21	ZSM-5
40[b]	30	10.2	7 %	51	ZSM-5
40[b]	35	10.2	7 %	70	ZSM-5
40[b]	40	10.2	7 %	84	ZSM-5
40[b]	45	10.2	7 %	94	ZSM-5
40[b]	45	10.1	7 %	94	ZSM-5
40[b]	45	10.2	7 %	94	ZSM-5
40[b]	45	10.3	7 %	94	ZSM-5
40[b]	45	10.4	7 %	94	ZSM-5
40[b]	45	10.5	7 %	93	ZSM-5
40[b]	45	10.8	7 %	72	ZSM-5
40[b]	45	11.3	7 %	< 5	ZSM-5
40[b]	45	12.0	7 %	n.a.	Amorfo
40[b]	45	13.0	7 %	n.a.	PHILLIPSITA
40[b]	45	13.3	7 %	n.a.	ANALCIMA
40[b]	45	10.2	1 %	49	ZSM-5
40[b]	45	10.2	3 %	65	ZSM-5
40[b]	45	10.2	5 %	76	ZSM-5
40[b]	45	10.2	7 %	94	ZSM-5
40[b]	45	10.2	9 %	78	ZSM-5

n.a. = no aplicable

El campo de cristalización para la transformación de la Perlita Expandida en zeolita, estudiado en esta tesis, se resume en la tabla IV.3. Con esta finalidad, se estudiaron: la influencia de la composición en el gel de síntesis, el efecto de la temperatura y el tiempo. Estos estudios serán presentados en secciones separadas, es decir, comenzando con el análisis de la influencia de la composición química, para luego estudiar el efecto de la temperatura y el tiempo de síntesis, con la finalidad de proponer un modelo cinético para la cristalización y esbozar una secuencia de acontecimientos que expliquen la transformación de zeolita ZSM-5 a partir de Perlita Expandida.

La influencia de la composición química se estudió haciendo variar:

i. Relación molar SiO_2/Al_2O_3
ii. Relación molar H_2O/SiO_2
iii. pH
iv. Cantidad de semillas de siembra

IV.B.1.1. Efecto de la relación molar SiO_2/Al_2O_3

Figura IV.3. *Microfotografías SEM de productos obtenidos a diferentes relaciones molares SiO_2/Al_2O_3: (a) 20, (b) 25, (c) 31 y (d) 35.*

Sin el agregado de silicato de sodio en el gel de síntesis, la relación molar SiO_2/Al_2O_3 de la Perlita expandida es 9,2. Con la finalidad de obtener relaciones molares iguales a 20, 25, 31, 40, 45 y 55 en el gel de síntesis, la Perlita Expandida se mezcló con una cantidad suficiente de silicato de sodio, sin producir alteraciones en la relación molar H_2O/SiO_2, ni en el pH final del sistema o en la cantidad de semillas de siembra. El procedimiento seguido es el que se detalló en la sección III.A.3, mientras que las condiciones de síntesis para este estudio se muestran en la tabla IV.3. Los cálculos respectivos y formulas aplicadas se presentan en el Apéndice B.

La transformación de Perlita Expandida en zeolita ZSM-5 se pone en evidencia mediante el análisis de los patrones de difracción de Rayos X y microscopía electrónica de barrido para las muestras con diferentes condiciones de preparación.

Empleando SEM, se observa que la zeolita ZSM-5 forma partículas prismáticas-hexagonales. De esta manera, manteniendo constantes todos los parámetros de síntesis e incrementando la relación molar SiO_2/Al_2O_3 desde 20 hasta 25, no se detecta la presencia de partículas con esta geometría. En cambio, se pueden observar pequeñas porciones de material particulado, debido a la hidrólisis alcalina de fragmentos de Perlita Expandida, con forma de esponja y escamas (figuras IV.3a y b).

La formación de partículas incipientes con geometría hexagonal se pone en evidencia cuando la relación SiO_2/Al_2O_3 varía hasta alcanzar el valor de 35. Incrementando dicha relación de 31 a 35, se refleja un incremento en el tamaño de las partículas de ~500 nm a ~700 nm, estas últimas poseen bordes mejor delimitados y partículas con una forma más definida (figura IV.3c y d).

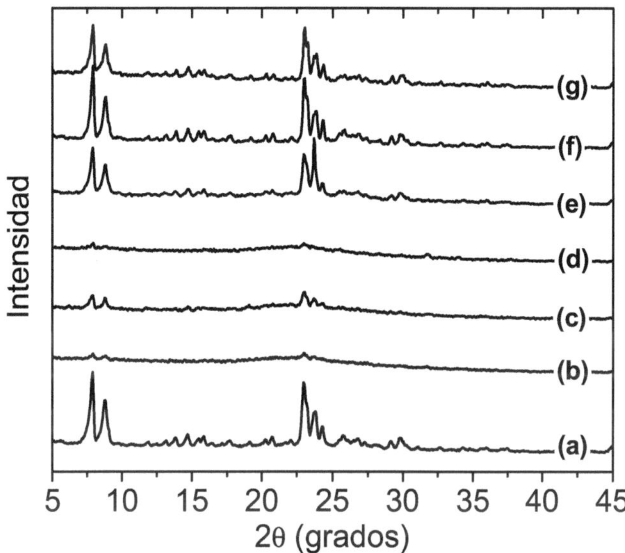

Figura IV.4. *Patrones DRX de: (a) ZSM-5 comercial usada como referencia y de los productos obtenidos a diferentes relaciones molares SiO_2/Al_2O_3: (b) 20, (c) 25, (d) 31, (e) 35, (f) 40 y (g) 55.*

De la comparación y el análisis de los difractogramas de Rayos-X con una zeolita ZSM-5 comercial tomada como referencia (figura IV.4), se observa que la única fase cristalina obtenida cuando la relación SiO_2/Al_2O_3 varía entre 20 y 55, corresponde a la zeolita ZSM-5. Esta zeolita se genera cuando la relación SiO_2/Al_2O_3 es superior a 20, confirmando que con esa composición, la concentración de sílice en el medio de síntesis, es suficiente para ocasionar la supersaturación con especies de Silicio y además, es adecuada para la formación de una fase de zeolita ZSM-5. La cristalinidad de las zeolitas obtenidas mediante patrones de DRX se resumen en la tabla IV.3, observándose un valor máximo de 90 % para una relación SiO_2/Al_2O_3 de 40.

Una vez encontrado el valor óptimo para la relación SiO_2/Al_2O_3 a la cual se puede obtener la zeolita ZSM-5 con la mayor cristalinidad, se procede a variar los demás parámetros de síntesis, manteniendo la relación SiO_2/Al_2O_3 constante.

IV.B.1.2. Efecto de la relación molar H_2O/SiO_2

Como su nombre lo indica, la síntesis hidrotermal de zeolitas utiliza agua como solvente. En estos sistemas, el agua cumple las siguientes funciones: (i) llenar espacios, (ii) provocar hidrólisis y regenerar enlaces T–O–T, (iii) acelerar las reacciones químicas y (iv) mantener la viscosidad del medio [1]. Se cree que todas estas características no solventes del agua pueden influir en el crecimiento cristalino de un material zeolítico. Por lo tanto, se estudió la influencia del contenido de agua en el gel de síntesis, con la finalidad de optimizar este parámetro para la preparación de zeolita ZSM-5.

La relación molar H_2O/SiO_2 se ajustó entre 25–45, para un gel cuya composición se puede expresar mediante la siguiente relación entre óxidos: $40SiO_2 \cdot Al_2O_3 \cdot 0{,}38Na_2O \cdot yH_2O$. Se hizo variar el valor y desde 1000 hasta 1800, bajo las condiciones que se detallan en la tabla IV.3. El campo de cristalización para el gel de síntesis con diferente contenido de agua, muestra claramente que mientras menor es el contenido de agua en la mezcla (medio con mayor concentración), menor es el porcentaje de cristalización de la fase ZSM-5. Este efecto se contrapone con el principio general de que una dilución en el sistema provoca una disminución en la concentración de las especies reactivas en la fase líquida y por lo tanto, una reducción en la velocidad de crecimiento de los cristales. El aumento en el crecimiento cristalino que se observa cuando se incrementa la relación H_2O/SiO_2 (figura IV.5), probablemente se deba a la relativamente elevada concentración de SiO_2 en los sistemas estudiados. En estos últimos, la mayor parte de la sílice se encuentra posiblemente bajo una forma coloidal y ya que esta afecta de manera insignificante al crecimiento de los cristales, la formación de unidades de construcción primaria generadas por de-polimerización de la sílice coloidal en estos sistemas diluidos, podría eventualmente justificar el crecimiento en aumento de la zeolita ZSM-5 [2].

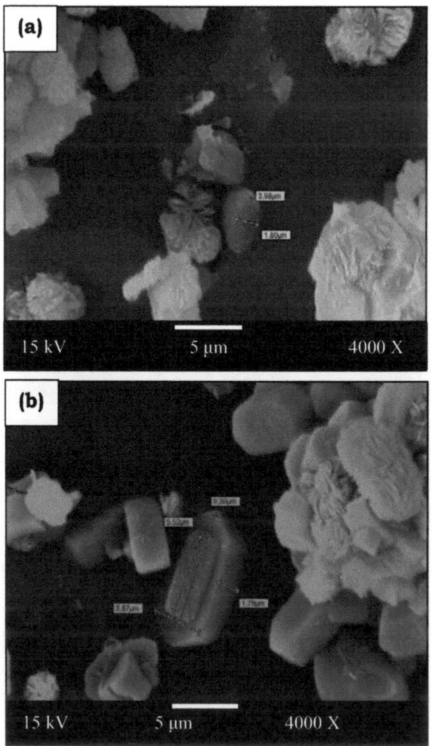

Figura IV.5. *Microfotografías SEM de los materiales obtenidos a diferentes relaciones molares H_2O/SiO_2: (a) 35 y (b) 40.*

IV.B.1.3. Efecto del pH

La alcalinidad del medio es uno de los parámetros más importantes a controlar en la cristalización de zeolitas. En ausencia de especies orgánicas, los iones sodio hidratados son capaces de dirigir la formación de una red MFI [3, 4] al actuar como plantillas. De esta manera, estabilizan la formación y favorecen el ensamble de subunidades estructurales para proveer los precursores adecuados y necesarios en las etapas de nucleación y cristalización bajo condiciones específicas, tales como una baja relación Na_2O/SiO_2 y elevada SiO_2/Al_2O_3 [5].

Figura IV.6. *Microfotografías SEM del material obtenido a diferentes valores de pH: (a) y (b) 10,2, (c) 13,0 y (d) 13,3.*

Por esta razón, la síntesis de ZSM-5 a partir de mezclas de reacción que no contienen plantillas orgánicas, es particularmente sensible a la concentración de iones Na^+ y OH^- en el medio de reacción. Generalmente, un incremento en la alcalinidad ocasiona un aumento en la velocidad de cristalización debido al incremento en la tasa de crecimiento de los cristales y/o nucleación, como consecuencia de la elevada concentración de especies reactivas tales como: silicatos, aluminatos y aluminosilicatos en la fase líquida del sistema [6].

La zeolita ZSM-5 obtenida a valores de pH entre 10,1 y 10,5 exhibe una fase cristalina completa y partículas con forma prismático-hexagonales (figura IV.6-a y b), similares a las encontradas en otras zeolitas con red MFI [7].

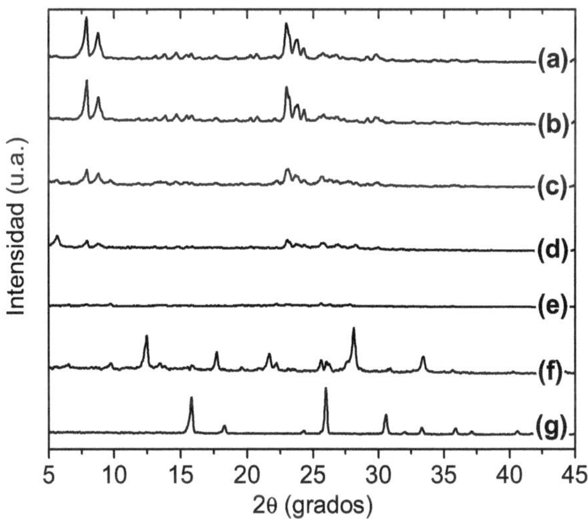

Figura IV.7. *Patrones DRX de zeolitas. (a) Zeolita H-ZSM-5 comercial, (b) a (g) zeolitas obtenidas a partir de Perlita Expandida a diferentes valores de pH: (b) pH = 10,2; (c) pH = 10,8; (d) 11,3; (e) pH = 12,0; (f) pH = 13,0 y (g) pH = 13,3.*

Incrementando la alcalinidad de la mezcla de reacción desde valores de pH = 10,1 hasta 10,5, la cristalinidad del producto obtenido por tratamiento hidrotermal de la Perlita Expandida no aumenta (tabla IV.3). Esto indica que bajo las condiciones utilizadas (10,1 ≤ pH ≤ 10,5; SiO_2/Al_2O_3 = 40;

H_2O/SiO_2 = 45; 7 % de semillas de cristalización; T = 180 °C y un tiempo de cristalización de 24 horas) solo se empleó una parte del precursor (alumino)silicato para generar la zeolita ZSM-5, mediante el crecimiento de los cristales de las semillas.

Mientras que las propiedades estructurales de los productos de cristalización no son influenciadas por la alcalinidad de la mezcla de reacción en el rango 10,1 ≤ pH ≤ 11,3, un incremento en la alcalinidad sobre el límite superior ocasiona cambios tanto estructurales como en las propiedades de la partícula. Los cambios estructurales están relacionados a la formación de una fase amorfa a pH = 12,0 (figura IV.7e) seguida de la aparición de partículas aciculares a pH = 13,0 (figura IV.6c) la cual presenta picos de difracción a valores de 2θ = 12,4°; 21,7°; 28,1° y 33,5° (figura IV.7), estos son característicos de una fase correspondiente a la zeolita Phillipsita [8].

La aparición de una fase cristalina formada por partículas con morfología trapezoidal (figura IV.6-d) se encontró presente al incrementar el valor de pH a 13,3. Esta fase presenta picos de difracción en 2θ = 15,8°; 18,3°; 25,9°; 30,5°; 33,3° y 35,8° (figura IV.7). Estas señales son todas características de la zeolita Analcima [9, 10]. Una morfología trapezoidal similar fue reportada anteriormente por Atta y col. [10] para la síntesis hidrotermal de Analcima a partir de caolín y cenizas de cáscara de arroz.

IV.B.1.4. Efecto de la cantidad de semilla de cristalización

La siembra de cristales es un método ampliamente utilizado en la producción a gran escala de zeolitas, sin embargo, el mecanismo exacto que promueve la cristalización de zeolitas en un sistema con siembra no está completamente entendido [3]. El crecimiento cristalino de zeolitas como la silicalita o ZSM-5 en sistemas con siembras ha llevado a proponer dos caminos de cristalización [11].

Figura IV.8. *Microfotografía SEM que muestra el crecimiento cristalino en forma de cristales incrustados.*

Un crecimiento ordenado y subsecuentes crecimientos regulares fueron reportados en mezclas de síntesis lo suficientemente diluidas. Se sugirió que la nucleación tiene lugar preferentemente sobre la superficie de los cristales de la siembra y que la dirección de los cristales de siembra controla el crecimiento de nuevos cristales provocando un crecimiento epitaxial. La nucleación en solución predomina en soluciones concentradas, donde se puede observar una formación al azar de cristales incrustados en las superficies de los cristales sembrados. Los cristales sembrados generalmente conducen a nuevas poblaciones de cristales, en lugar de crecer sobre si mismos para generar grandes cristales solitarios (figura IV.8).

En esta tesis, bajo las condiciones descritas anteriormente, no se detectó la síntesis de zeolita ZSM-5 en sistemas carentes de cristales de siembra hasta un tiempo de reacción correspondiente a 24 horas. El rango estudiado se encuentra comprendido entre 1 – 9 %, con respecto a la cantidad total de SiO_2 presente en el gel de síntesis. Como se muestra en la tabla IV.3, el agregado de siembra a la mezcla de reacción colabora en la síntesis de zeolita ZSM-5, resultando un valor óptimo de aproximadamente 7 % en peso de cristales de una zeolita ZSM-5 comercial, con respecto a la cantidad total de SiO_2. El valor encontrado se encuentra en perfecta concordancia con aquellos previamente reportados por Wang y col. [12].

IV.B.1.5. Condiciones óptimas de síntesis

Antes de avanzar a la siguiente sección, conviene resumir las condiciones óptimas de síntesis, encontradas hasta ahora, para la conversión hidrotermal de Perlita Expandida en zeolita ZSM-5. Las mismas quedan resumidas en la tabla IV.4 y concuerdan con los valores previamente reportados para la preparación de zeolita ZSM-5 en sistemas libres de agentes orgánicos directores de estructura [13] a partir de otras fuentes de silicio y aluminio.

Tabla IV.4. *Condiciones óptimas de síntesis para la zeolitización de Perlita Expandida.*

Parámetro	Valor óptimo
Relación molar SiO_2/Al_2O_3	40
Relación molar H_2O/SiO_2	45
pH	10,2
Semilla de cristalización	7%

IV.B. 2. ESTUDIO CINÉTICO DE LA PREPARACIÓN DE ZEOLITA ZSM-5

Una vez determinados los parámetros óptimos que permiten transformar la Perlita Expandida en zeolita ZSM-5 con el mejor grado de cristalinidad, se procede a estudiar el efecto del tiempo y la temperatura en la síntesis hidrotermal, con la finalidad de proponer un modelo cinético que se adapte a los datos experimentales.

IV.B.2.1. Modelado Teórico de la Cinética de Cristalización.

El tiempo posee un rol importante en la formación de una estructura zeolítica particular. Esta dependencia obedece la Regla de Ostwald de las transformaciones sucesivas, la que hace posible describir los fenómenos cinéticos en términos de estabilidades relativas de las fases intermedias. De manera muy simplificada, esta regla predice que *manteniendo constante la composición de la mezcla de reacción, la transformación procede desde una fase amorfa a una zeolita menos estable, para culminar en la cristalización de una zeolita con mayor estabilidad* [14]. De esta manera, monitoreando la formación de las posibles fases en el tiempo, la cristalización de una zeolita específica incrementa hasta permanecer constante, pudiendo luego decrecer o también transformarse en otra fase de mayor estabilidad.

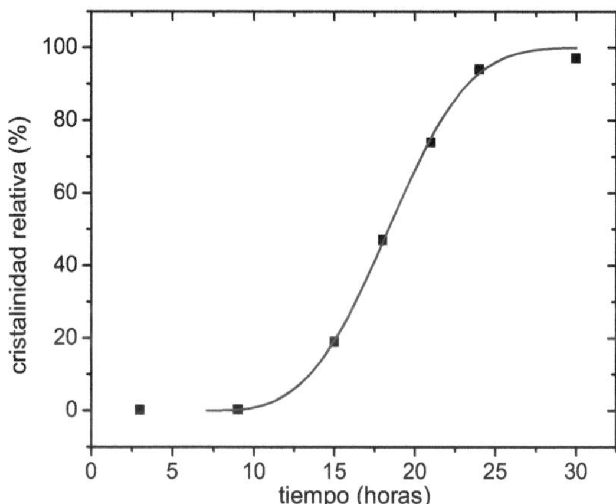

Figura IV.9. *Curva de cristalización para la preparación de ZSM-5 a 180°C.*

En la figura IV.9 se presenta la gráfica de cristalinidad relativa (determinada mediante DRX) en función del tiempo para la cristalización de zeolita ZSM-5 a partir de Perlita Expandida.

Se observa una curva de tipo sigmoidal, característica de un proceso que contempla diferentes fases: una de ellas comprende la clásica etapa de nucleación, la que se puede dividir en dos subetapas, según se comentó previamente (sección I.6.5.1). En la primer subetapa se observa un período de inducción (t_0) en el cual se generan los núcleos y en la segunda, denominada período de transición, ocurre un lento crecimiento cristalino. La segunda etapa, denominada de cristalización, involucra un período de crecimiento cristalino acelerado en el cual los núcleos crecen para dar lugar a los cristales. Este comportamiento es característico del proceso de cristalización en zeolitas [15].

Cuando se grafica la cristalinidad relativa en función del tiempo de cristalización, se obtiene este tipo de curva en donde la fracción del material transformado ($\propto$) se puede describir mediante la ecuación de Avrami (ecuación IV.1), donde n es determinado habitualmente mediante ajuste de los datos experimentales a la ecuación de una recta, aplicando la transformación que se presenta en la ecuación IV.2, también conocida como gráfico de Sharp-Hancock. Históricamente, la interpretación que se le da al exponente de la ley de Avrami está relacionado al número de pasos involucrados en la formación de núcleos, a lo que se debe adicionar la dimensión de los sitios de nucleación en crecimiento [16].

$$\propto = 1 - e^{-k(t-t_0)^n} \qquad \text{(ecuación IV.1)}$$

$$\ln[-\ln(1-\alpha)] = n \cdot \ln(t - t_0) + \ln k \qquad \text{(ecuación IV.2)}$$

En la tabla IV.5 se resumen los valores de k, t_0 y n obtenidos al ajustar los datos experimentales, aplicando regresión no lineal, a una curva bajo la forma general de la ecuación IV.1.

Tabla IV.5. *Parámetros de la Ley de Avrami.*

Parámetro	Valor obtenido por ajuste
k	$2{,}02 \times 10^{-4}$ h^{-n}
t_0	7,0 h
n	3,4

Se puede apreciar un período de inducción con una duración de 7,0 horas, tiempo que demora el sistema en alcanzar la temperatura de equilibrio y hasta que comienza el crecimiento acelerado de cristales, durante el cual la sílice y la alúmina presentes en la Perlita Expandida proveen de diferentes especies a la solución de reacción. El valor de 3,4 para el exponente de Avrami implica una contribución por parte de las tres dimensiones al crecimiento de los cristales (crecimiento esferulítico) y una velocidad de nucleación intermedia entre un mecanismo que podría involucrar la formación instantánea y/o esporádica de núcleos (ver tabla I.6). Si bien n debe ser un número entero, usualmente se reportan valores fraccionarios, aún en los casos en los cuales el modelo se ajusta muy bien a los datos experimentales. Las desviaciones a valores no enteros de n se han explicado [17] en base a dos (o más) tipos de cristales, o cristales similares con diferentes tipos de núcleos (nucleación esporádica vs. instantánea) o en casos en donde se obtienen cristales esféricos a partir de núcleos con forma de rodillos o discos. En estas situaciones, n se encuentra en un cambio continuo.

El exponente de Avrami, n, es la característica más sencilla y de mayor uso cuando se desea describir un proceso de cristalización a temperatura constante (isotérmico). Sin embargo, el valor de n determinado experimentalmente, solo es constante en ciertos casos limitados, presentándose una desviación de la linealidad en el gráfico de Sharp-Hancock. Un método alternativo y más general implica el uso del exponente local de Avrami, n_{local}, definido según la ecuación IV.3 [18]. Este representa el valor de la pendiente para la curva de cristalización de Avrami en un determinado valor de α.

$$n_{local} = \partial[\ln(-\ln(1-\propto)]/\partial(ln\,(t-t_0)) \qquad \text{(ecuación IV.3)}$$

Evidentemente, el análisis anterior se debe aplicar únicamente en los casos en los que se cumpla la Ley de Avrami. En lo cotidiano, una transformación de fase solo cumple con la Ley de Avrami bajo determinadas condiciones. Por lo tanto, se hace necesario plantear una modificación a este sencillo modelo, de manera que se puedan contemplar los efectos que ocasionan las desviaciones mencionadas. Para ello, el modelo cinético planteado por Avrami se puede modificar empleando la ecuación IV.4. Este modelo incorpora el factor λ, llamado "factor de solapamiento" (en inglés *impringement factor*) [19], que surge de resolver una ecuación cinética para transformaciones isotérmicas, como se explica en la sección B3 del Apéndice B [20].

$$\alpha = 1 - [1 + (\lambda - 1)k(t - t_0)^n]^{-1/\lambda - 1} \qquad \text{(ecuación IV.4)}$$

Esta ecuación es válida para λ > 1 y en el caso particular de λ = 1, la solución de la ecuación diferencial es la ecuación de Avrami (ecuación IV.1). Aplicando un procedimiento matemático similar y con la finalidad de linealizar la ecuación IV.4, se obtiene la ecuación IV.5, donde se puede obtener *n* mediante un gráfico similar al de Sharp-Hancock, graficando $\ln([(1-\alpha)^{-(\lambda-1)} - 1]/(\lambda - 1))$ vs. $ln(t - t_0)$.

$$\ln([(1-\alpha)^{-(\lambda-1)} - 1]/(\lambda - 1)) = \ln k + n\, ln(t - t_0) \qquad \text{(ecuación IV.5)}$$

De esta manera, la definición de n_{local} debe ser adaptada a la siguiente fórmula:

$$n_{local} = \partial ln([(1-\alpha)^{-(\lambda-1)} - 1]/(\lambda - 1))\,/\partial(ln\,(t - t_0)) \qquad \text{(ecuación IV.6)}$$

Las gráficas de $\ln([(1-\alpha)^{-(\lambda-1)}-1]/(\lambda-1))$ vs. $ln(t-t_0)$ se pueden observar en la figura IV.10.

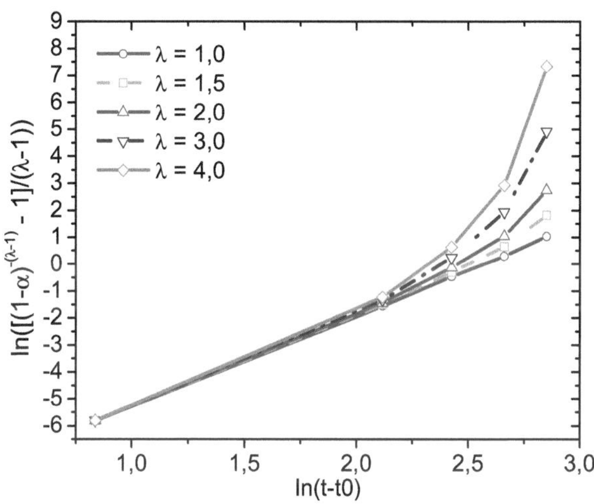

Figura IV.10. *Gráficos de* $ln([(1-\alpha)^{-(\lambda-1)}-1]/(\lambda-1))vs.\ ln(t-t_0)$ *para diferentes valores de* λ.

Wang y col. [19] proponen el empleo de la ecuación IV.4 con la finalidad de corregir la ecuación tradicional de Avrami. Este modelo ajusta mejor a una recta cuando se aplica la ecuación IV.5 para λ tendiendo a 1,0 (figura IV.10). A partir de la pendiente de la recta ajustada a los datos experimentales (R^2 = 0,9997), se puede calcular el valor de *n*, para lo cual se obtiene un valor de 3,4; valor que coincide con aquel encontrado mediante ajuste por regresión no lineal de los datos a partir de la ecuación original de Avrami. Por lo tanto, se puede decir que para el caso particular de la cinética de cristalización bajo estudio, el modelo original de Avrami y el modificado por la incorporación del factor λ, son similares para λ = 1.

De esta manera, el modelo cinético para la cristalización de zeolita ZSM-5 a partir de Perlita Expandida a 180 °C y operando bajo las condiciones óptimas de síntesis, queda resumido en la ecuación IV.7.

$$\propto = 1 - e^{-2{,}02\cdot 10^{-4}(t-7{,}0)^{3{,}4}} \qquad \text{(ecuación IV.7)}$$

IV.B.2.2. Caracterización de la Curva de Cristalización.

Para caracterizar la curva de cristalización se calcularon los parámetros relacionados a cada una de las etapas (tabla IV.6), siguiendo la metodología explicada en la sección III.C.

Tabla IV.6. *Parámetros de la curva de cristalización a 180°C.*

Etapa	Parámetro	Símbolo	Valor
Transición	*Límite superior del período de transición*	t_{tr}	13,4 h
	Velocidad de transición	v_{tr}	0,049 h^{-1}
	Porcentaje de cristalización	α_{tr}	0,100 %
Crecimiento	*Tiempo al cual la velocidad de cristalización es máxima*	t_c	18,4 h
	Velocidad de cristalización	v_c	0,10 h^{-1}
	Porcentaje de cristalización	α_c	50,4 %

El tiempo de inducción propuesto para el proceso es de 7,0 h y corresponde a la etapa durante la cual se forman los núcleos, por lo tanto, es un período muy importante que ayuda a entender el mecanismo de nucleación y las interacciones entre las especies presentes en el gel precursor. Posterior al período de inducción se observa el período de transición hasta las 13,4 h y a continuación se presenta un abrupto cambio en la pendiente de la curva, indicando el inicio del proceso de cristalización y crecimiento, hasta alcanzar el valor máximo de velocidad a 18,4 h, para luego comenzar a estabilizarse a partir de 22,6 horas (>94 % de cristalización). Finalmente, la cristalización concluye luego de 30 horas (~97 % de cristalización). Estos procesos se pueden visualizar con ayuda de la figura IV.11 (gráfica de la 2da derivada de la ecuación IV.7 con respecto del tiempo).

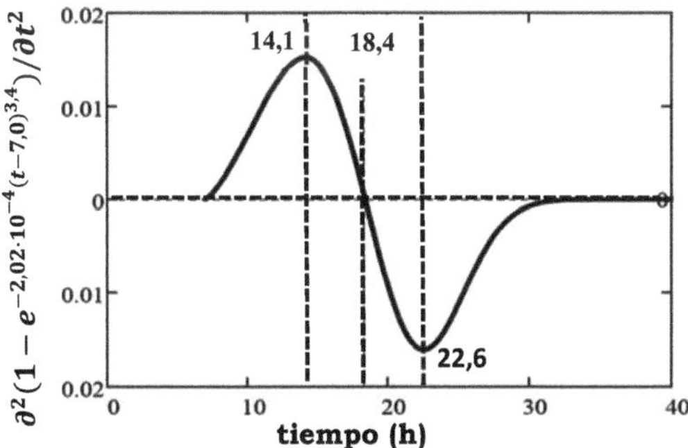

Figura IV.11. *Derivada segunda de la ecuación IV.7 con respecto del tiempo.*

Figura IV.12. *Microfotografías SEM de los materiales obtenidos a 180°C y diferentes tiempos de cristalización: (a) 9 h; (b) 15 h; (c) 18 h y (d) 24 h.*

Por otra parte, las microfotografías SEM de la figura IV.12 permiten observar que no se presentan partículas hexagonales características de zeolita ZSM-5 hasta las 9 h de cristalización. Recién en la microfotografía tomada a 15 h se pueden observar algunas partículas con las características mencionadas, coincidentemente con los bajos valores de grado de cristalización encontrados mediante DRX. A las 18 h (α = 47 %) de iniciado el proceso, se detecta una mayor proporción de estructuras con forma prismático-hexagonales para finalmente encontrarse con un campo repleto de estas estructuras a un tiempo de 24 h (figura IV.12.d).

IV.B.2.3. Influencia de la Temperatura de Cristalización

Con la finalidad de estudiar la influencia de la temperatura sobre la cristalización de zeolita ZSM-5, se realizaron experiencias a 170, 180 y 190 °C. Los datos experimentales fueron utilizados para obtener las curvas de cristalización de la figura IV.13, empleando un ajuste por regresión no lineal, con una función cuya expresión matemática responde a la ecuación original de Avrami (ecuación IV.1).

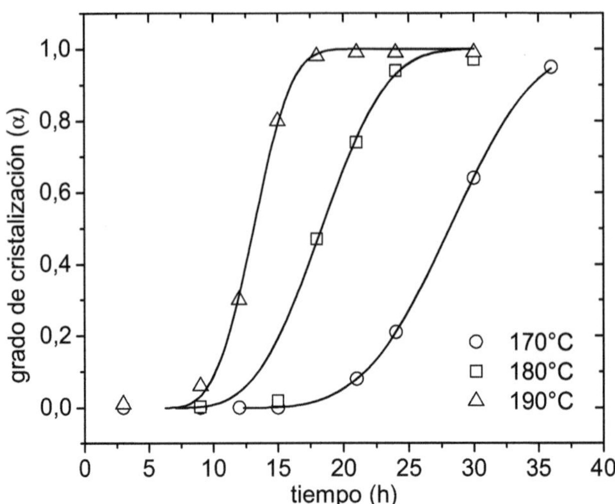

Figura IV.13. *Influencia de la temperatura en la cristalización de ZSM-5. Datos experimentales y curvas de cristalización ajustadas mediante regresión no lineal.*

Tabla IV.7. *Parámetros de las curvas de cristalización a diferentes temperaturas.*

T (°C)	t_0 (h)	k (h^{-n})	n	transición t_{tr} (h)	v_{tr} (h^{-1})	α_{tr} (%)	crecimiento t_c (h)	v_c (h^{-1})	α_c (%)
170	12,2	$3{,}41\cdot10^{-5}$	3,5	21,7	0,037	10,4	28,3	0,078	51,3
180	7,0	$2{,}02\cdot10^{-4}$	3,4	13,4	0,049	10,0	18,4	0,101	50,4
190	6,0	$7{,}16\cdot10^{-4}$	3,5	10,2	0,081	10,2	13,2	0,170	51,0

Siguiendo la misma metodología que la utilizada para caracterizar la curva de cristalización a 180°C, se determinaron los diferentes parámetros cinéticos a 170° y 190°C. Todos ellos se resumen en la tabla IV.7.

Se pone de manifiesto que el período de inducción es mayor para la temperatura más baja y decrece a medida que la temperatura aumenta, es decir que un aumento de la temperatura disminuye la duración de la etapa en la que acontece la formación de pequeños núcleos, por lo tanto, permite que la cristalización ocurra en menor tiempo.

Como era de esperar, los valores de k incrementan con la temperatura, haciendo que todo el proceso ocurra a una mayor velocidad. Se puede decir también que el exponente de Avrami, n, prácticamente no cambia en el rango de temperatura estudiado, lo que permite inferir que el mecanismo de cristalización no cambia con la temperatura. También se puede apreciar que el límite superior del período de transición se acorta a medida que aumenta la temperatura y para todas ellas se presenta a valores de α cercanos al 10 %. El punto de inflexión de la curva (donde se hace máxima la velocidad de cristalización) también varía a medida que aumenta la temperatura, disminuyendo desde 28,3 horas a 170°C, hasta 13,2 horas a 190°C. En todos los casos, el punto de inflexión se presenta en la zona próxima de α = 50 %.

La velocidad de crecimiento de los cristales también se encuentra afectada por la temperatura. Si se toma como referencia la velocidad de crecimiento a 180°C, se observa que a 170°C la velocidad de crecimiento es un 25,5% inferior, mientras que a 190°C es superior en un 66,0%. Por otro lado, todos los modelos encontrados se ajustan correctamente a la ecuación de Avrami.

Tabla IV.8. *Energías de activación y factores pre-exponenciales para las etapas de nucleación, transición y crecimiento en la cristalización de ZSM-5.*

1er etapa de la nucleación		2da etapa de la nucleación		Crecimiento cristalino		Proceso global	
E_{n1} (kJ/mol)	$ln\ A_{n1}$	E_{n2} (kJ/mol)	$ln\ A_{n2}$	E_c (kJ/mol)	$ln\ A_c$	ΣE_a (kJ/mol)	$\Sigma\ lnA$
60	21	64	7	48	17	172	45

Como se explicó en la sección III.C, se pueden calcular las Energías de Activación asociadas a cada una de las etapas y subetapas del proceso de cristalización, suponiendo una dependencia de tipo Arrhenius para las diferentes velocidades. Los valores de las respectivas Energías de activación como así también de los factores pre-exponenciales, se obtienen a partir de los gráficos de $\ln v_i$ vs 1/T (figura IV.14) y los resultados se presentan en la tabla IV.8.

Se observa que la energía de activación para la primera etapa de la nucleación (período de inducción) es de 60 kJ/mol y 64 kJ/mol para el período de transición, comprendido entre la inducción y el crecimiento cristalino. Comparando estos valores con los reportados por Kim y col. [21] para la preparación de ZSM-5 en ausencia de agente orgánico director de estructura, se puede apreciar que empleando una fuente soluble de Si (sílice coloidal) y Al_2O_3, en un sistema bajo agitación, el tiempo de inducción encontrado es de 14,5 h a 170°C y las correspondientes energías de activación son: E_{n1} = 99,5 kJ/mol, E_{n2} = 125,9 kJ/mol y E_c = 88,7 kJ/mol (tabla IV.9). Evidentemente, la síntesis hidrotermal a partir de Perlita

Expandida, disminuye un poco el período de inducción y consume menos energía en todas las etapas de la cristalización.

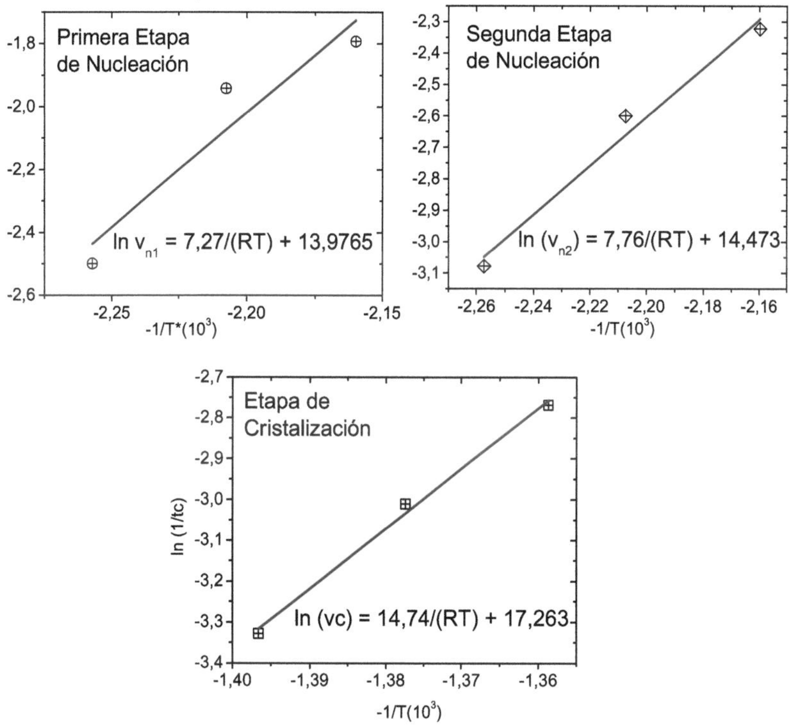

Figura IV.14. *Gráficas de* $\ln v_i$ *vs* $1/T$.

Por otra parte, Mostowicz y Sand [22] estudiaron la cristalización de zeolita ZSM-5 utilizando diferentes materiales silíceos bajo las condiciones reportadas en la tabla IV.9. Estos autores encontraron tiempos de inducción comprendidos entre 6 y 25 h, justificando estas diferencias en base a las diferentes solubilidades de las partículas del material de partida, causada por las diferencias en tamaño. Por otro lado, la energía de activación cuando se emplea sílice coloidal, es menor para la etapa de nucleación (aproximadamente la mitad) pero mayor para la etapa de crecimiento cristalino (casi el doble). Esto indica que la presencia del catión tetrapropilamonio (TPA^+) ocasiona que el sistema consuma menos energía durante la formación de los núcleos, lo que justifica el uso elevado de esta especie en la síntesis industrial de ZSM-5 en la actualidad, pero con la desventaja de ocasionar serios problemas medioambientales y encarecimiento del proceso.

Sin embargo, una vez que se han formado los núcleos estables, el empleo de este agente director de estructura no parece tener mayores ventajas con respecto a la etapa de crecimiento cristalino, más aún, en la síntesis empleando Perlita, las etapas previas al crecimiento cristalino parecen ser las etapas determinantes del proceso de cristalización, lo cual puede resultar lógico si se piensa en la Perlita Expandida como una fuente de SiO_2 y Al_2O_3, que para poder aportar las especies reactivas al sistema debe disolverse previamente. Una vez que el aporte de estas especies llega a ser óptimo, puede ocurrir dos alternativas: 1) las especies pueden depositarse sobre las estructuras preformadas de zeolita ZSM-5 proveniente de las semillas de siembra y 2) las especies reactivas pueden llegar a formar nuevos núcleos cristalinos. En ambos casos, la concentración de especies reactivas alcanza un valor apropiado y los núcleos crecen hasta alcanzar el tamaño suficiente para dar lugar al comienzo del crecimiento cristalino en las tres dimensiones del espacio. Esto ocasiona que la nucleación se pueda describir en términos del exponente de la Ley de Avrami como intermedia entre una nucleación instantánea ($\delta = 0$) y otra con formación de núcleos esporádicos ($\delta = 1$), lo que podría traducirse en un mecanismo intermedio, es decir que no llega a ser exclusivamente instantáneo ni puramente esporádico, sino que contempla ambas posibilidades ($\delta = 0,5$). Teniendo en cuenta que las tres dimensiones del espacio estarían comprometidas en el crecimiento cristalino ($\lambda = 3$), esto da como resultado un mecanismo que podría describirse por un valor de *n* cercano a 3,5 ($n = \lambda + \delta$).

Por otro lado, Pan y col. [23] estudiaron la preparación de zeolita ZSM-5 a diferentes temperaturas, partiendo de Caolinita, una fuente de Si y Al natural (tabla IV.9). Los tiempos de inducción encontrados a 170, 180 y 190 °C solo difieren un poco a los encontrados para la preparación a partir de Perlita, observándose un comportamiento similar con los cambios de temperatura. Por otro lado, las constantes de velocidad aumentan con la temperatura y son superiores en varios órdenes de magnitud, diferencia que puede atribuirse al método de determinación utilizado por estos autores, ya que se obtienen indirectamente a partir del diagrama de Sharp-Hancock. En referencia al exponente de la Ley de Avrami, estos autores también encontraron que el mecanismo no cambia en el rango de temperatura estudiado pero comparado con el valor para Perlita Expandida, se puede inferir que el mecanismo debería ser diferente, lo cual también se manifiesta en los valores de energía de activación para lo cual la síntesis con Perlita consume menos energía en todas las etapas, siendo también la etapa de nucleación la que consume mayor energía, lo cual está de acuerdo con lo encontrado por otros autores [23, 24].

Tabla IV.9. *Condiciones para la preparación de ZSM-5 reportada por diferentes autores a partir de diversas fuentes de Si con los respectivos datos de modelos cinéticos.*

Fuente de Si/composición	Condiciones de síntesis	Periodo de inducción (h)	k (h^{-1})	n	E_n ($kJ.mol^{-1}$)	E_c ($kJ.mol^{-1}$)
Sílice coloidal, $SiO_2 \cdot 7,37H_2O$ [22]	TPA^+, SiO_2/Al_2O_3=90 170°C, estático	6-8	-	-	31,38	86,83
Sílice precipitada, $SiO_2 \cdot 0,412H_2O$ [22]	TPA^+, SiO_2/Al_2O_3=90 170°C, estático	25	-	-	-	-
Sílice fumante, $SiO_2 \cdot 0,034H_2O$ [22]	TPA^+, SiO_2/Al_2O_3=90 170°C, estático	15	-	-	-	-
Sílice coloidal, $SiO_2 \cdot 7,37H_2O$ [21]	so, SiO_2/Al_2O_3=50,0 150°C, agitación	35	$1,42 \cdot 10^{-5}$	3,60	99,5* 125,9*	88,7
	so, SiO_2/Al_2O_3=50,0 170°C, agitación	14,5	$1,33 \cdot 10^{-4}$	4,21		
	so, SiO_2/Al_2O_3=50,0 190°C, agitación	3	$2,29 \cdot 10^{-3}$	4,18		
Caolinita [23]	so, SiO_2/Al_2O_3=31,4 170°C, estático	15	0,0118	1,501	78,309	68,529
	so, SiO_2/Al_2O_3=31,4 180°C, estático	9	0,0192	1,501		
	so, SiO_2/Al_2O_3=31,4 190°C, estático	6	0,0262	1,501		

k = constante cinética de velocidad, n = exponente del modelo de Avrami, E_n = Energía de activación de la etapa de nucleación y E_c = energía de activación de la etapa de cristalización.

TPA^+ = catión tetrapropilamonio.

†so = sin orgánicos como agentes directores de estructura.

* Los valores corresponden a la etapa de inducción (E_{n1}) y a la etapa de transición (E_{n2}), respectivamente.

IV.B. 3. Mecanismo de cristalización propuesto

Según lo descripto hasta aquí, el mecanismo propuesto para la preparación de zeolita ZSM-5 a partir de Perlita, coincide con el encontrado por Loos [25] para la cristalización de zeolita ZSM-5 en ausencia de agentes orgánicos directores de estructura y en presencia de semillas de siembra. Este implica una nucleación directa sobre la superficie de los cristales de siembra, como se comentó previamente en la sección IV.B.1.4. Por lo tanto, se obtiene un crecimiento regular o epitaxial en la dirección [001]. Este comportamiento fue observado por el autor en sistemas de reacción lo suficientemente diluidos, mientras que en los sistemas concentrados también ocurre una nucleación en solución, la que separadamente puede generar nuevos cristales, para luego integrarse parcialmente a las semillas en crecimiento orientándose al azar. De esta manera, Loos descarta la posibilidad de un mecanismo indirecto de generación de diminutos cristales en solución, generados mediante dislocación de la siembra, ya que resultaría inconsistente con sus resultados.

Basado en los resultados anteriores para la cristalización del sistema en estudio y los reportados por otros autores para la preparación de zeolita ZSM-5 en presencia de semillas de siembra y libres de agentes orgánicos directores de estructura [26-28], se propone un mecanismo dual de Cristalización sobre la Superficie de Siembra y Generación de Nuevos Cristales (CSS-GNC), que se esquematiza en la figura IV.15.

De manera resumida, los pasos propuestos consisten en: (i) disolución parcial de la sílice y alúmina presentes los materiales de partida, (ii) generación de un gel de aluminosilicato mediante reacciones de poli-condensación y deposición parcial del gel en la superficie de los cristales de siembra, (iii) formación de nuevos núcleos a partir de especies en solución y generación de los precursores de especies en crecimiento en la matriz del gel a 180°C a partir de partículas retenidas en el gel de síntesis, (iv) deposición de las especies de crecimiento sobre la superficie de los cristales de siembra y sobre los nuevos núcleos formados y por último, (v) ordenamiento final de las especies de crecimiento para formar el producto cristalino definitivo.

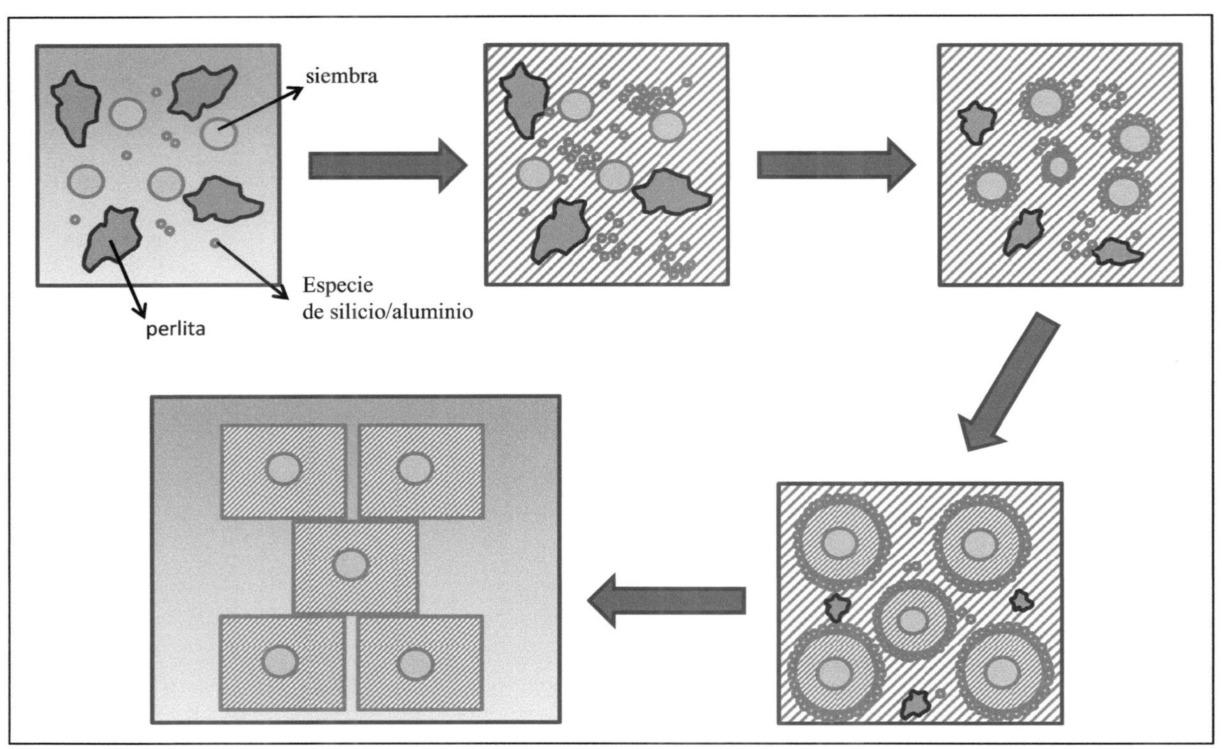

Figura IV.15. *Esquema del mecanismo CSS-GNC propuesto para la síntesis de zeolita ZSM-5 a partir de Perlita Expandida.*

IV.B. 4. Caracterización de la zeolita ZSM-5

IV.B.4.1. Difracción de Rayos X (DRX)

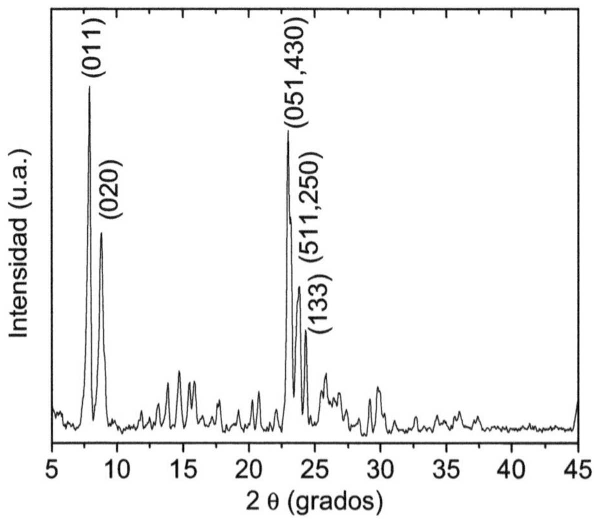

Figura IV.16. *Patrón de Difracción de Rayos X.*

El patrón de difracción de rayos X para el producto de síntesis (Na-ZSM-5) obtenido a 180 °C, operando bajo las condiciones óptimas de síntesis, se presenta en la figura IV.16. En el mismo se presentan los correspondientes planos *hkl* para los siete picos de mayor intensidad. Este patrón de rayos X es acorde a los reportados para zeolita ZSM-5. En la tabla IV.10 se resumen los parámetros cristalográficos (parámetros de la red y volumen de la celda unitaria) obtenidos luego de realizar una auto-indexación para la celda ortorrómbica (a = 1,9911 nm; b= 2,0101 nm; c = 1,3367 nm y V = 5,3509 nm^3) empleando el software DICVOL 06 [11]. Estos resultados demuestran claramente que no se presentan cambios significativos en los parámetros de red (a, b y c) y que son consistentes con aquellos reportados por la Asociación Internacional de Zeolitas (IZA) [29] para una referencia de zeolita ZSM-5 calcinada. Por lo tanto, este resultado permite validar el rearreglo de la estructura amorfa de la Perlita Expandida en una fase cristalina que se puede identificar como ZSM-5.

Tabla 10. *Parámetros de los estándares cristalográficos de IZA y zeolita Na-ZSM-5 preparada bajo condiciones óptimas.*

Muestra	Parámetros de red (nm)			Volumen de celda unitaria (nm^3)
	a	*b*	*c*	
Na-ZSM-5 (estándar IZA calcinada)	1.9879	2.0107	1.3369	5.3437
Na-ZSM-5 (estándar IZA sin calcinar)	2.0022	1.9899	1.3383	5.3320
Na-ZSM-5 (a partir de Perlita)	1.9911	2.0101	1.3367	5.3509

IV.B.4.2. Caracterización Textural

Los resultados obtenidos para la caracterización textural de la zeolita ZSM-5 se resumen en la tabla IV.11y la isoterma de adsorción de N_2 se presenta en la figura IV.17.

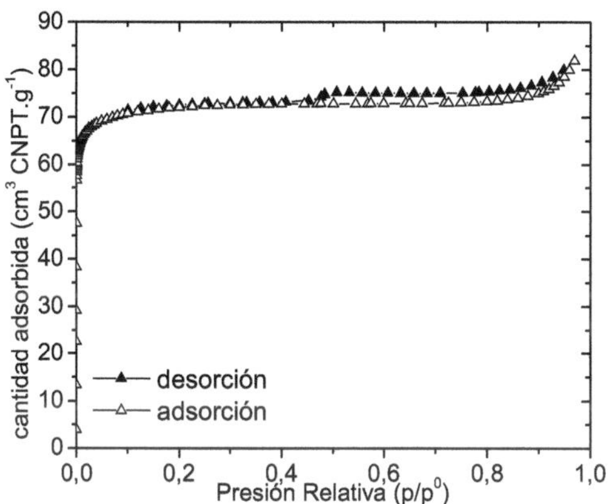

Figura IV.17. *Isoterma de adsorción de N_2 a 77 K (-196,15 °C) para la zeolita ZSM-5 obtenida desde Perlita Expandida.*

La isoterma de adsorción de N_2 que presenta la zeolita ZSM-5 es del tipo I [30] con un loop de histéresis tipo H4. Una isoterma de tipo I es característica de un material adsorbente con estructura microporosa y sin mesoporosidad significativa, para este caso particular, una zeolita ZSM-5. No obstante, un loop de histéresis tipo H4 se asocia frecuentemente a poros de tipos rendija en donde los mismos se encuentran en el rango de los microporos [31-35]. La aplicación del método BET y *t*-plot confirma que la superficie calculada de 290 m^2/g, es adjudicada fundamentalmente a la presencia de los microporos. A pesar que la validez del método BET para materiales con una elevada microporosidad es cuestionable, las superficies específicas obtenidas en el rango de presiones relativas p/p^0 comprendido entre 0,01 y 0,10 son frecuentemente utilizados con fines comparativos [36].

La superficie específica fue obtenida mediante análisis de los datos de la isoterma de adsorción de nitrógeno a 77 K (-196,15 °C), en un rango de presión de vapor relativa en el cual la constante C del modelo BET es positiva y el término $V \cdot (1 - p/p^0)$ incrementa continuamente con p/p^0. Se obtuvo un volumen total de poros (V_{tot}) de 0,13 cm^3/g, estimado mediante aplicación de la regla de Gurvich, en base al volumen adsorbido a una presión relativa de 0,985.

Tabla IV.11. *Superficie específica y caracteres texturales de la zeolita Na-ZSM-5.*

S_{BET} m^2/g	V_{tot} (cm^3/g)	V_{mic} (cm^3/g)			V_{mes} (cm^3/g)	Diámetro promedio de poros (Å)
		t-plot	*D.A.*	*α-plot*		
290	0,13[a]	0,11	0,12	0,09	0,01[b] - 0,02[c]	11,0 [c]

[a] A p/p^0 = 0.985 (regla de Gurvich), [b] método *t*-plot (modelo de Halsey), [c] método de Dubinin-Ashtakov.

El diámetro promedio de poros y el volumen de microporos (V_{mic}) determinado mediante el método de Dubinin-Ashtakov dio como resultado 11,0 Å y 0,12 cm^3/g, respectivamente. Alternativamente, un volumen similar de 0,11 cm^3/g se pudo determinar aplicando el método *t*-plot (utilizando el modelo de Halsey). Estos datos son comparables y consistentes con los reportados en la literatura para una zeolita ZSM-5. El volumen de mesoporos estimado a partir del volumen total de poros y el de los microporos, dio por resultado un valor comprendido entre 0,01 – 0,02 cm^3/g, dependiendo del método usado para la determinación de microporos.

IV.B.4.3. RMN-AM de ^{29}Si

Se sabe que la relación molar SiO_2/Al_2O_3 en una zeolita está directamente relacionada con su estabilidad térmica, hidrotermal y con la estabilidad química del material, aparte de estar vinculada con su actividad sorptiva, ácida y catalítica. Por lo tanto, la relación SiO_2/Al_2O_3 es una característica muy importante para este tipo de materiales.

En la figura IV.18 se puede observar el espectro de RMN-AM de ^{29}Si para la forma sódica de la zeolita ZSM-5 preparada.

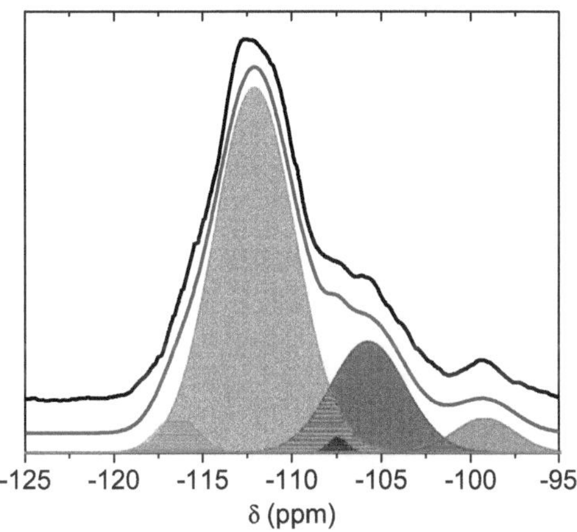

Figura IV.18. *Espectro RMN de ^{29}Si de la zeolita Na-ZSM-5 preparada. Espectro experimental (curva negra), modelo calculado (curva roja) y bandas deconvolucionadas (bandas de colores).*

La señal en –112,1 ppm en el espectro se atribuye a la resonancia de átomos de Si de los grupos $Si^*(OSi)_4$ presentes en la red de ZSM-5 y se solapa parcialmente con una señal en –116,4 ppm que se atribuye a las mismas unidades $Si^*(OSi)_4$ de sitios cristalográficamente no equivalentes de la zeolita. El espectro RMN además exhibe una banda ancha de resonancia en el rango –102 a –108 ppm que representa a los sitios que contienen los grupos Al-$OSi^*(SiO)_3$ y/o HO-$Si^*(OSi)_3$ [37]. Estos resultados confirman los datos obtenidos en la caracterización textural del material, indicando que algunos grupos HO-$Si^*(OSi)_3$ podrían estar presentes debido a la presencia de una mínima cantidad de mesoporos. Más aún, se puede observar una señal para un desplazamiento químico de –99,2 ppm, el cual se atribuye a sitios $(Al\text{-}O)_2Si^*(OSi)_2$ que poseen dos átomos de Al vecinos.

En base a estos resultados, la relación Si/Al calculada en base a la ecuación III.23 para la zeolita Na-ZSM-5, tiene un valor de 38,5; lo cual implica un contenido de 0,41 mmol de Al por gramo de muestra.

IV.B.4.4. RMN-AM de ^{27}Al

El planteo que surge cuando se considera el contenido en aluminio de la zeolita preparada es si todo el aluminio se encuentra incorporado en la red.

El espectro RMN de ^{27}Al se presenta en la figura IV.19 y permite indagar acerca de los diferentes desplazamientos químicos para el entorno tetraédrico, pentacoordinado y octaédrico del aluminio, por lo tanto, puede ser utilizado para distinguir entre aluminio de la red y especies externas a la misma. Los átomos de Al de la red presentan coordinación tetraédrica y resuenan de manera típica a 60-50 ppm, pudiéndose distinguir claramente de las especies externas a la red cuyos índices de coordinación suelen ser cinco o seis y presentan resonancia en 25 ppm y en el rango 13-17 ppm respectivamente.

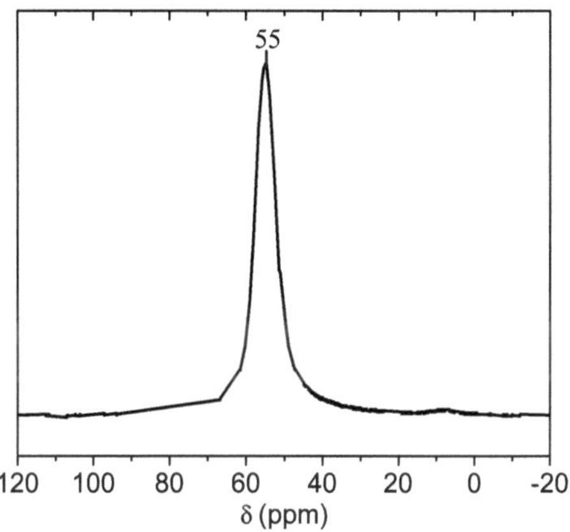

Figura IV.19. *Espectro RMN de ^{27}Al de la zeolita Na-ZSM-5 preparada en condiciones óptimas de síntesis.*

El espectro RMN de ^{27}Al de la zeolita Na-ZSM-5 presenta un pico definido en 55 ppm, representativo de un entorno tetraédrico de aluminio. La ausencia de un pico en 13-25 ppm es indicativo, sin ambigüedad, de que todo el aluminio se encuentra incorporado en la red de la zeolita. [31]

IV.B.4.5. Comportamiento Térmico

En la figura IV.20 se muestra el perfil de la curva obtenida mediante TGA para la muestra de Na-ZSM-5 en el rango de temperaturas comprendido entre 27 y 900 °C. La pérdida de peso se adjudica a la desorción de agua. Este termograma es típico de una zeolita ZSM-5, en donde se puede apreciar que el proceso de remoción de agua es prácticamente completo hasta ~200 °C.

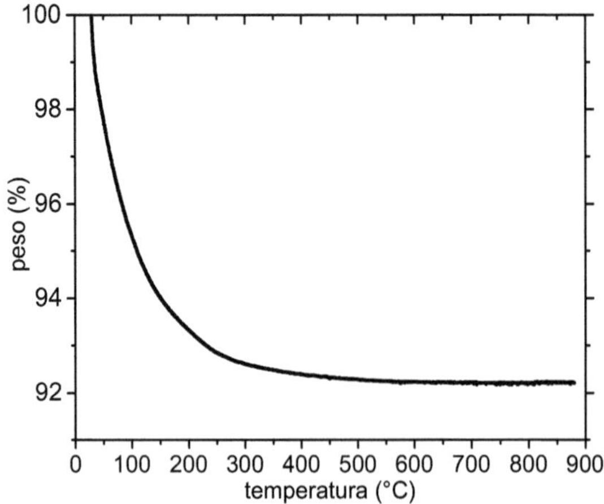

Figura IV.20. *Termograma TGA de la zeolita Na-ZSM-5.*

La pérdida de peso en el rango de temperatura 27-250 °C es de aproximadamente el 7 % del peso original y se atribuye a la liberación de agua. No se puede dejar de mencionar que este valor es relativamente elevado como contenido de agua para un material con una red de tipo MFI. Solo una pequeña cantidad de agua se sigue liberando por encima de 200 °C y solamente por encima de 400 °C, el agua residual se ha removido casi de manera total. Esto indica que podría haber ocurrido un leve proceso de dehidroxilación a elevadas temperaturas.

IV.B.4.6. Espectroscopía FTIR

En espectroscopía IR, la asignación de las bandas de vibración de los anillos puede ser utilizada como base para determinar el tipo de Unidades de Construcción Secundaria (en inglés *secondary building units*, SBU) y para identificación de una estructura zeolítica en particular. De esa manera, esta técnica permite confirmar los diferentes arreglos de los fragmentos producidos cuando la Perlita Expandida es sometida a un tratamiento hidrotermal en condiciones alcalinas.

La curva A de la figura IV.21 muestra el espectro FTIR de la Perlita Expandida. Una señal con un máximo de absorción en 1058 cm^{-1} se asigna generalmente a las vibraciones de los grupos Si–O–Si de la red estructural de siloxanos, debido al contenido en sílice amorfa. Una banda en la zona de 1000 cm^{-1} involucra los estiramientos Si–O de las estructuras SiO^-Na^+ y los modos asimétricos de los estiramientos de Si–O–Si y Si–O–Al. La región próxima a 832 cm^{-1} es característica de los modos de estiramiento simétricos Si–O–Si en muestras de Perlita [38]. También se encuentra presente una banda correspondiente al estiramiento simétrico de los grupos Si–O–Si de uniones tetraédricas a 774 cm^{-1} y un pico en 466 cm^{-1}, propio de los modos de flexión Si–O–Si y O–Si–O.

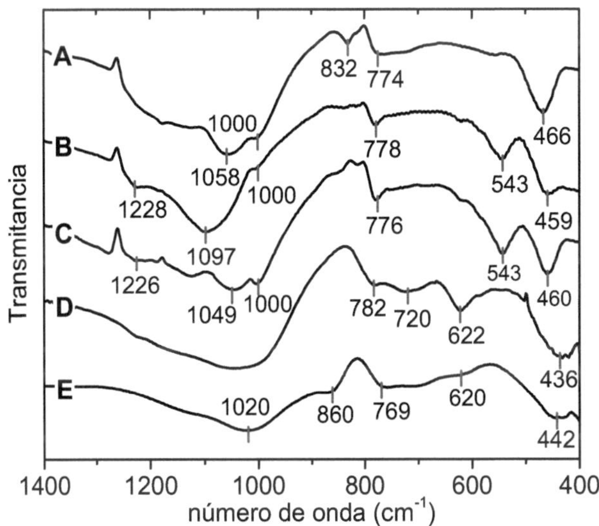

Figura IV.21. *Espectros IR. (A) Perlita Expandida, (B) Zeolita Na-ZSM-5 comercial, (C) Na-ZSM-5, (D) Phillipsita y (E) Analcima. Los materiales (C), (D) y (E) se obtuvieron mediante síntesis hidrotermal de Perlita (ver tabla IV.3).*

Las curvas B y C de la figura IV.21 muestran los espectros de zeolitas ZSM-5, una comercial y otra preparada a partir de Perlita, respectivamente. En esta se pueden apreciar bandas a 1226-1228 cm^{-1} y 543 cm^{-1} las cuales permiten diferenciar a la zeolita ZSM-5 de otros tipos de zeolitas. Los modos intra-tetraedricos correspondientes al estiramiento asimétrico O–T–O cercano a 1226 cm^{-1} se atribuyen a la presencia de estructuras que contienen cuatro cadenas formadas por anillos de cinco miembros con un arreglo tal que presentan una rotación de 180° alrededor de un eje de giro, como es el caso de la red ZSM-5 [39]. La señal presente en 543 cm^{-1} se atribuye a vibraciones debidas a conexiones inter-tetraédricas en estructuras D5R (anillo doble de 5-miembros) [40]. Una banda alrededor de 1049 cm^{-1} se atribuye a modos intra-tetraédricos de las vibraciones de estriramiento asimétrico en las uniones Si–O–T [41]. Otra banda en 776-778 cm^{-1} se puede asignar a los modos de estiramiento de uniones inter-tetraédricas, mientras que la banda de absorción alrededor de 460 cm^{-1} se debe a las vibraciones intra-tetraédricas de las flexiones T–O de SiO_4 y AlO_4. Las bandas de absorción alrededor de 543 y 459 cm^{-1} son características de una estructura tipo ZSM-5 [42], en donde la relación de intensidades entre ambos picos puede proveer en forma aproximada el grado de cristalinidad para una muestra de zeolita. Esta relación arroja un valor de 0,7 para la zeolita Na-ZSM-5 preparada, mientras que la literatura [43] sugiere un valor de 0,8 para una zeolita pura. Este valor nos permite corroborar que la zeolita obtenida posee un buen grado de cristalinidad, en acuerdo con los resultados obtenidos mediante DRX.

La curva D de la figura IV.21 exhibe el espectro IR de Phillipsita, obtenida bajo las condiciones explicadas anteriormente (tabla IV.3). La banda en el rango 720-780 cm^{-1} es característica de una vibración de los anillos de 4-miembros de los grupos S4R [44, 45] en los cuales se forman anillos dobles de 8-miembros mediante combinación de unidades S4R. Simultáneamente, también se pueden presentar bandas en el mismo rango cercanas a 780 y 720 cm^{-1}, debido a las vibraciones de puentes de átomos de Oxigeno Si–O–Si y Si–O–Al, respectivamente. Estos resultados y los obtenidos mediante DRX son acordes con la estructura de Phillipsita propuesta previamente.

En la curva E de la figura IV.21 se puede apreciar el espectro IR de Analcima, obtenido en las condiciones experimentales reportadas en la tabla IV.3. Una banda en 860 cm^{-1} se explica en base al estiramiento asimétrico de vibraciones intra-tetraédricas de unidades TO_4 de Analcima, mientras que aquella a 1020 cm^{-1} se debe al modo de estiramiento asimétrico de conexiones intra-tetraédricas. Las bandas de absorción en 769, 620 y 442 cm^{-1} se encuentran relacionadas al modo de estiramiento simétrico O–T–O, las vibraciones de anillos de 6-miembros [42, 43] y los modos de vibración de flexión O–T–O, respectivamente [46].

Consecuentemente, se puede corroborar la disolución gradual de SiO_2 y Al_2O_3 presentes en la Perlita Expandida, bajo las condiciones del tratamiento hidrotermal, generando estructuras cíclicas con 5-miembros que se pueden ensamblar para conformar una red MFI a valores de pH entre 10,1 y 11,3. Como resultado de incrementar la concentración del agente mineralizante, los iones OH- tienden a disolver la red MFI para generar una fase amorfa a valores de pH cercanos a 12,0. Esta redisolución ocasiona un rearreglo en las "unidades tetraédricas activadas" para generar unidades S4R de la red PHI a pH = 13,0 y unidades S4R y S6R de la red ANA a pH = 13,3.

IV.B.4.7. Sitios ácidos

El número de sitios ácidos de Brønsted y Lewis se estimó usando los coeficientes de extinción molares integrados (1,88 y 1,42 cm.µmol^{-1}), determinados por Emeis [47], en base a las intensidades de las bandas de absorción en el IR encontradas a 1545 cm^{-1} y 1450 cm^{-1}, las cuales responden al modo 19b del ión piridinio enlazado por puente-H y a la piridina covalentemente adsorbida, respectivamente [48-50].

El espectro FTIR de la forma protónica (H-ZSM-5) de la muestra de zeolita preparada a partir de Perlita Expandida, luego de desorber la piridina a varias temperaturas y de sustraer con los respectivos espectros en vacío, se presenta en la figura IV.22.

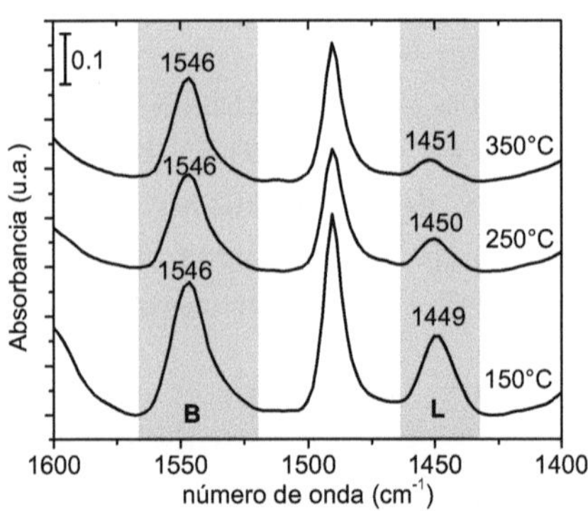

Figura IV.22. *Espectros IR de piridina adsorbida sobre la zeolita H-ZSM-5 preparada a partir de Perlita, luego de desorber la Py a diferentes temperaturas.*

La cantidad de sitios ácidos de Brønsted en esta muestra es de 0,251 mmol de piridina por gramo, menor que el contenido de aluminio de 0,41 mmol de Al por gramo de muestra, calculado a partir de la relación Si/Al en la sección IV.B.3.3. Esta diferencia se puede atribuir a que probablemente a 150 °C se haya desorbido algo de py, por lo que la densidad de sitios ácidos debería ser calculada en experiencias similares pero a temperaturas inferiores a 150 °C.

Se puede apreciar claramente que el área bajo la curva en 1545 cm^{-1}, relacionada con los sitios ácidos de Brønsted, es mayor que el área de la señal en 1450 cm^{-1}. Por lo tanto, la cantidad de sitios ácidos de Lewis es inferior que la de los sitios ácidos de Brønsted, siendo los primeros prácticamente despreciables frente a los últimos. Este resultado se encuentra en conformidad con la presencia de una señal única en el espectro RMN-AM de ^{27}Al, que indica la presencia de Al con coordinación tetraédrica formando parte de la red zeolítica.

La señal correspondiente a los sitios ácidos de Brønsted muestra una pequeña variación luego de someter la muestra a un calentamiento, permaneciendo un elevado porcentaje de estos centros unidos a piridina, lo cual revela una elevada acidez superficial (tabla IV.12).

Tabla IV.12. *Densidad de sitios ácidos de Brønsted y Lewis y porcentaje de determinados centros ácidos de Brønsted (fC_B), referidos a la cantidad inicial a 150°C, saturado de piridina a una temperatura dada.*

Temperatura (°C)	*Brønsted (mmol.g⁻¹)*	*Lewis (mmol.g⁻¹)*	*fC_B (%)*
150	0,251	0,085	100
250	0,177	0,032	71
350	0,171	0,018	68

La banda moderada que se observa en 1449 cm^{-1} en el espectro a 150°C no debe ser confundida con aquella que se asigna a los sitios ácidos de Lewis, ya que la primera desaparece prácticamente cuando la temperatura se incrementa a 250°C. Este comportamiento se debe explicar mediante la desorción de piridina enlazada a grupos silanoles [49] mediante puente Hidrógeno, lo cual es acorde a la presencia de una señal en el espectro RMN-AM de ^{29}Si, ocasionada por la presencia de grupos HO–Si*(O–Si)$_3$. Por lo tanto, luego de desorber la piridina sobre estos centros débiles, se puede apreciar una banda en

1451 cm^{-1}, debido a las interacciones de pequeñas cantidades de la molécula prueba sobre sitios ácidos de Lewis.

IV.C. MATERIALES CON ESTRUCTURA JERÁRQUICA DE POROS

Además del material microporoso preparado a partir de Perlita Expandida, se prepararon materiales con estructura jerárquica de poros, es decir, materiales con una estructura microporosa que deriva de la red MFI de la zeolita ZSM-5 y que además presenta mesoporos. Cuando los mesoporos del material se encuentran organizados en una estructura tipo MCM-41, el material es denominado ZSM-5/MCM-41, en cambio cuando los mesoporos se encuentran en menor grado de organización, los materiales se denominan ZSM-5-MS30, ZSM-5-MS60 y ZSM-5-MS90, dependiendo de la duración del tratamiento con una solución de NaOH.

IV.C. 1. ZSM-5/MCM-41

IV.C.1.1. Difracción de Rayos X (DRX)

La aplicación de la técnica de DRX para la caracterización de un material básicamente amorfo como uno del tipo MCM-41, parecería no tener utilidad desde el hecho que la misma siempre se emplea con la finalidad de obtener información de materiales cristalinos. No obstante, el prerrequisito para que se presente el fenómeno de difracción de RX es que el material estudiado posea un alto grado de ordenamiento estructural. Como se puede apreciar en la figura IV.23, el material Na-ZSM-5/MCM-41 presenta los picos característicos (con intensidad disminuida) de la zeolita ZSM-5 original, a la vez que se observan nuevas señales en la zona correspondiente a ángulos bajos. Más aún, debido a su geometría, la red MCM-41 puede ser indexada como una celda unitaria hexagonal donde los parámetros de la misma son: $a = b$ y $c = \infty$. Debido a que los parámetros de celda *a* y *b* se encuentran dentro del orden de los nanómetros (en lugar de décimas de nanómetros), los rayos X son difractados solamente sobre ángulos pequeños. Por lo tanto, un material con estructura de red tipo MCM-41 genera un difractograma con un número limitado de reflexiones en la zona de ángulos bajos.

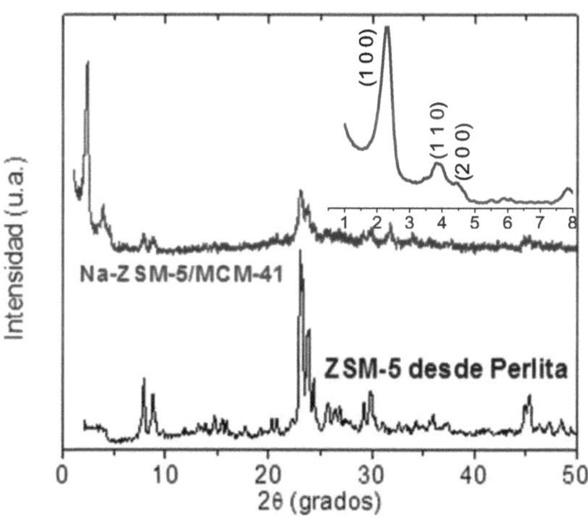

Figura IV.23. *Patrones DRX de zeolita ZSM-5 y el material Na-ZSM-5/MCM-41.*

Generalmente, un material del tipo MCM-41 presenta tres picos de difracción bien resueltos, correspondientes a los planos cristalinos (1 0 0), (1 1 0) y (2 0 0) [51]. También, en algunos casos, puede estar presente un cuarto pico de menor intensidad, correspondiente al plano (2 1 0). Cuando el material MCM-41 es de una calidad excepcionalmente alta, se puede apreciar un pico correspondiente al plano (3 0 0) [52].

En la figura IV.23 se presenta el difractograma de RX del material compuesto Na-ZSM-5/MCM-41 y en la parte superior se representa la respectiva zona correspondiente a ángulos bajos. Básicamente, se observa un pico de difracción intenso correspondiente al plano (1 0 0) en el valor de 2θ = 2,35°; el cual es característico de un material MCM-41 [51, 53-56]. Por otro lado, los planos (1 1 0) y (2 0 0) se presentan como picos de menor intensidad en valores de 2θ = 3,88° y 4,45°.

También pueden observarse los picos de difracción correspondiente a los planos (0 1 1), (0 2 0), (0 5 1), (4 3 0), (5 1 1), (2 5 0) y (1 3 3) de la fase ZSM-5, aún luego de haber sido sometida a un tratamiento alcalino, pudiéndose apreciar que la intensidad de los mismos se encuentra disminuida.

El espacio interplanar $d_{100} = 37{,}54\,\text{Å}$ se puede calcular a partir de la ecuación IV.8. En la misma, λ es la longitud de onda de la radiación de Cu empleada.

$$d_{100} = \lambda/2\,sen\,\theta \qquad \text{(ecuación IV.8)}$$

Por otro lado, el parámetro de celda unitaria a_0 (figuras I.18 y IV.27) para el arreglo hexagonal del material compuesto Na-ZSM-5/MCM-41, es $a_0 = 52{,}04\,\text{Å}$. El mismo se puede calcular a partir de la ecuación IV.9.

$$a_0 = 2d_{100}/\sqrt{3} \qquad \text{(ecuación IV.9)}$$

La presencia de los picos de referencia para una zeolita ZSM-5, en conjunto con las señales indicadas en la zona de ángulos bajos en el difractograma de RX para el material estudiado, permite confirmar la estructuración de fragmentos de la red MFI sobre las paredes de un material que posee un arreglo hexagonal tipo MCM-41.

IV.C.1.2. Caracterización Textural

A los fines comparativos, en la figura IV.24 se presentan las isotermas de adsorción de nitrógeno para la Perlita Expandida, la zeolita Na-ZSM-5 obtenida a partir de Perlita y el material compuesto Na-ZSM-5/MCM-41. Claramente se puede apreciar como la Perlita Expandida con una estructura escasamente porosa (2 m^2/g) se convierte en una zeolita microporosa Na-ZSM-5 (290 m^2/g). El posterior tratamiento hidrotermal de esta última, permite una reorganización para generar un material mesoporoso que presenta una isoterma de tipo IV, con un loop de histéresis del tipo H4, en el rango 0,5 – 1,0 p/p^0. Todas estas son características del llenado de un material con poros interpartículas (también conocido como mesoporos secundarios) y un paso que presenta un proceso de adsorción en monocapas en la zona 0,3-0,4 p/p^0 (8).

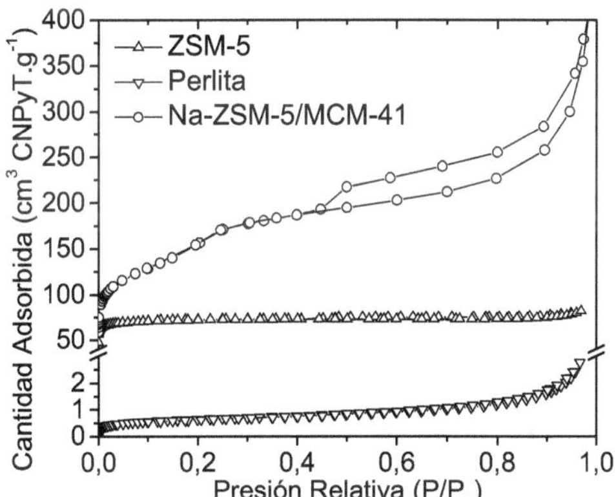

Figura IV.24. *Isotermas de adsorción de N_2.*

Empleando la isoterma de adsorción de N_2, se pueden calcular los respectivos caracteres texturales, los cuales se resumen en las tablas IV.13 y IV.14.

Tabla IV.13. *Superficie específica y caracteres texturales de Na-ZSM-5/MCM-41 determinados mediante los métodos BET y α-plot.*

S_{BET}	α-plot				
	V_{mic} (cm^3/g)	S_{mic} (m^2/g)	S_{tot} (m^2/g)	S_{ext} (m^2/g)	Diámetro promedio mesoporos (Å)
507	~0	32	505	158	30

En la figura IV.24 se presentan ambas curvas de adsorción y desorción de N_2 para el material Na-ZSM-5/MCM-41. En la misma se pueden apreciar varias regiones a saber. A valores bajos de presión relativa (hasta ~0,01 p/p°), se observa una elevada fisisorción de nitrógeno, lo que se adjudica a un llenado en monocapas, ocasionado por la presencia de microporos. Posteriormente, se presenta un llenado en multicapas, lo que genera la segunda región de la curva a valores superiores de p/p^0 (hasta ~0,3 p/p°). En este caso, tanto la superficie externa como la presencia de mesoporos, contribuyen al proceso de fisisorción, por lo tanto, los datos de esta zona de la isoterma son utilizados para el cálculo de la superficie específica empleando el modelo de BET.

Posterior al llenado de los mesoporos, ocurre la condensación capilar en la que el N_2 adsorbido en los mesoporos se vuelve líquido, ya que el menisco del nitrógeno se vuelve inestable a estos valores de presión.

Como se explicó en la sección III.B.5.4.1, la ecuación de Kelvin relaciona el diámetro de poros de un material con la presión relativa a la cual ocurre la condensación capilar. Debido a que el llenado de los mesoporos acontece por encima de un rango relativamente pequeño de presiones relativas (por ejemplo, p/p^0 cercanos a 0,34-0,40), los poros asociados con este proceso deben ser similares en tamaño.

Otro indicador de que esto sucede así es el hecho que la curva de desorción y la de adsorción se cierran en valores de presión cercanos al rango indicado, generando un loop de histéresis estrecho. Más aún, las formas de ambas curvas y el loop de histéresis son característicos de un material con mesoporos cilíndricos, lo cual confirma un arreglo del tipo MCM-41. Conviene aclarar que la curva de desorción presenta una caída brusca (denominada frecuentemente como "artefacto") en la zona de p/p^0 cercana a 0,4; lo que se atribuye a un fenómeno de cavitación [57].

Cuando los mesoporos se han llenado completamente con N_2, solamente la superficie externa queda accesible al adsorbato. De esta manera, se presenta otra región de la curva asociada a un llenado en multicapas sobre la superficie externa. Esta zona se caracteriza por presentar una pendiente moderada, lo cual es indicativo de un módico valor de superficie externa (158 m^2/g, calculada mediante α-plot).

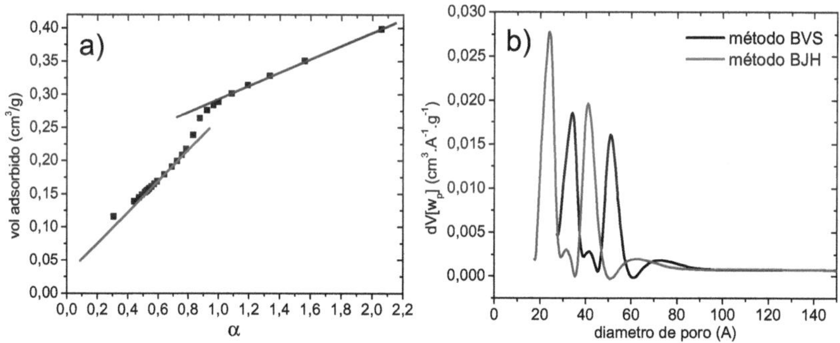

Figura IV.25. *a) Diagrama α-plot para el material Na-ZSM-5/MCM-41 y b) Distribución de tamaño de mesoporos.*

Finalmente, a valores de presiones relativas cercanos a la unidad, la cantidad de nitrógeno adsorbida incrementa nuevamente y el pequeño loop de histéresis evoluciona a una sola rama. Esta característica se puede asignar a la condensación de N_2 entre los espacios intersticiales de las partículas del material (mesoporos secundarios).

Para el análisis del gráfico α-plot, se utilizó Perlita Expandida como isoterma de referencia. Con la gráfica de volumen adsorbido en función de α (figura IV.25a) se obtiene una curva que se puede ajustar mediante dos rectas trabajando en diferentes regiones. Con la región correspondiente a valores menores de V_{ads}, se puede calcular el volumen de microporos a partir de la intersección con el eje de las abscisas y la superficie aparente, S_{ap}, (superficie de los mesoporos primarios y superficie externa) a partir de la pendiente de la recta. El volumen de mesoporos y la superficie externa se obtiene de manera similar, es decir, linealizando los datos de la zona correspondiente a valores superiores de V_{ads}. La superficie de los mesoporos primarios (S_{Meso}) se calcula a partir de la resta entre la superficie BET y la superficie externa (S_{Meso} = 522 m^2/g).

Utilizando la rama de desorción de la isoterma, se calculó la distribución de tamaño de mesoporos, aplicando los métodos BJH y VBS, como se muestra en la figura IV.25b. Se observa una distribución estrecha con poros de dos tamaños, los más grandes corresponden a los mesoporos primarios, mientras que los otros están relacionados a los mesoporos secundarios. Claramente se observa que el tradicional método BJH subestima el tamaño de los mesoporos (24 Å) en comparación con el método VBS (34 Å). En la misma gráfica, se encuentra presente una señal en 40 Å y 50 Å para el método BJH y VBS, respectivamente, producto de un pico artificial ocasionado por el mencionado fenómeno de cavitación.

Por otro lado, los caracteres texturales relacionados a la presencia de mesoporos y aplicando la regla de Gurvich, se resumen en la tabla IV.14.

Tabla IV.14. *Caracteres texturales relacionados a la presencia de mesoporos para el material Na-ZSM-5/MCM-41.*

BJH			VBS	Gurvich	
V_{meso} (cm^3/g)	S_{Meso} (m^2/g)	Diámetro promedio mesoporos (Å)	Diámetro promedio mesoporos (Å)	Vol. Total de poros (cm^3/g)	Diámetro promedio poros (Å)
0,65	522	24	34	0,63	47

Finalmente, se puede apreciar que el material ZSM-5, netamente microporoso se puede convertir en un material mesoporoso ordenado, conservando en parte la microporosidad original. Esta reorganización en la estructura del material se realiza de manera tal que se generan mesoporos primarios con un diámetro de 50 Å y mesoporos secundarios de 34 Å de diámetro. Además, la regla de Gurvich permite calcular un volumen total de poros de 0,63 cm^3/g, similar al obtenido mediante el método BJH.

Por otra parte, el volumen y la superficie de microporos del material ZSM-5 disminuyen a expensas de un incremento en el volumen y superficie de mesoporos. A partir de BJH, se puede decir que la superficie del material Na-ZSM-5/MCM-41 se debe casi totalmente a la presencia de los mesoporos, ya que solo un pequeño porcentaje de la misma se atribuye a los microporos. Por lo tanto, el material puede considerarse a los fines prácticos y desde el punto de vista de la caracterización textural, como uno del tipo "mesoporoso estructurado".

IV.C.1.3. Caracterización Morfológica

Las microfotografías SEM de la figura IV.26 permiten apreciar los cambios morfológicos realizados sobre las partículas del material, durante el segundo tratamiento hidrotermal en las condiciones comentadas en la sección III.A.5.1.

Se observa claramente la transformación de las partículas relativamente grandes (~6 μm) con forma hexagonal-prismática del material ZSM-5, en muchas estructuras reniformes de menor tamaño (~600 nm de largo y 400 nm de grosor) y agrupadas en agregados sueltos, correspondientes a Na-ZSM-5/MCM-41. Adyacentes a estos agregados se pueden observar algunos restos de cristales de ZSM-5 de tamaño notablemente inferior al inicial.

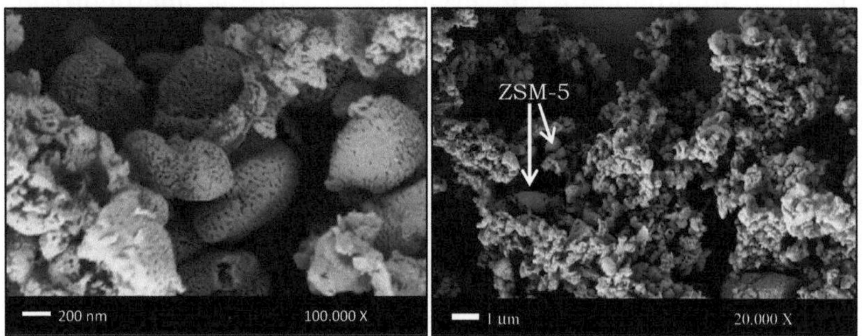

Figura IV.26. *Microfotografías SEM del material Na-ZSM-5/MCM-41.*

En la figura IV.27 se observan las microfotografías TEM del material en cuestión.

Se puede notar el particular arreglo hexagonal (figura IV.27-d) similar a un panel de abejas (figura IV.27-c). En la figura IV.27-a y b se observan zonas estriadas correspondientes a la vista lateral de los canales típicos de un material MCM-41. En la figura IV.27-a también se observan lagunas características donde se evidencian los típicos poros entrecruzados de una estructura ZSM-5, similar a los reportados por Tang y col.[58] Esto confirma la presencia conjunta de ambas estructuras: la microporosa de zeolita ZSM-5 y mesoporosa de una red MCM-41. Más aún, en la parte superior de la figura IV.27-b se aprecia un aumento del campo de la microfotografía en donde se puede determinar un espesor aproximado de 40 Å para los canales longitudinales.

A partir de los valores del parámetro de celda a_0 (determinado en la sección IV.C.1.1.) y del diámetro (d_p) de poros, calculado por el método VBS, se puede determinar el espesor (t) de las paredes de los canales con arreglo hexagonal, aplicando la ecuación IV.10. El valor calculado para t es de 18 Å, el cual se encuentra dentro del orden de los valores reportados en otros trabajos, considerando que la mayoría de ellos son valores sobrestimados ya que utilizan los valores de d_p calculados a partir de BJH.

$$t = a_0 - d_p = 52{,}04\ \text{Å} - 34\ \text{Å} = 18\ \text{Å} \qquad \text{(ecuación IV.10)}$$

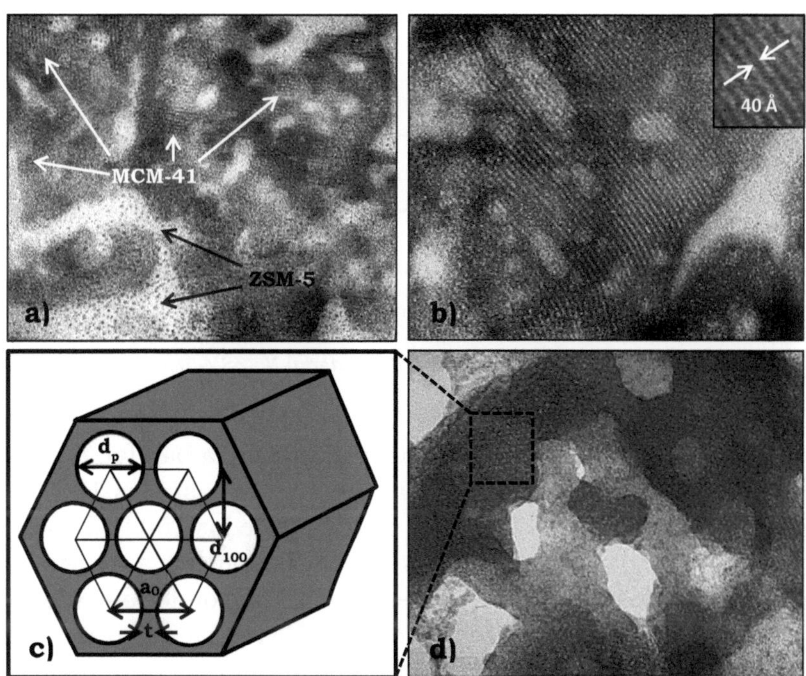

Figura IV.27. *Microfotografías TEM del material Na-ZSM-5/MCM-41 y representación gráfica del respectivo arreglo hexagonal.*

IV.C.1.4. Comportamiento Térmico

La figura IV.28 presenta los termogramas TGA y DTA del material Na-ZSM-5/MCM-41, los cuales fueron determinados con la finalidad de evaluar el comportamiento térmico del mismo. La pérdida de masa comienza a valores bajos de temperatura, con un pico máximo en 100 °C, lo que se adjudica a la evaporación del agua que se encuentra fisisorbida u ocluida dentro de los poros.

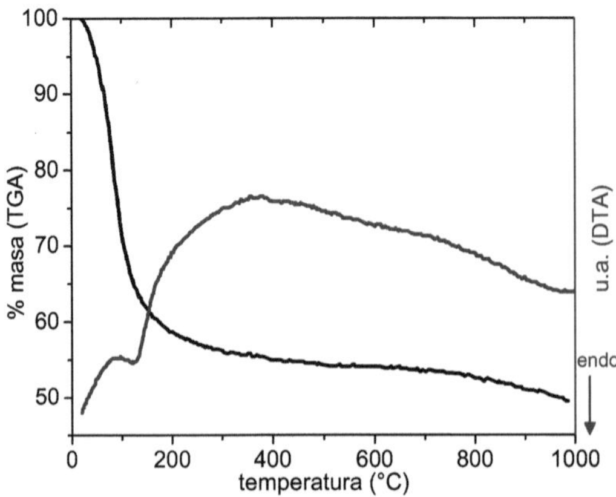

Figura IV.28. *Análisis TG-DTA del material Na-ZSM-5/MCM-41.*

Posteriormente, la pérdida de masa continúa de manera notoria hasta cerca de los 390 °C (máximo de la banda), a partir del cual la perdida se realiza paulatinamente hasta los 1000 °C. Este proceso presenta una gran banda desde los 150 °C hasta el final del termograma, adjudicando este fenómeno a la pérdida del agua que se encuentra retenida con mayor fortaleza en el interior de los poros.Los resultados de TG-DTA muestran que la única pérdida de masa que se puede observar en el material ZSM-5/MCM-41 se adjudica a la presencia de moléculas de agua. La pérdida de agua fisisorbida ocurre hasta aproximadamente 150 °C, mientras que la literatura indica que entre 150 y 1000 °C ocurre la condensación de diferentes grupos silanoles vecinales y geminales, como así también la eliminación de agua a partir de silanoles aislados [59].

IV.C.1.5. Espectroscopia FTIR

En la figura IV.29 se presenta el espectro IR en el intervalo 400-1400 cm^{-1} (llamado la zona de la huella dactilar del material) para las muestras de Na-ZSM-5/MCM-41, Perlita Expandida y el material Na-ZSM-5. En todos ellos se presenta una banda ancha en la zona 1000-1200 cm^{-1} y un pico en la zona de 460 cm^{-1}, atribuibles a las vibraciones de los estiramientos asimétricos de tetraedros, no dependientes de la estructura y vibraciones de flexión, respectivamente. Por otro lado, se puede apreciar la señal de los estiramientos asimétricos de bloques D5R en 545 cm^{-1}, presente en la zeolita ZSM-5 y el material Na-ZSM-5/MCM-41, siendo de menor intensidad para este último, a la vez que está ausente en el espectro IR de la Perlita, lo que justifica el menor grado de cristalinidad del material micro-mesoporoso en comparación del ZSM-5 puramente microporoso.

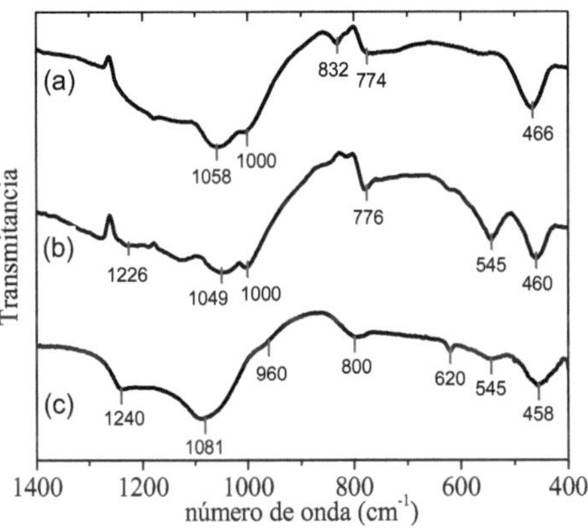

Figura IV.29. *Espectros FTIR. (a) Perlita Expandida, (b) Na-ZSM-5 a partir de Perlita, (c) Na-ZSM-5/MCM-41.*

Las principales bandas descritas en la literatura para un material MCM-41 se encuentran presentes en el espectro de la figura IV.29c, particularmente las bandas alrededor de 1081 y

1240 cm^{-1} asociadas a los modos de estiramientos asimétricos intra-tetraedro e inter-tetraedro de Si–O, respectivamente [60]. También están presentes las bandas a 800 y 458 cm^{-1} asignadas a los estiramientos simétricos y flexiones de los tetraedros con enlaces Si–O, respectivamente. Además, un hombro en la zona de 960 cm^{-1} es característico de grupos silanoles terminales sobre la superficie de las paredes de los mesoporos [55], el cual se cree que pertenece a las vibraciones de unidades con enlaces $Si–O^{-}M^{+}$ de una red para un material silíceo mesoporoso que posee heteroátomos tales como Al [51, 56, 61, 62]. Esta banda también se adjudica a los estiramientos Si–O de los grupos Si–O–H en sitios defectuosos de la estructura mesoporosa de materiales tipo MCM-41 puramente silíceos [63].

IV.C.1.6. Sitios Ácidos

En la figura IV.30 se observan los espectros IR en el rango 1700-1400 cm^{-1}, para la muestra H-ZSM-5/MCM-41, luego de desorber piridina a diferentes temperaturas. En el espectro a 150°C se pone en evidencia la presencia de piridina enlazada por puente-H a los grupos silanoles, esta señal aparece en 1597 cm^{-1}. Se debe recordar además la contribución de esta Py a la señal en 1449 cm^{-1}, la cual se desorbe totalmente al calentar la muestra a 250°C, desapareciendo la señal en 1597 cm^{-1}.

Por otro lado, también están presentes las señales de Py adsorbida sobre sitios ácidos de Brønsted (1545 cm^{-1} y 1640 cm^{-1}) las cuales disminuyen en intensidad al desorber la Py mediante calentamiento de la muestra. La cantidad de sitios ácidos de Brønsted (C_B) se calcula empleando la ecuación III.3 [47]. Este valor, junto al porcentaje de los sitios de Brønsted (fC_B) referido a la cantidad de Py retenida a 150°C) que queda saturando a cierta temperatura, se resume en la tabla IV.15.

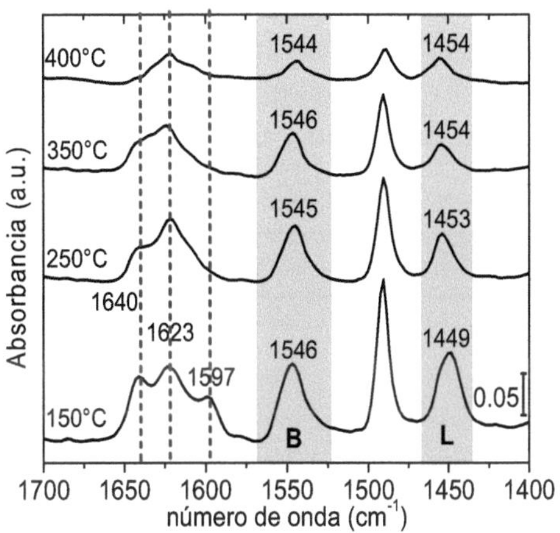

Figura IV.30. *Espectros FTIR de Py adsorbida sobre el material H-ZSM-5/MCM-41 luego de la evacuación de la misma a diferentes temperaturas y sustraer del espectro sin Py, calentando a 400°C durante 7 h.*

Se puede observar que C_B a 150°C es 0,11 mmol/g, este valor es inferior al calculado para la zeolita H-ZSM-5, consecuencia de la destrucción parcial de la red MFI. Se observa que C_B disminuye al desorber la Py por calentamiento a 250, 350 y 400°C, reteniendo un 78, 55 y 29 %, de la Py inicial a 150°C, respectivamente.

En este material también se encuentran presentes las señales correspondientes a los sitios ácidos de Lewis, las cuales se hacen presente en 1600-1620 cm^{-1} y 1445-1455 cm^{-1}. La cantidad de sitios ácidos de Lewis (C_L) se calcula aplicando la ecuación III.4.

Según los valores de C_B/C_L en la tabla IV.15, la muestra H-ZSM-5/MCM-41 presenta mayor proporción de sitios ácidos de Brønsted que de Lewis, excepto a 400°C en la que son aproximadamente iguales. A 150°C, esta relación es anormalmente baja, debido a la contribución de la Py enlazada mediante puente-H a la banda en 1450 cm^{-1}. Al incrementar la temperatura a 250 y 350°C, se desorbe la Py enlazada mediante puente-H y la relación C_B/C_L es efectivamente la relación entre la cantidad de sitios de Brønsted y de Lewis.

Tabla IV.15. *Datos de acidez para el material H-ZSM-5/MCM-41.*

Temperatura (°C)	C_B (mmol.g^{-1})	C_L (mmol.g^{-1})	fC_B (%)	fC_L (%)	C_B/C_L
150	0,111	0,077	100	100	1,5
250	0,086	0,038	78	49	2,3
350	0,061	0,026	55	34	2,4
400	0,025	0,026	29	34	1,0

Se debe destacar la presencia de grupos Si-OH-Al en la estructura del material, los cuales están generalmente ausentes en un material MCM-41, lo que se atribuye a los fragmentos de zeolita H-ZSM-5 que forman las paredes del mismo. Según Vaschetto y col. [60], un material MCM-41 con Al en su estructura y que no presenta los clásicos sitios ácidos de Brønsted, presenta una señal en 1632 cm^{-1}, que se evacúa fácilmente, indicando la presencia de cierto tipo de sitio ácido de Brønsted de baja fortaleza. Estos surgen de modificar la densidad electrónica alrededor del Si, ya sea por desbalance de carga, diferencia de electronegatividad o deformación de la estructura local, generada por efectos inductivos sobre grupos silanoles, ocasionados por la presencia de Al. La ausencia de este tipo de señal permite descartar una acidez de Brønsted ocasionada por este tipo de efecto y confirmar en cambio la presencia de los clásicos sitios ácidos de Brønsted, generados a partir de fragmentos de la red MFI. Por lo tanto, la reorganización ocasionada en la zeolita ZSM-5 de partida permite obtener un material con peculiares características ácidas en una estructura mesoporosa ordenada.

Finalmente, los tipos de sitios ácidos presentes en el material incluyen los grupos silanoles (sitios débiles), junto a sitios ácidos de Brønsted y de Lewis con diferente fortaleza.

IV.C. 2. ZSM-5-MS

Otro tipo de material preparado en esta tesis consiste en aquellos en los cuales se ha originado mesoporosidad en la zeolita ZSM-5 a partir de tratamientos alcalinos de diferente duración (30, 60 y 90 minutos), generando los materiales con estructura jerárquica (micro-mesoporosa), denominados ZSM-5-MS30, ZSM-5-MS60 y ZSM-5-MS90, respectivamente (sección III.A.5.2). Estos materiales, a diferencia de ZSM-5/MCM-41, poseen una estructura mesoporosa no ordenada.

A continuación, se analizan los resultados obtenidos mediante las diferentes técnicas de caracterización.

IV.C.2.1. Difracción de Rayos X

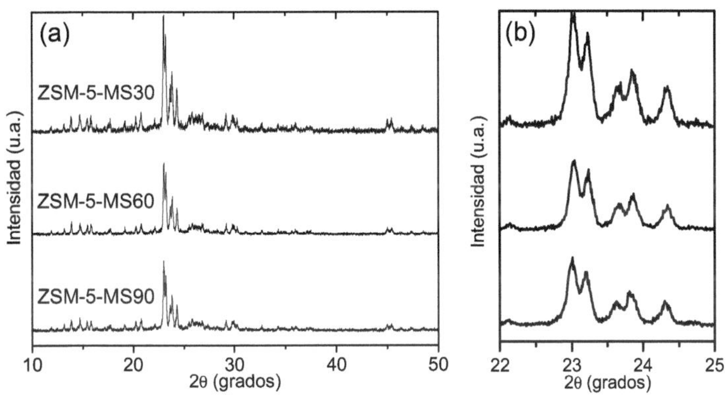

Figura IV.31. *Difractogramas de Rx de los materiales ZSM-5-MS(tiempo), obtenidos mediante tratamiento alcalino por diferentes tiempos a 65°C. (a) difractogramas totales, (b) en la zona característica para ZSM-5.*

Los difractogramas de RX de los materiales mesoestructurados obtenidos mediante tratamiento alcalino de la zeolita ZSM-5, se presentan en la figura IV.31.

La figura IV.31-a permite visualizar los difractogramas en todo el intervalo de análisis, mientras que en la figura IV.31b se presentan los difractogramas de la zona característica para la zeolita ZSM-5. Se puede apreciar que las muestras preservan el patrón cristalino característico de una zeolita ZSM-5, indicando fases puras, mientras que la intensidad de las bandas en el rango 22,5 - 25° disminuyen al aumentar el tiempo de tratamiento. Esto prueba que el tratamiento alcalino afecta la cristalinidad de la zeolita ZSM-5, desestructurando la red MFI a medida que aumenta el tiempo de exposición.

Tabla IV.16. *Cristalinidad relativa de los materiales ZSM-5-MS(tiempo) obtenidos mediante tratamiento alcalino de la zeolita ZSM-5.*

Material	% de cristalinidad
ZSM-5-MS30	100
ZSM-5-MS60	60
ZSM-5-MS90	58

La cristalinidad relativa de los materiales se resume en la tabla IV.16, tomando como 100 % de cristalinidad la del material sometido a tratamiento durante 30 minutos.

IV.C.2.2. Caracterización Textural

Las isotermas de adsorción de nitrógeno a 77K (-196,15 °C) para los materiales ZSM-5-MS30, ZSM-5-MS60 y ZSM-5-MS90 se observan en la figura IV.33, mientras que los caracteres texturales se resumen en las tablas IV.17 y IV.18.

Se observa que todas las isotermas son esencialmente similares, del tipo IV y con loops de histéresis tipo H4. La presencia de un loop de histéresis en la zona 0,4-0,8 de p/p^0 se relaciona a la presencia de mesoporos [64], los cuales se encuentran ausentes en el material inicial (figura IV.17 y tabla IV.11).

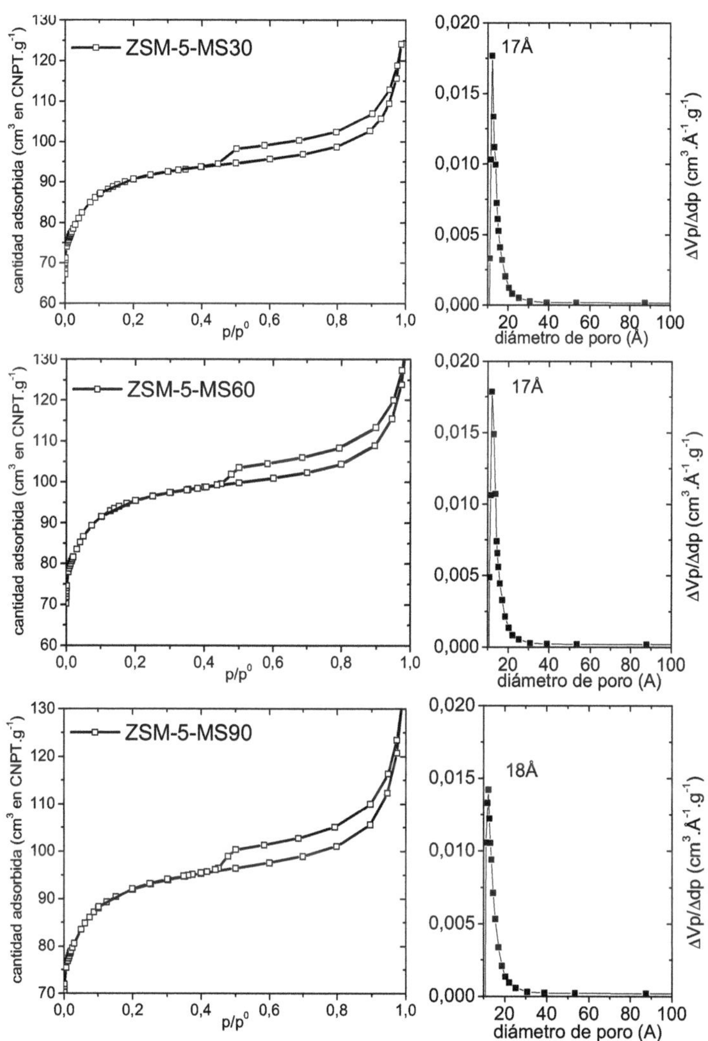

Figura IV.33. *Isotermas de adsorción de N_2 a 77 K (-196,15 °C) y distribución de tamaño de poros de los materiales ZSM-5-MS(tiempo).*

De los valores de superficie BET, se puede ver que el tratamiento alcalino por 60 minutos incrementa la misma en 74 m^2/g, valor similar al reportado por el grupo de Pérez-Ramírez [64]. Para los tratamientos de 30 y 90 minutos, este incremento es de 55 y 59 m^2/g.

La caracterización de los microporos realizada mediante aplicación de diferentes métodos se resume en la tabla IV.17. Se observa que *t*-plot y Dubinin-Ashtakov permiten determinar volumen de microporos similares entre 0,12-0,14 cm^3/g para todas las muestras, mientras que aplicando α-plot se obtienen valores un poco inferiores (0,07-0,08 cm^3/g).

Tabla IV.17. *Caracteres texturales relacionados a la presencia de microporos de los materiales ZSM-5-MS(tiempo), obtenidos mediante tratamiento alcalino de la zeolita ZSM-5.*

Material	S_{BET} (m^2/g)	V_{mic} (cm^3/g)			S_{mic}[c] (m^2/g)	Ø[d] (Å)
		t-plot[a]	*D.A.*	*α-plot*		
ZSM-5-MS30	345	0,13	0,12	0,07	202	11
ZSM-5-MS60	364	0,14	0,13	0,08	216	11
ZSM-5-MS90	349	0,13	0,13	0,08	211	11

[a] método *t*-plot (modelo de Halsey); [b] método α-plot (usando Perlita como estándar); [c] $S_{mic} = S_{BET} - (S_{mes} + S_{ext})$; [d] ø: diámetro promedio de microporos (método de Dubinin-Ashtakov).

Sin importar el método utilizado para estimar el volumen de microporos, los valores calculados son similares entre las tres muestras y a su vez con el material que les dio origen (Na-ZSM-5), lo cual indica una conservación de la estructura microporosa de la red MFI. Los valores de superficie asociado a la presencia de microporos varían entre 202-216 m^2/g para todas las muestras, estos fueron calculados mediante el método α-plot, ya que el mismo se considera el más adecuado por las razones que serán explicadas más adelante en esta misma sección. Por otra parte, el diámetro promedio de los poros, calculado por el método de Dubinin-Ashtakov, se mantiene en 11 Å.

Tabla IV.18. *Caracteres texturales relacionados a la presencia de mesoporos para los materiales ZSM-5-MS(tiempo).*

Material	BJH			Gurvich	
	V_{meso} (cm³/g)	S_{Meso} (m²/g)	Diámetro promedio mesoporos (Å)	Vol. Total de poros (cm³/g)	Diámetro promedio poros (Å)
ZSM-5-MS30	0,14	334	17	0,18	22
ZSM-5-MS60	0,17	356	18	0,22	23
ZSM-5-MS90	0,15	340	18	0,19	23

Para el análisis de mesoporosidad se aplicó el método BJH utilizando la rama de adsorción de las isotermas. Como se explicó anteriormente, si bien este método subestima el tamaño de los mesoporos, se suele aplicar con la finalidad de realizar comparaciones entre diferentes muestras. Los resultados se resumen en la tabla IV.18.

El volumen correspondiente a los mesoporos varía entre 0,14 y 0,17 cm³/g para las diferentes muestras, esto pone en evidencia la generación de mesoporosidad a partir del tratamiento alcalino de un material inicial con mesoporosidad nula. La superficie asociada a los mesoporos es similar para los tres materiales, siendo un poco mayor para aquel sometido a tratamiento alcalino por 60 minutos. El tamaño promedio de los poros es de 17-18 Å, sobre el límite superior para el valor propuesto por IUPAC para los microporos (debe tenerse en cuenta nuevamente la subestimación que ocasiona el método BJH en dicha determinación).

Por otra parte, el volumen total de poros calculado a partir de la Regla de Gurvich (p/p^0 ~0,985) varía entre 0,18 y 0,22 cm³/g para las diferentes muestras, asociado al llenado de poros con un diámetro promedio de 22-23 Å. Si se tienen en cuenta los valores de volumen de microporos y mesoporos, se puede observar que la suma de ambos se encuentra próxima al valor de volumen total de poros cuando se consideran los V_{mic} determinados mediante el método α-plot. Por este motivo, se considera este último método como una mejor estimación para el volumen de microporos y la superficie asociada a ellos.

IV.C.2.3. Espectroscopía FTIR

Los espectros FTIR de los materiales Na-ZSM-5-MS(tiempo) se presentan en la figura IV.34. Las señales presentes en los tres espectros son similares a las observadas en la figura IV.21 para la zeolita ZSM-5 comercial y aquella obtenida a partir de Perlita Expandida. Por lo tanto, los espectros no serán analizados con el mismo grado de detalle, ya que fueron explicados en la sección IV.B.4.6.

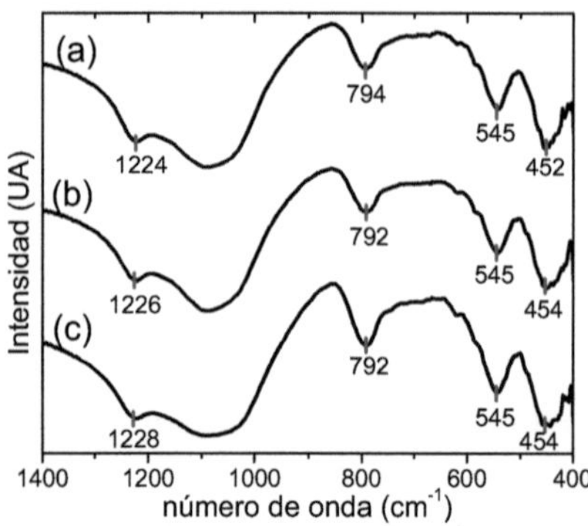

Figura IV.34. *Espectros FTIR de los materiales ZSM-5-MS(tiempo). a) H-ZSM-5-MS30, b) H-ZSM-5-MS60 y c) H-ZSM-5-MS90.*

Lo más interesante para destacar es que en todos los casos se encuentran presentes las señales particulares para la zeolita ZSM-5, es decir, las señales en 1224-1228 cm^{-1} y 545 cm^{-1}. Esto, reafirma lo encontrado mediante el análisis con DRX, por cuanto se conserva la red MFI, aún después del tratamiento alcalino.

IV.C.2.4. Sitios Ácidos

La determinación de las características ácidas para los materiales H-ZSM-5-MS(tiempo) se realizó mediante desorción térmica de piridina, y evolución de las señales características en el espectro infrarrojo. Los espectros IR en la zona 1350-1575 cm^{-1} se presentan en la figura IV.35.

Se puede observar que todas las muestras presentan las señales características de los sitios ácidos de Brønsted (1545 cm^{-1}), sitios ácidos de Lewis (1445-1455 cm^{-1}) y de piridina enlazada mediante puente-H (que contribuye a la señal en 1450 cm^{-1} y desaparece rápidamente con el calentamiento a temperaturas relativamente bajas).

La muestra H-ZSM-5-MS60 presenta la mayor cantidad de sitios ácidos de Brønsted (0,254 mmol/g) y es comparable a la cantidad de estos sitios presentes en la zeolita H-ZSM-5 original. En cambio, el tratamiento con NaOH por 30 min disminuye la acidez del material microporoso inicial a 0,150 mmol/g (aproximadamente un 41% menor).

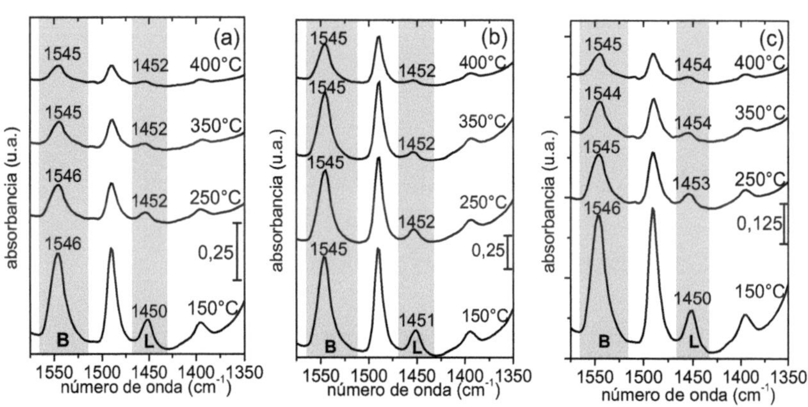

Figura IV.35. *Espectros FTIR de Py adsorbida sobre los materiales H-ZSM-5-MS(tiempo), luego de la evacuación de la misma a diferentes temperaturas y de sustraer del espectro sin Py a 400°C durante 7 h. (a) 30 min, (b) 60 min, (c) 90 min.*

Por otra parte, el material tratado por 90 minutos, posee una concentración de sitios de Brønsted igual a 0,205 mmol/g (solo un 19% menor que el material original).

La cantidad de sitios ácidos de Lewis es muy baja e inferior que la observada para el material H-ZSM-5 obtenido de Perlita (tabla IV.12). En todos los casos, la distribución de sitios ácidos de Brønsted es superior que la de los sitios de Lewis, lo que indica la ausencia de un proceso de dealuminación durante el tratamiento alcalino de las muestras.

De esta manera, los materiales H-ZSM-5-MS(tiempo) preparados por tratamiento alcalino de una zeolita ZSM-5 netamente microporosa, pueden considerarse como sólidos ácidos con una contribución marcada de manera casi exclusiva por la presencia de sitios ácidos de Brønsted.

Tabla IV.19. *Datos de acidez de los materiales H-ZSM-5-MS(tiempo).*

Material	Temperatura (°C)	C_B (mmol.g^{-1})	C_L (mmol.g^{-1})	fC_B (%)	fC_L (%)	C_B/C_L
H-ZSM-5-MS30	150	0,150	0,024	100	100	6,1
	250	0,068	0,010	45	42	6,7
	350	0,032	0,003	21	12	10,0
	400	0,012	0,001	8	4	9,5
H-ZSM-5-MS60	150	0,254	0,033	100	100	7,6
	250	0,225	0,018	88	54	12,1
	350	0,210	0,008	83	24	25,1
	400	0,112	0,004	44	12	28,0
H-ZSM-5-MS90	150	0,205	0,041	100	100	5,0
	250	0,187	0,012	91	29	15,4
	350	0,105	0,006	51	15	15,9
	400	0,052	0,003	25	7	19,6

IV.D. CATALIZADORES COMERCIALES

Se utilizaron diversas zeolitas comerciales con la finalidad de comparar la actividad catalítica de los materiales preparados, como así también la influencia de diferentes propiedades de los sólidos y del tipo de red zeolítica. Entre ellos se encuentran:

zeolitas ZSM-5 con diferentes características, una zeolita 13-X y una zeolita Y.

En la tabla IV.20, se presentan las características más importantes de cada uno de los materiales, encontradas por diferentes autores y/o determinadas experimentalmente para esta tesis. En el apéndice B (sección B.4) se puede encontrar mayor información acerca de los mismos.

Tabla IV.20. *Características principales de las zeolitas comerciales empleadas en esta tesis.*

Denominación	Nombre comercial	Tipo de material	Red	Si/Al	Al/celda unidad[c]	S_{BET} (m^2/g)	C_B ($mmol.g^{-1}$)				C_L ($mmol.g^{-1}$)			
							150°C	250°C	350°C	400°C	150°C	250°C	350°C	400°C
ZSM-5-c80	Süd Chemie AG-München	H-ZSM-5	MFI	80[a]	1,2	410[a]	0,126	0,120	0,106	n.d.	0,006	~0	~0	n.d.
ZSM-5-c20	(PQ) CBV 3020E	H-ZSM-5	MFI	20[a]	4,8	402[a]	0,351	0,279	0,262	0,236	0,087	0,049	0,043	0,036
ZSM-5-c140	CVB 28014 Zeolyst	NH_4-ZSM-5	MFI	140[a]	0,7	400[a]	0,098	0,088	0,078	n.d.	0,021	0,015	0,010	n.d
ZSM-5-c12	ALSI Penta zeolithe GmbH SM27	NH_4-ZSM-5	MFI	12[a]	7,1	380[b]	0,527	0,431	0,371	n.d.	0,027	0,013	0,008	n.d.
Zeolita Y	CBV 300 Zeolyst	NH_4-Y	FAU	2,5[a]	n.d.	925[a]	0,128	0,101	0,047	0,034	0,101	0,057	0,029	0,013
Zeolita 13X	Tamiz molecular 10A Merck	Na-13X	FAU	n.d.	n.d.	654	0,194	0,192	0,127	0,067	0,085	0,057	0,039	0,025

n.d. : no determinado, [a] información declarada por el fabricante, [b] reportado por Rinaldi y col. [65], [c] Si+Al=96 de la fórmula $Al_nSi_{96-n}O_{192}$.

IV.E. CONCLUSIONES DEL CAPÍTULO IV

PREPARACIÓN Y CARACTERIZACIÓN DEL MATERIAL ZSM-5

- La Perlita Expandida es un material amorfo, con una pequeña superficie específica (2 m^2/g), que posee un 73,4 % de SiO_2 y 13,49 % de Al_2O_3. A los fines prácticos, no posee microporos ni mesoporos pero presenta una pequeña porosidad debido a la presencia de macroporos generados durante el proceso de expansión.

- La síntesis hidrotermal de Perlita Expandida permite obtener zeolita ZSM-5 bajo las siguientes condiciones de síntesis:
    - Temperatura: 180 °C.
    - Tiempo del tratamiento hidrotermal: 24 h.
    - Relación molar SiO_2/Al_2O_3: 40.
    - Relación H_2O/SiO_2: 45.
    - pH: 10,1-10,5.
    - Cantidad de siembra: 7% con respecto a la masa total de SiO_2 presente en el gel de síntesis.

- Variando el pH del medio de reacción, se pueden obtener otras zeolitas tales como Philipsita (pH=13,0) y Analcima (pH=13,3) a partir de Perlita.

- La cinética de cristalización de la zeolita ZSM-5 a partir de Perlita Expandida, sigue el modelo de nucleación y crecimiento propuesto por Avrami. El valor del exponente de la Ley de Avrami (n=3,4) indica un crecimiento de tipo esferulítico (involucra las tres dimensiones del espacio, λ=3) y una nucleación mixta de tipo instantánea (δ=0) y esporádica (δ=1). Este comportamiento se mantiene en el rango de temperaturas estudiado (170 - 190°C).

- La etapa de nucleación consume mayor energía (124 kJ/mol) que la etapa de cristalización (48 kJ/mol). Dentro de la etapa de nucleación, el período de inducción (primera etapa de la nucleación) consume un poco menos energía (60 kJ/mol) que el período de transición (segunda etapa de la nucleación) que consume 64 kJ/mol.

- Los valores de energía encontrados para cada una de las etapas del mecanismo de cristalización, son acordes a los reportados por otros autores para una cristalización en ausencia de agente orgánico director de estructura y en presencia de semillas de siembra.

- La cristalización de zeolita ZSM-5 a partir de Perlita Expandida sigue un mecanismo de cristalización dual: Cristalización Sobre Superficie de Siembra y Generación de Nuevos Cristales (CSS-GNC) para la zeolita ZSM-5. Este consiste en: i) disolución parcial de la sílice y alúmina presentes en el medio, ii) generación de un gel de aluminosilicato mediante reacciones de policondensación y deposición parcial del gel en la superficie de los cristales de siembra, iii) formación de nuevos núcleos a partir de especies en solución y generación de los precursores de especies en crecimiento en la matriz del gel a 180°C a partir de partículas retenidas en el gel de síntesis, iv) deposición de las especies de crecimiento sobre la superficie de los cristales de siembra y sobre los nuevos núcleos formados y por último, v) ordenamiento final de las especies de crecimiento para formar el producto cristalino definitivo.

- Las técnicas de caracterización sobre el material ZSM-5 indican:

    - DRX: el material preparado presenta un buen grado de cristalinidad,

- Isotermas de adsorción de N_2: presenta una superficie BET de 290 m^2/g, posee escasa mesoporosidad, tratándose de un material netamente microporoso,
- Microscopía Electrónica de Barrido: la zeolita ZSM-5 se presenta bajo la forma de partículas con forma prismático-hexagonal de unos 6 μm de largo.
- RMN-AM: la zeolita ZSM-5 tiene una relación Si/Al de 38,5 en donde todo el Al forma parte de la red.
- TGA: el material desorbe agua durante el calentamiento hasta ~200°C. Por encima de esta temperatura, el material desorbe agua que se encuentra fuertemente retenida y puede presentarse un proceso de dehidroxilación a elevadas temperaturas.
- FTIR: se presentan las bandas características del material ZSM-5 y de la aproximación realizada a partir de la relación entre las señales en 543 y 457 cm^{-1}, se confirma el buen grado de cristalización del material.
- FTIR-piridina: el material posee características ácidas y su acidez se debe a la presencia de sitios ácidos de Brønsted, de manera exclusiva. Retiene cantidades apreciables de piridina aún a 350°C, lo que indica una fuerte acidez de los sitios de Brønsted. El material presenta escasa acidez de Lewis.

PREPARACIÓN Y CARACTERIZACIÓN DEL MATERIAL ZSM-5/MCM-41

- Una modificación de la zeolita ZSM-5 permite obtener el material micromesoporoso estructurado ZSM-5/MCM-41. Este presenta las siguientes características:
  - DRX: se observan los picos característicos de la red MCM-41 en la zona de ángulos bajos y mantiene los de la red ZSM-5. El parámetro de celda unitaria a_0 vale 52,04 Å.

- Isotermas de adsorción de N_2: la superficie específica del material es de 505 m^2/g, presenta mesoporosidad y conserva la estructura microporosa.
- Microscopia electrónica: mediante SEM se observan partículas reniforme de ~600 nm x ~400 nm. A partir de TEM se aprecia el arreglo hexagonal característico de la red MCM-41 y estrías longitudinales de la vista lateral de estos canales. También se observan lagunas correspondientes a la red ZSM-5.
- TGA-DTA: el material presenta desorción de agua al ser calentado hasta ~150°C, ocurriendo condensación de grupos silanoles a temperaturas mayores.
- FTIR: el material presenta las principales bandas de absorción en el IR, descriptas en la literatura.
- FTIR-piridina: el material presenta características ácidas. Su acidez se debe fundamentalmente a la presencia de sitios ácidos de Brønsted, siendo escasa la acidez de Lewis. Si bien, el material presenta una menor densidad de sitios ácidos comparada con la zeolita ZSM-5, es superior a la de una sílice estructurada del tipo MCM-41, debido a la presencia de los clásicos sitios ácidos de Brønsted y no por la presencia de grupos silanoles.

PREPARACIÓN Y CARACTERIZACIÓN DE LOS MATERIALES ZSM-5/MS(TIEMPO)

- Otra modificación del material ZSM-5 permite generar mesoporosidad en la estructura microporosa de la zeolita. Los materiales presentan las siguientes características:
  - DRX: todos conservan los picos de difracción característicos de la red MFI.
  - Isotermas de adsorción de N_2: los materiales poseen superficies BET que varían desde 345 a 364 m^2/g, siendo levemente superior para el material tratado

durante 60 minutos. En todas las isotermas se detecta la presencia de mesoporos y microporos.

- FTIR: los materiales conservan las señales de absorción en el IR características de la zeolita ZSM-5.
- FTIR-piridina: los materiales presentan características ácidas, predominando la acidez de Brønsted frente a la de Lewis. La acidez de los materiales es similar, siendo levemente superior la del material tratado durante 60 minutos.

REFERENCIAS

[1] Hu, Y., Liu, C., Zhang, Y., Ren, N., Tang, Y., Microporous and Mesoporous Materials 119 (2009) 306-314.

[2] Boris, S., Josip, B., Handbook of Zeolite Science and Technology, CRC Press, 2003.

[3] Gabelica, Z., Blom, N., Derouane, E.G., Applied Catalysis 5 (1983) 227-248.

[4] Jacobs, P.A., Martens, J.A., en: P.A. Jacobs, J.A. and Martens (Eds.), Studies in Surface Science and Catalysis, 33, Elsevier, 1987, pág. 113-146.

[5] Nagy, J.B., Bodart, P., Collette, H., Fernandez, C., Gabelica, Z., Nastro, A., Aiello, R., Journal of the Chemical Society, Faraday Transactions 1: Physical Chemistry in Condensed Phases 85 (1989) 2749-2769.

[6] Corregidor, P.F., Acosta, D.E., Destéfanis, H.A., Science of Advanced Materials 6 (2014) 1203-1214.

[7] Yamamoto, K., Tatsumi, T., Chemistry of Materials 20 (2007) 972-980.

[8] Treacy, M.M.J., Higgins, J.B., en: M.M.J. Treacy, J.B. Higgins (Eds.), Collection of Simulated XRD Powder Patterns for

Zeolites (fifth), Elsevier Science B.V., Amsterdam, 2007, pág. 342-343.

[9] Treacy, M.M.J., Higgins, J.B., en: M.M.J. Treacy, J.B. Higgins (Eds.), Collection of Simulated XRD Powder Patterns for Zeolites (fifth), Elsevier Science B.V., Amsterdam, 2007, pág. 52-53.

[10] Atta, A.Y., Jibril, B.Y., Aderemi, B.O., Adefila, S.S., Appl.Clay Sci. 61 (2012) 8-13.

[11] Boultif, A., Louer, D., J.Appl.Crystallogr. 37 (2004) 724-731.

[12] Wang, P., Shen, B., Gao, J., Catal.Today
Catalysts and Processes for Heavy Oil Upgrading 125 (2007) 155-162.

[13] Shiralkar, V.P., Clearfield, A., Zeolites 9 (1989) 363-370.

[14] van Santen, R.A., Keijsper, J., Ooms, G., Kortbeek, A.G.T.G., en: A.I. Y. Murakami, J.W. Ward (Eds.), Studies in Surface Science and Catalysis, Volume 28, Elsevier, 1986, pág. 169-175.

[15] Den Ouden, C.J.J., Thompson, R.W., Industrial & Engineering Chemistry Research 31 (1992) 369-373.

[16] Greaves, G.N., en: M.F. Thorpe, J.C. Phillips (Eds.), Phase Transitions and Self-Organization in Electronic and Molecular Networks, Springer US, 2001, pág. 225-246.

[17] Marangoni, A.G., Fat Crystal Networks, CRC Press, 2004.

[18] Calka, A., Radlinski, A.P., Materials Science and Engineering 97 (1988) 241-246.

[19] Wang, J., Kou, H.C., Gu, X.F., Li, J.S., Xing, L.Q., Hu, R., Zhou, L., Materials Letters 63 (2009) 1153-1155.

[20] Lee, E.-S., Kim, Y.G., Acta Metallurgica et Materialia 38 (1990) 1669-1676.

[21] Kim, S.D., Noh, S.H., Seong, K.H., Kim, W.J., Microporous and Mesoporous Materials 72 (2004) 185-192.

[22] Mostowicz, R., Sand, L.B., Zeolites 2 (1982) 143-146.

[23] Pan, F., Lu, X., Wang, Y., Chen, S., Wang, T., Yan, Y., Microporous and Mesoporous Materials 184 (2014) 134-140.

[24] Watson, J.N., Iton, L.E., Keir, R.I., Thomas, J.C., Dowling, T.L., White, J.W., The Journal of Physical Chemistry B 101 (1997) 10094-10104.

[25] Loos, J.B., Zeolites 18 (1997) 278-281.

[26] Ren, N., Yang, Z.-J., Lv, X.-C., Shi, J., Zhang, Y.-H., Tang, Y., Microporous and Mesoporous Materials 131 (2010) 103-114.

[27] Oleksiak Matthew, D., Rimer Jeffrey, D., Synthesis of zeolites in the absence of organic structure-directing agents: factors governing crystal selection and polymorphism, Reviews in Chemical Engineering, 2014, p. 1.

[28] Nan Ren, B.S.a.J.B., en: D.Y. Mastai (Ed.), Advances in Crystallization Processes, InTech, 2012.

[29] Treacy, M.M.J., Higgins, J.B., en: M.M.J. Treacy, J.B. Higgins (Eds.), Collection of Simulated XRD Powder Patterns for Zeolites (fifth), Elsevier Science B.V., Amsterdam, 2007, pág. 278-279.

[30] Sing, K.S.W., Everett, D.H., Haul, R.A.W., Moscou, L., Pierotti, R.A., Rouquerol, J., Siemieniewska, T., Pure & Applied Chemistry 57 (1985) 603-619.

[31] Majano, G., Darwiche, A., Mintova, S., Valtchev, V., Industrial & Engineering Chemistry Research 48 (2009) 7084-7091.

[32] Mostafa, M.M., Rao, K.N., Harun, H.S., Basahel, S.N., El-Maksod, I.H.A., Ceram.Int. 39 (2013) 683-689.

[33] Roque-Malherbe, R.M.A., Adsorption and diffusion in nanoporous materials, CRC Press, Taylor and Francis, Boca Raton, 2007.

[34] Rouquerol, F., Rouquerol, J., Sing, K., Adsorption by powders and porous solids principles, methodology and applications, Academic Press, London, 1999.

[35] Wang, X., Chan, J.C.C., Tseng, Y.H., Cheng, S., Micropor.Mesopor.Mater. 95 (2006) 57-65.

[36] Rouquerol, F., Rouquerol, J., Sing, K.S.W., Handbook of Porous Materials, Wiley-VCH, 2002.

[37] Freude, D., Haase, J., en: P. Diehl, E. Fluck, H. Günter, R. Kosfeld, J. Seelig (Eds.), NMR Basic Principles and Progress, 29, Springer-Verlag, Berlin, 1993, pág. 1-90.

[38] Abalos, R., Erdmann, E., Destéfanis, H.A., Latin American Applied Research 33 (2003) 59-62.

[39] Jansen, J.C., van der Gaag, F.J., van Bekkum, H., Zeolites 4 (1984) 369-372.

[40] Fan, W., Li, R., Ma, J., Fan, B., Cao, J., Microporous Mater. 4 (1995) 301-307.

[41] Ali, M.A., Brisdon, B., Thomas, W.J., Applied Catalysis A: General 252 (2003) 149-162.

[42] Jacobs, P.A., Beyer, H.K., Valyon, J., Zeolites 1 (1981) 161-168.

[43] Coudurier, G., Naccache, C., Vedrine, J.C., Journal of the Chemical Society, Chemical Communications (1982) 1413-1415.

[44] Mozgawa, W., J.Mol.Struct. 596 (2001) 129-137.

[45] Sitarz, M., Mozgawa, W., Handke , M., J.Mol.Struct. Spectroscopy of Molecular Interactions, Molecular Recognition and Related Phenomena 404 (1997) 193-197.

[46] Breck, D.W., Zeolites molecular sieves, J. Wiley & Sons, New York, 1974.

[47] Emeis, C.A., J.Catal. 141 (1993) 347-354.

[48] Amin, N.A.S., Anggoro, D.D., Journal of Natural Gas Chemistry 12 (2003) 123-134.

[49] Buzzoni, R., Bordiga, S., Ricchiardi, G., Lamberti, C., Zecchina, A., Bellussi, G., Langmuir 12 (1996) 930-940.

[50] Sadowska, K., Góra-Marek, K., Datka, J., Vib.Spectrosc 63 (2012) 418-425.

[51] Palani, A., Gokulakrishnan, N., Palanichamy, M., Pandurangan, A., Applied Catalysis A: General 304 (2006) 152-158.

[52] Huo, Q., Margolese, D.I., Stucky, G.D., Chemistry of Materials 8 (1996) 1147-1160.

[53] Huiyong, C., Hongxia, X., Xianying, C., Yu, Q., Microporous and Mesoporous Materials 118 (2009) 396-402.

[54] Wang, G., Wang, Y., Liu, Y., Liu, Z., Guo, Y., Liu, G., Yang, Z., Xu, M., Wang, L., Applied Clay Science 44 (2009) 185-188.

[55] Gonçalves, M.L., Dimitrov, L.D., Jordão, M.H., Wallau, M., Urquieta-González, E.A., Catalysis Today 133–135 (2008) 69-79.

[56] Selvaraj, M., Pandurangan, A., Seshadri, K.S., Sinha, P.K., Lal, K.B., Applied Catalysis A: General 242 (2003) 347-364.

[57] García-Martínez, J., Li, K., Davis, M.E., Mesoporous Zeolites: Preparation, Characterization and Applications, Wiley, 2015, pág. 374-375.

[58] Tang, Q., Xu, H., Zheng, Y., Wang, J., Li, H., Zhang, J., Applied Catalysis A: General 413–414 (2012) 36-42.

[59] Cuesta Zapata, P.M., Síntesis y aplicación de materiales meso-estructurados de Cr/SiO_2: Estudio de la interacción del Cromo en la estructura de la sílice y su aplicación en reacciones

frente a sustratos orgánicos, Universidad Nacional de Salta, Tesis doctoral, 2014, 177-178.

[60] Vaschetto, E.G., Monti, G.A., Herrero, E.R., Casuscelli, S.G., Eimer, G.A., Applied Catalysis A: General 453 (2013) 391-402.

[61] Conesa, T.D., Campelo, J.M., Luna, D., Marinas, J.M., Romero, A.A., Applied Catalysis B: Environmental 70 (2007) 567-576.

[62] Conesa, T.D., Hidalgo, J.M., Luque, R., Campelo, J.M., Romero, A.A., Applied Catalysis A: General 299 (2006) 224-234.

[63] Corma, A., Chemical Reviews 97 (1997) 2373-2420.

[64] Groen, J.C., Moulijn, J.A., Pérez-Ramírez, J., Microporous and Mesoporous Materials 87 (2005) 153-161.

[65] Rinaldi, R., Palkovits, R., Schüth, F., Angewandte Chemie International Edition 47 (2008) 8047-8050.

CAPÍTULO V

ACTIVIDAD CATALÍTICA DE ZEOLITAS EN REACCIONES DE TRANSESTERIFICACIÓN

V.1. INTRODUCCIÓN

Como se comentó en la sección I.7, las zeolitas son utilizadas en una gran variedad de reacciones químicas en las que se requiere una catálisis ácida. Dentro de estas, la transesterificación implica una interesante herramienta de síntesis ya que a partir de un éster de fácil accesibilidad, se puede obtener otro, de mayor importancia desde el punto de vista de la química fina o industrial. En este sentido, las reacciones que pueden estudiarse, utilizando la forma ácida de una zeolita ZSM-5, son innumerables y muchas de ellas de gran interés. Con los fundamentos expuestos en los capítulos I y II, se eligen las reacciones de transesterificación para su estudio, debido a su gran versatilidad en la síntesis orgánica y puesto que los reportes encontrados hasta la fecha no resultan totalmente claros en cuanto al posible mecanismo de reacción (aspecto que será abordado en el próximo capítulo) y en algunos casos tampoco queda claro la participación de zeolitas como catalizadores. Recordando que uno de los aspectos a abordar en esta tesis es el estudio de la posible aplicación de los materiales zeolíticos, preparados a partir de Perlita Expandida, en reacciones de transesterificación, se procede al estudio de las siguientes reacciones: 1) transesterificación de acetoacetato de etilo con alcohol vinílico, 2) transesterificación de acetato de isopropilo con alcohol alílico, 3) transesterificación entre acetato de vinilo y alcohol alílico, 4) transesterificación entre acetato de vinilo y alcohol amílico y 5) transesterificación de acetato de vinilo con alcohol isoamílico. De todas ellas, la última reacción se toma como prototipo para el estudio de la influencia de parámetros operacionales y planteo de un modelo cinético.

En todas las reacciones estudiadas, la conversión del alcohol reactivo en éster producto se determinó aplicando la ecuación V.1, mientras que la conversión de éster reactivo en éster producto se hizo empleando la ecuación V.2. En el Apéndice C se presentan las deducciones y justificaciones pertinentes que permiten llegar a las mismas.

$$conversión_{alcohol}\ (\%) = \frac{[Ester_{\ P}]}{[Alcohol_{\ R}]+[Ester_P]} \cdot 100 \qquad \text{(ecuación V.1)}$$

$$conversión_{éster}\ (\%) = \frac{[Ester_{\ P}]}{[Ester_{\ R}]+[Ester_P]} \cdot 100 \qquad \text{(ecuación V.2)}$$

V.2. TRANSESTERIFICACIÓN DE ACETOACETATO DE ETILO CON ALCOHOL ALÍLICO

Debido a que los β-cetoácidos son propensos a descarboxilarse muy fácilmente, la preparación de β-cetoésteres mediante esterificación directa no es aplicable. Un método simple, muy utilizado para la preparación de estos, suele ser la reacción de alcoholes con dicetenas o alternativamente, la transesterificación de acetoacetato en presencia de diferentes catalizadores ácidos de tipo homogéneo o heterogéneo.

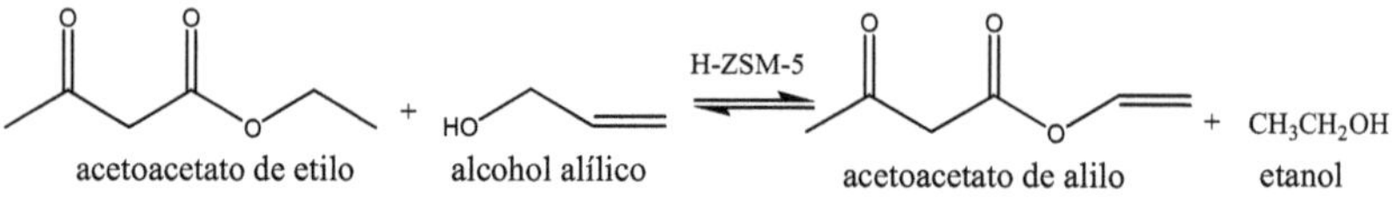

Figura V.1. *Reacción química de la transesterificación entre acetoacetato de etilo y alcohol alílico.*

Como se comentó en el capítulo I (sección I.7.1), se sabe que las reacciones de transesterificación utilizando β-cetoésteres con alcoholes alifáticos, trascurren mediante la formación de un intermediario tipo cetena, inclusive en ausencia de catalizadores [1], sin embargo, Balaji y Chanda [2] en 1998 reportaron la transesterificación empleando diferentes acetoacetatos de alquilo y alcoholes alifáticos, analizando el efecto catalítico de diversas zeolitas. Puesto que los β-cetoésteres son interesantes compuestos para la síntesis orgánica, ya que presentan carbonilos electrofílicos y carbonos nucleofílicos, se genera el interrogante acerca de la participación de las zeolitas como catalizadores ácidos para la transesterificación entre estos reactivos y alcoholes alifáticos. De esta manera, se decide estudiar la reacción de transesterificación (figura V.1) entre acetoacetato de etilo (3-oxobutanoato de etilo) y alcohol alílico (prop-2-en-1-ol), bajo las condiciones indicadas en la tabla V.1.

Tabla V.1. *Condiciones de trabajo para la transesterificación usando acetoacetato de etilo y alcohol alílico.*

Catalizador empleado	H-ZSM-5
Masa de catalizador	0,0130 g
Acetoacetato de etilo	0,1301 g (0,34 mol/L)
Alcohol alílico	0,2904 g (1,71 mol/L)
Tolueno	2,1625 g
Temperatura (°C)	60, 70, 80 y 110
Relación molar alcohol/éster	5:1

La cantidad de catalizador utilizada es un 10 % en masa con respecto a la masa del éster (la misma utilizada en el trabajo de referencia [2]). La curva de conversión en función del tiempo a 110 °C se presenta en la gráfica V.2. En esta se presenta también la curva de conversión para una experiencia denominada "blanco de reacción", la cual consiste en un sistema reaccionante en iguales condiciones pero sin el agregado de catalizador.

En esta se puede apreciar que la presencia de la zeolita como catalizador no parece tener influencia en la conversión de la reacción o bien, indicar la presencia de un contaminante que pudiera estar actuando como catalizador. Por ello, la reacción se repitió empleando reactivos y solventes, luego de ser purificados mediante destilación. Los datos de conversión obtenidos y las condiciones de reacción empleadas se presentan en la tabla V.2.

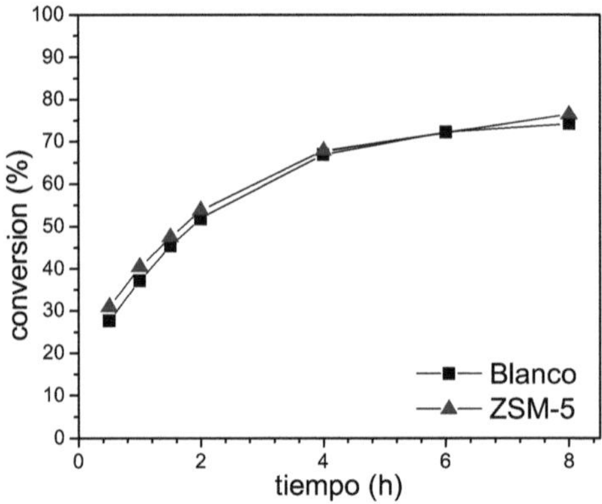

Figura V.2. *Curva de conversión para la transesterificación entre acetoacetato de etilo y alcohol allico a 110 °C.*

Se observa que la presencia de zeolita ZSM-5 no parece indicar efecto catalítico alguno, por cuanto la conversión de la reacción arroja resultados similares aún en ausencia del catalizador. Esto reafirma lo propuesto por Witzeman [1], quien plantea que la transesterificación de acetoacetato de etilo con alcoholes alifáticos transcurre en ausencia de catalizador. De esta manera, no tiene demasiado sentido seguir profundizando en el estudio de esta reacción, dado los objetivos planteados para esta tesis.

Tabla V.2. *Condiciones de trabajo para la transesterificación entre acetoacetato de etilo y alcohol alílico con reactivos destilados.*

T (°C)	Relación molar alcohol/éster	Tiempo (h)	Conversión (%)	
			Blanco	H-ZSM-5
110	5:1	10	80	84
110	3:1	10	63	60
80	5:1	2	38	44
70	1:1	6	23	28
70	1:1	4	-	26
60	2:1	2	19	22

V.3. TRANSESTERIFICACIÓN DE ACETATO DE ISOPROPILO CON ALCOHOL ALÍLICO

Con la finalidad de evaluar la actividad del catalizador H-ZSM-5 preparado a partir de Perlita, se estudió la reacción de transesterificación (figura V.3) entre acetato de isopropilo (etanoato de propan-2-ilo) y alcohol alílico. El acetato de alilo es un importante reactivo en la producción de polímeros y de otros ésteres como carbonato de alilo, ftalato de dialilo, isoftalato de dialilo, entre otros [3].

Figura V.3. *Reacción química para la transesterificación de acetato de isopropilo con alcohol alílico.*

Las condiciones de reacción utilizadas se resumen en la tabla V.3, mientras que la curva de conversión de reactivos en función del tiempo a 70 °C se presenta en la figura V.4. Nuevamente, se utilizó una cantidad de catalizador equivalente al 10 % de la masa del éster, pero en este caso, la relación de moles entre los reactivos (relación molar alcohol/éster) es 1:1.

Tabla V.3. *Condiciones de trabajo para la transesterificación usando acetato de isopropilo y alcohol alílico.*

Catalizador empleado	H-ZSM-5
Masa de catalizador	0,0511 g
Acetato de isopropilo	0,5107 g (0,637 mol/L)
Alcohol alílico	0,2904 g (0,637 mol/L)
Tolueno	4,0000 g
Temperatura (°C)	80
Relación molar alcohol/éster	1:1

En este caso se puede observar que la presencia de zeolita H-ZSM-5 mejora la conversión y por lo tanto, presenta actividad catalítica. Si bien la conversión de la reacción a 50 h no es la óptima, se puede apreciar que la curva tiene una tendencia a seguir creciendo, transcurridas las 50 h, por lo que se puede pensar que ajustando los parámetros operacionales se podría lograr una mejor conversión en menor tiempo.

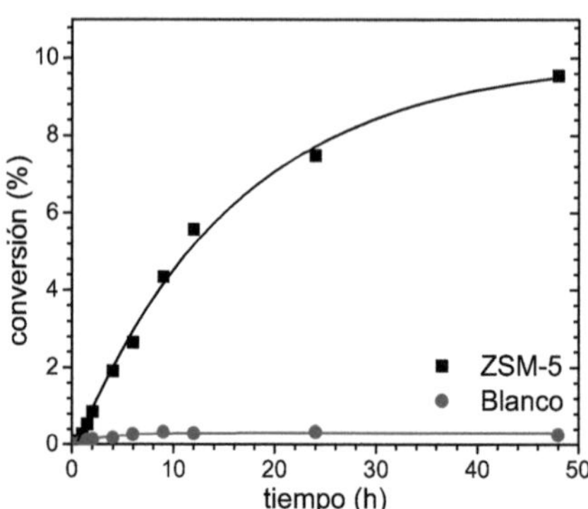

Figura V.4. *Curva de conversión de reactivos para la transesterificación usando acetato de isopropilo y alcohol alílico a 80 °C.*

Posterior a su empleo, el catalizador fue separado por centrifugación, lavado con agua calidad miliQ, secado a temperatura ambiente durante 48 h y posteriormente tratado en mufla a 450 °C durante 2-3 h. Una vez recuperado, se volvió a utilizar en nuevas reacciones de transesterificación bajo las mismas condiciones indicadas anteriormente. La variación de la actividad del catalizador H-ZSM-5 en función de los lavados se observa en la figura V.5. La actividad se calculó como el porcentaje de la máxima actividad alcanzada a las 50 h de reacción, tomando como 100 % el obtenido para la zeolita sin lavado. Se puede ver que la actividad se mantiene superior a un 70 % aún luego del cuarto lavado.

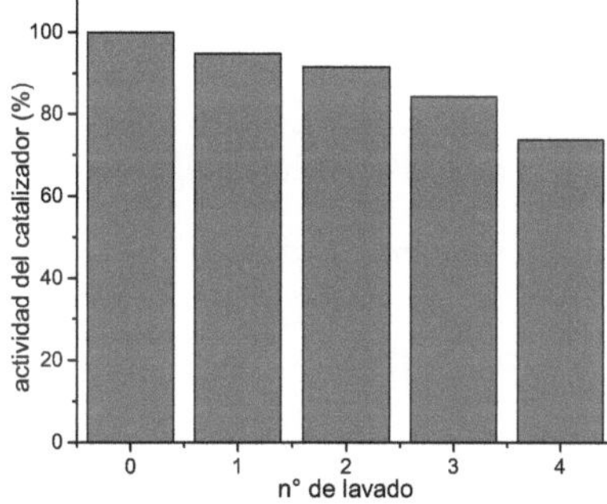

Figura V.5. *Actividad de la zeolita H-ZSM-5 en la transesterificación entre acetato de isopropilo y alcohol alílico a 80 °C, en función del número de lavados.*

De esta manera, se observa que la zeolita ZSM-5 actúa como catalizador heterogéneo de tipo ácido en la transesterificación de acetato de isopropilo con alcohol alílico, permitiendo obtener acetato de alilo. La misma mantiene una actividad superior al 70 %, aún luego de su uso como catalizador en la cuarta reacción de transesterificación.

V.4. TRANSESTERIFICACIÓN DE ACETATO DE VINILO CON ALCOHOL ALÍLICO

La transesterificación entre acetato de vinilo (etanoato de etenilo) y alcohol alílico (figura V.6) se realizó bajo las condiciones expuestas en la tabla V.4. De la solución reaccionante se tomó una alícuota de 5,0 mL y se colocó en un vial de vidrio conteniendo el catalizador. Desde ese momento, se dejó correr el tiempo de reacción, se cerró y tomaron alícuotas cada cierto intervalo. La curva de conversión de los reactivos en función del tiempo se presenta en la figura V.7, (no se observó conversión de reactivos en el blanco de reacción). Esta gráfica presenta la misma forma de las curvas anteriores, es decir una zona inicial en donde la conversión aumenta de forma lineal con el tiempo para luego alcanzar una zona de meseta.

acetato de vinilo + alcohol alílico ⇌ (H-ZSM-5) acetato de alilo + alcohol vinílico (⇌ acetaldehído)

Figura V.6. *Reacción química de la transesterificación entre acetato de vinilo y alcohol alílico.*

Tabla V.4. *Condiciones de trabajo para la transesterificación usando acetato de vinilo y alcohol alílico.*

Catalizador empleado	H-ZSM-5
Masa de catalizador	0,0246 g
Acetato de vinilo	1,2831 g (0,298 mol/L)
Alcohol alílico	0,8678 g (0,298 mol/L)
Tolueno	c.s.p. 50 mL
Temperatura (°C)	90
Relación molar alcohol/éster	1:1

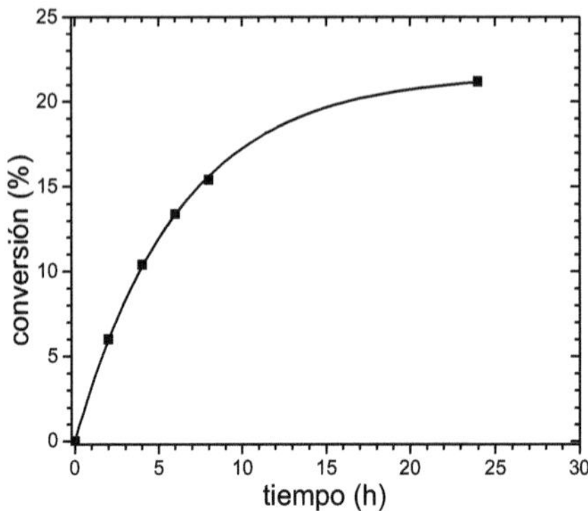

Figura V.7. *Curva de conversión de reactivos para la transesterificación entre acetato de vinilo y alcohol alílico a 90 °C.*

La generación de acetato de alilo fue confirmada mediante CG-EM (cromatografía gaseosa acoplada a espectrometría de masa), el típico cromatograma para una de las muestras y el espectro de masas del acetato de alilo se presentan en la figura V.8. En esta reacción también se observa la formación de cantidades minoritarias de acetona y ácido acético, identificados mediante CG-EM. La razón por la cual se generan estos compuestos como subproductos minoritarios en la reacción será presentada en el capítulo siguiente, en la sección VI.4.

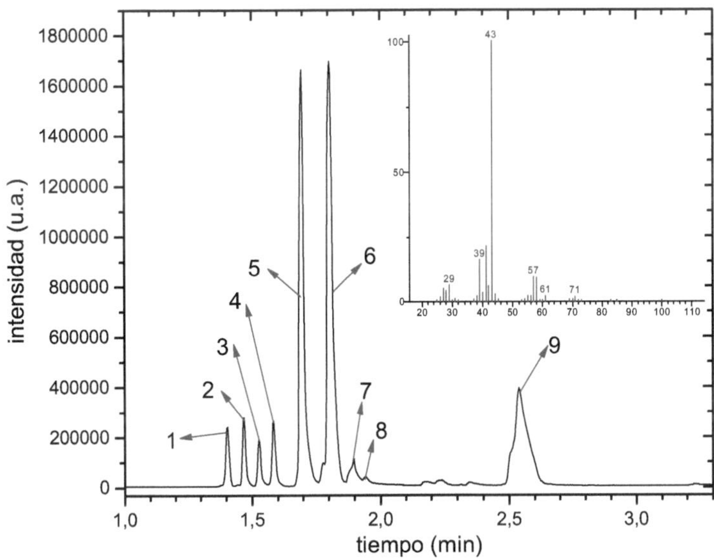

Figura V.8. *Cromatograma de iones totales para la transesterificación entre acetato de vinilo y alcohol alílico a 90 °C. 1) N_2, 2) acetaldehído, 3) etanol, 4) acetona, 5) alcohol alílico, 6) acetato de vinilo, 7) ácido acético, 8) acetato de etilo y 9) acetato de alilo. En la parte superior: espectro de masas de 9).*

También, se puede observar que en comparación con la transesterificación entre acetato de isopropilo y alcohol alílico, esta reacción presenta una mayor conversión, en parte porque las condiciones bajo las cuales se realizó la reacción son más favorables y por otro lado, porque el sustrato (acetato de vinilo) es menos ramificado que el acetato de isopropilo, por lo tanto posee menor impedimento estérico, lo que se manifiesta en una mejor difusión por el interior del catalizador para alcanzar el sitio activo. Además, como se explicó en el capítulo I, el acetato de vinilo genera alcohol vinílico como producto de reacción, el cuál tautomeriza a acetaldehído, dificultando la reversibilidad de la reacción.

De esta manera, la reacción estudiada es catalizada por la forma ácida de la zeolita ZSM-5, permitiendo producir acetato de alilo mediante transesterificación entre acetato de vinilo y alcohol alílico.

V.5. TRANSESTERIFICACIÓN DE ACETATO DE VINILO CON ALCOHOL AMÍLICO

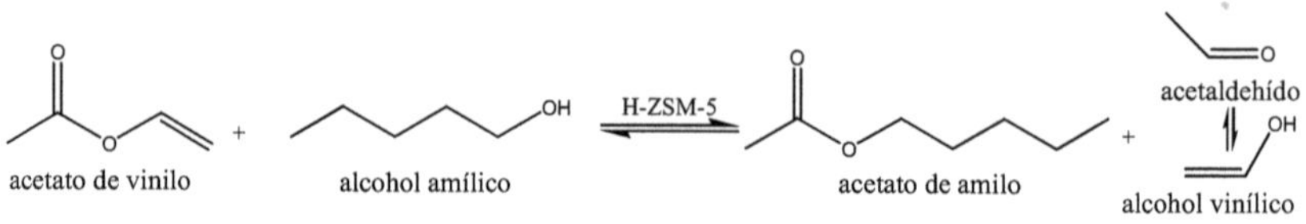

acetato de vinilo + alcohol amílico ⇌ (H-ZSM-5) acetato de amilo + alcohol vinílico ⇌ acetaldehído

Figura V.9. *Reacción química para la transesterificación entre acetato de vinilo y alcohol amílico.*

También se investigó la acción catalítica de la zeolita ZSM-5 sobre la reacción de transesterificación (figura V.9) entre acetato de vinilo y alcohol amílico (pentan-1-ol). Las condiciones bajo las cuales se realizó la reacción se resumen en la tabla V.5. Se preparó una solución del sistema reaccionante y se tomó una alícuota del mismo, colocándola en un vial de vidrio conteniendo el catalizador. Se cerró el vial y se tomaron alícuotas del sistema reaccionante en diferentes tiempos.

La curva de conversión del acetato de vinilo en función del tiempo se presenta en la figura V.10, esta presenta una forma similar a las descriptas anteriormente, llegando a una conversión del 34 % a las 24 h.

Tabla V.5. *Condiciones de trabajo para la transesterificación usando acetato de vinilo y alcohol amílico.*

Catalizador empleado	H-ZSM-5
Masa de catalizador	0,0251 g
Acetato de vinilo	1,2572 g (0,292 mol/L)
Alcohol amílico	1,2905 g (0,293 mol/L)
Tolueno	c.s.p. 50 mL
Temperatura (°C)	90
Relación molar alcohol/éster	1:1

La reacción no transcurre en ausencia de catalizador, no habiéndose detectado productos en el blanco de reacción hasta las 24 h.

De esta manera, se confirma la actuación de la zeolita H-ZSM-5 como catalizador ácido en la reacción de transesterificación entre acetato de vinilo y alcohol amílico a 90 °C.

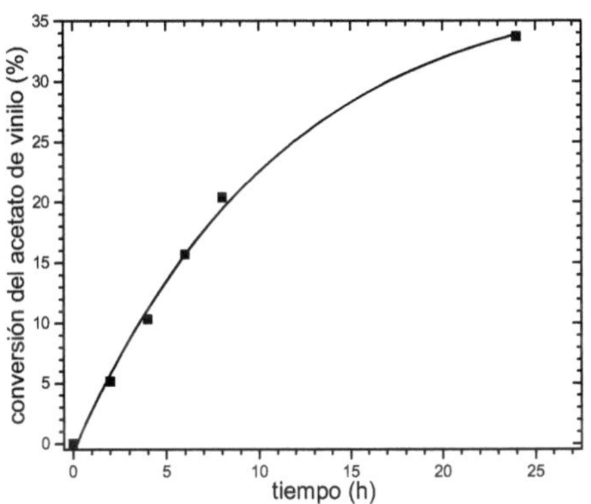

Figura V.10. *Curva de conversión del acetato de vinilo en función del tiempo para la transesterificación entre acetato de vinilo y alcohol amílico a 90 °C.*

V.6. TRANSESTERIFICACIÓN DE ACETATO DE VINILO CON ALCOHOL ISOAMÍLICO

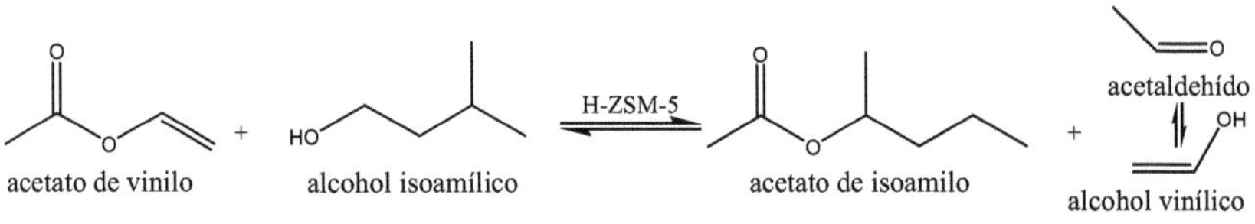

Figura V.11. *Reacción química para la transesterificación entre acetato de vinilo y alcohol amílico.*

Una vez determinada la actuación de la zeolita H-ZSM-5 como catalizador heterogéneo ácido en reacciones de transesterificación, se procede al estudio en detalle de una reacción particular. Para ello, se elige la transesterificación entre acetato de vinilo y alcohol isoamílico (figura V.11), por la posible importancia que podría llegar a tener desde el punto de vista industrial, puesto que el acetato de isoamilo producido se trata de la sustancia encargada de otorgar el aroma en el aceite esencial de bananas. El estudio de esta reacción se realizó optimizando los siguientes parámetros operacionales del proceso:

1) cantidad de catalizador.
2) polaridad del solvente.
3) concentración de sustrato.
4) temperatura.
5) tipo de red zeolítica y presencia de mesoporosidad.
6) relación molar Si/Al del catalizador.

El cromatograma típico de una alícuota de sistema reaccionante, luego de haber comenzado la reacción química, se observa en la figura V.12.

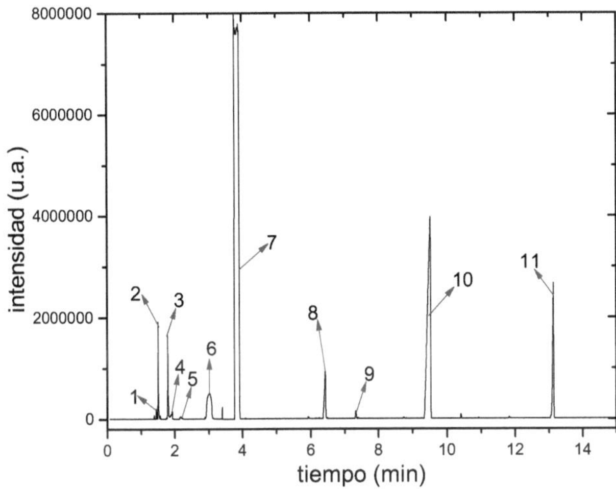

Figura V.12. *Cromatograma de iones totales para la transesterificación entre acetato de vinilo y alcohol isoamílico. 1) acetaldehído, 2) etanol, 3) acetato de vinilo, 4) ácido acético, 5) 3-hidroxibutanal, 6) alcohol isoamílico, 7) tolueno, 8) acetato de isoamilo, 9) diacetato de 1,1-etanodiol, 10) decano (patrón interno) y 11) 1,1'-[etilidenbis(oxi)]bis(3-metilbutano).*

En el cromatograma se pone en evidencia la formación del producto deseado (acetato de isoamilo) y se observa también un pico correspondiente al subproducto de reacción, que resultó ser un acetal que se forma mediante la reacción entre acetaldehído y alcohol isoamílico, cuyo nombre IUPAC es 1,1'-[etilidenbis(oxi)]bis(3-metilbutano). Ambos productos de reacción fueron identificados mediante EM, comparando los patrones de fragmentación con espectros de la biblioteca de NIST [4], obteniéndose un 85 % y 80 % de coincidencia, respectivamente. Los espectros de masa del producto deseado y del subproducto se presentan en la figura V.13.

La presencia del subproducto de reacción, cuyo pico en el cromatograma es de mayor intensidad y crece de manera más rápida al comienzo de la reacción, hace pensar que la adición nucleofílica al carbonilo del acetaldehído por parte del alcohol isoamílico, podría ocurrir de manera más rápida (más favorecida) que la reacción de sustitución nucleofílica sobre el carbonilo del acetato de vinilo.

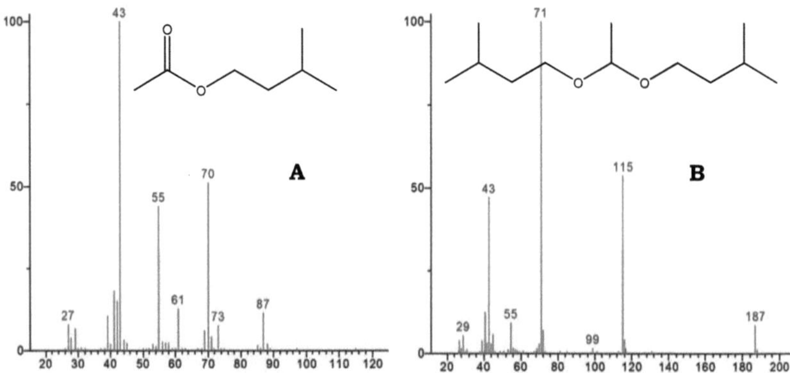

Figura V.13. *Espectros de masas (EM) de A) acetato de isoamilo y B) 1,1'-[etilidenbis(oxi)]bis(3-metilbutano).*

Este comportamiento puede explicarse en base a lo propuesto por Kresnawuahjuesa y col. [5], por cuanto la interacción entre la forma ácida de una zeolita ZSM-5 y dadores de acilos como el ácido acético, anhídrido acético y cloruro de acetilo, generan un intermediario del tipo zeolita-acetilada (figura V.14). Puesto que el acetato de vinilo se emplea en esta reacción como un electrófilo con capacidad de reaccionar con el alcohol isoamílico (nucleófilo), intercambiando la fracción alcoxi mediante una reacción de transesterificación, el producto que resulta (acetato de isoamilo) se puede justificar mediante la transferencia del grupo acetilo del éster al alcohol isoamílico.

Por lo tanto, se puede plantear que inicialmente la zeolita reacciona con el acetato de vinilo, en donde este cede el grupo acetilo para formar un intermediario de tipo zeolita-acetilada. Como producto de acetilación de la zeolita, se genera alcohol vinílico, el cuál tautomeriza a la forma carbonílica para generar acetaldehído. Este último es el encargado de reaccionar con alcohol isoamílico para formar un acetal como producto de adición nucleofílica sobre el carbonilo (cetalización).

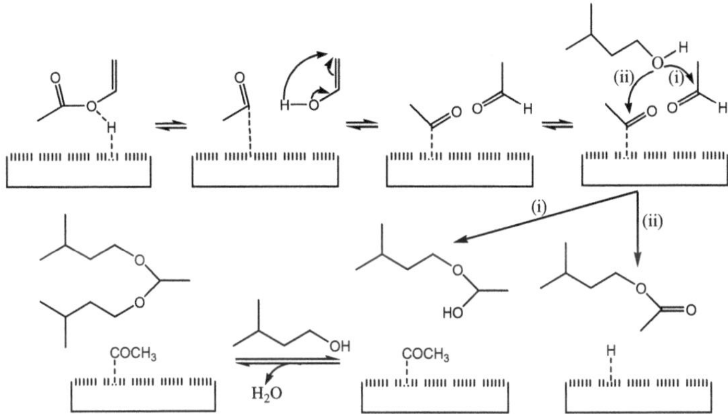

Figura V.14. *Posibles acontecimientos en la transesterificación entre acetato de vinilo y alcohol isoamílico empleando zeolita H-ZSM-5 como catalizador.*

Por otro lado, para que la zeolita ZSM-5 (ahora acetilada) genere acetato de isoamilo, debe ocurrir el ataque nucleofílico desde el O del alcohol (con los pares de electrones de no enlace) al carbono electrofílico del grupo carbonilo del éster, que ahora se encuentra enlazado al O de la zeolita (formando el intermediario tipo zeolita-acetilada). Ahora, puede suceder que el nucleófilo (alcohol) tenga dos posibles sitios de ataque:

i) el C=O del acetaldehído para generar el acetal (cetalización).

ii) el C=O del intermediario zeolita-acetilada para producir el acetato de isoamilo (transesterificación).

Los resultados experimentales demuestran que la opción i) es más rápida que la ii) ya que el pico del acetal en el cromatograma es de mayor altura al comienzo de la reacción, para luego llegar a su elevación máxima, momento en el cuál el pico del acetato de isoamilo comienza a crecer más rápidamente. Por lo tanto, el ataque explicado por i) ocurre más fácilmente, ya que el C electrofílico del aldehído está más disponible, puesto que el acetaldehído se encuentra en el medio de reacción y no anclado al sitio activo, por ende es más accesible. Esta secuencia de reacciones es considerada por algunos autores como una reacción en serie o reacción consecutiva [6, 7]. La generación del intermediario zeolita-acetilada será estudiada con mayor detenimiento en el capítulo VI.

V.6.1. Efecto de la cantidad de catalizador

La influencia de la cantidad de catalizador en la conversión de acetato de vinilo a acetato de isoamilo se evaluó bajo las condiciones de reacción presentadas en la tabla V.6. Los valores de conversión para diferentes masas de catalizador se presentan en la figura V.15.

Tabla V.6. *Condiciones de trabajo para el estudio de la influencia de la masa de catalizador en la transesterificación entre acetato de vinilo y alcohol isoamílico.*

Catalizador empleado	H-ZSM-5
Masa de catalizador	15-130 mg
Acetato de vinilo	2,1540 g (1,001 mol/L)
Alcohol isoamílico	0,2250 g (0,102 mol/L)
Tolueno	c.s.p. 25 mL
Temperatura (°C)	50
Relación molar alcohol/éster	1:10

En la figura V.15-A se puede observar que para 15-25 mg de catalizador, la conversión del alcohol llega a un valor cercano al 20 %, mientras que para 50 mg el valor es superior al 30 %.

Una conversión próxima al 45 % se puede lograr con 70 mg de catalizador y se llega a la máxima actividad (52 % de conversión) para una masa de 110 mg. Por este motivo, esta es la masa de catalizador que será utilizada de ahora en más para el estudio de las variables operacionales seleccionadas. En la figura V.15-B se puede observar que la conversión del alcohol isoamílico en acetato de isoamilo aumenta rápidamente desde una masa igual a 25 mg de catalizador H-ZSM-5, hasta alcanzar un valor constante a partir de los 110 mg.

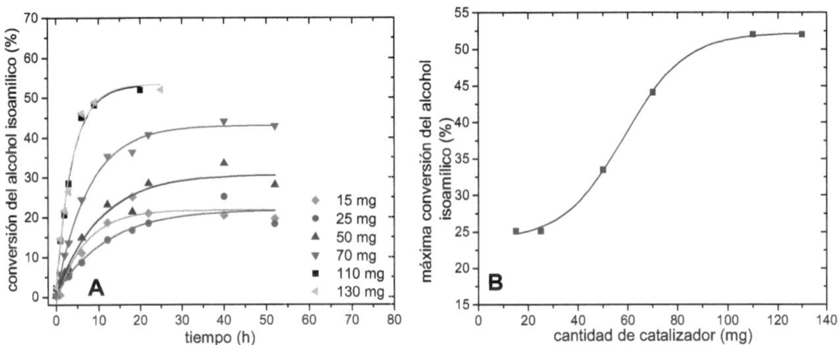

Figura V.15. *Efecto de la cantidad de catalizador. A) curva de conversión del alcohol isoamílico en función del tiempo para diferentes masas de catalizador y B) máxima conversión obtenida en función de la masa (mg) de catalizador.*

Este incremento en la conversión del alcohol isoamílico con la cantidad de catalizador se puede atribuir a un incremento en la cantidad de sitios activos (sitios ácidos) disponibles para la reacción de transesterificación.

V.6.2. Efecto de la polaridad del solvente

El estudio del efecto de la polaridad del solvente en la mencionada reacción de transesterificación se efectuó utilizando acetonitrilo (CH_3CN), dimetilformamida (DMF), tetracloruro de carbono (CCl_4) y tolueno ($C_6H_5CH_3$). Algunas propiedades de estos solventes se presentan en la tabla V.7.[8]

Las condiciones de trabajo en las que se determinaron las reacciones se detallan en la tabla V.8, mientras que la curva de conversión para los diferentes solventes de reacción se presenta en la figura V.16.

Tabla V.7. *Propiedades de solventes empleados utilizados.*

Nombre	Tolueno	Tetracloruro de carbono	DMF	acetonitrilo
Fórmula	$C_6H_5CH_3$	CCl_4	$HCON(CH_3)_2$	CH_3CN
Masa molar (g/mol)	92,14	153,82	73,094	41,05
Punto de ebullición (°C)	110,63	76,8	153	81,65
Punto de fusión (°C)	-94,95	-22,62	-60,48	-43,82
Constante dieléctrica (D)	2,379	2,2379	38,25	36,64
Momento dipolar (D)	0,375	0	3,82	3,92519

La curva de conversión en función del tiempo presenta la forma característica que se manifiesta en otras reacciones de acilación [9] en las que inicialmente se presenta una zona donde la reacción es rápida, para comenzar a decaer la actividad catalítica luego de las 6 h para las reacciones realizadas en tolueno y CCl_4 y cerca de 1 h para DMF y acetonitrilo.

Tabla V.8. *Condiciones de trabajo para el estudio de la influencia de la polaridad del solvente en la transesterificación entre acetato de vinilo y alcohol isoamílico.*

Catalizador empleado	H-ZSM-5
Masa de catalizador	0,1107 g
Acetato de vinilo	0,2154 g (0,100 mol/L)
Alcohol isoamílico	0,2196 g (0,100 mol/L)
Solvente	c.s.p. 25 mL
Temperatura (°C)	50
Relación molar alcohol/éster	1:1

Este comportamiento se puede atribuir en parte a la deposición de coque que se observa en la reacción con Tolueno y CCl_4, lo que influye sobre la actividad catalítica, ya que contamina al catalizador y por otro lado a una disminución de la concentración de los reactivos en el sistema. Se puede observar que la reacción está favorecida por los solventes de menor polaridad (tolueno y CCl_4), mientras que acetonitrilo y DMF, los cuales tienen una polaridad superior y similar, presentan menor conversión, llegando a un valor máximo cerca de 1,5 h. En todos los casos se observó un pico intenso en el cromatograma debido a la formación del mencionado acetal, siendo menor en los solventes más polares.

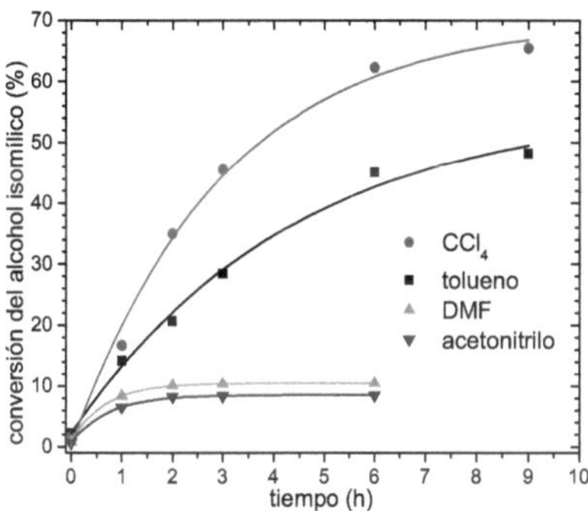

Figura V.16. *Efecto de la polaridad del solvente en la conversión de alcohol isoamílico a acetato de isoamilo empleando zeolita H-ZSM-5.*

De esta manera, se puede considerar que si la reacción se encuentra favorecida por la acción solvente, cuando estos son poco polares y no-própticos, se descarta la formación de intermediarios iónicos, tales como un ión acilio. En cambio, podría pensarse en una secuencia de rupturas y formación de enlaces al mismo tiempo, que lleven a la formación del producto de reacción mediante un mecanismo de tipo concertado. Si bien, poner en evidencia la presencia de intermediarios desde el punto de vista experimental escapa los objetivos de esta tesis, en el siguiente capítulo se estudiará la generación de un intermediario tipo zeolita-acetilada, haciendo uso de métodos computacionales de cálculo, aplicados a la química.

Como ya se mencionó con anterioridad, la presencia de un intermediario tipo zeolita-acetilada es un hecho observado por varios investigadores [5, 10-13]. La especie acilada unida a la superficie y el correspondiente ion acilio han sido propuestos anteriormente como intermediarios en reacciones de acoplamiento C-C, tales como las reacciones de acilación de compuestos aromáticos empleando zeolitas como catalizadores ácidos. Corma y col. [12] proponen que una especie que posee un grupo acilo enlazado a la superficie de la zeolita, es un intermediario importante, involucrado en la acilación de compuestos aromáticos. Esta idea fue luego reconsiderada por Bonati y col. [14, 15], quienes tras observar la formación de cetenas en trazas, argumentaron que son estas las responsables de las reacciones de acilación. Estudios basados en el marcado isotópico con Deuterio, realizados por este mismo grupo, demostraron luego, que mientras las cetenas se generan en paralelo a los grupos acilos, ellas no son intermediarios en las reacciones de acilación [10], sino más bien productos colaterales que contribuyen a la desactivación del catalizador mediante la formación de coque.

De esta manera, la formación de un intermediario tipo zeolita-acetilada es coherente con la generación del acetal observado como subproducto y con el comportamiento observado en los cromatogramas, ya que el pico correspondiente al acetato de isoamilo crece con mayor velocidad cuando ya no lo hace el del acetal. Esto podría indicar que inicialmente el ataque nucleofílico se realiza sobre el Carbono carbonílico del acetaldehído (ya que se encuentra más disponible), que sobre el carbonilo del éster, que se encuentra enlazado a la superficie de la zeolita. Sumado a esto, el efecto que tienen los solventes poco polares, dan pautas sobre un mecanismo de reacción de tipo concertado y permite descartar la generación de especies iónicas libres, tales como un ión acilio.

Si bien la reacción se encuentra favorecida cuando se realiza en CCl_4, este solvente presenta la desventaja de ser más volátil que el Tolueno, por lo tanto más complicado de utilizar para el estudio de la reacción a temperaturas superiores. Por esta razón, se elige a Tolueno como solvente de reacción para estudiar la influencia de las variables operacionales del proceso.

V.6.3. Efecto de la concentración de sustrato

Con la finalidad de estudiar la influencia de las concentraciones iniciales de ambos reactivos, se realizaron una serie de experimentos bajo las condiciones que se detallan en la tabla V.9. El estudio de la influencia de la concentración de acetato de vinilo, se realizó para una concentración fija de alcohol isoamílico (0,100 mol/L), empleando concentraciones 0,100 y 1,000 mol/L para el éster. Para el estudio de la influencia de la concentración del alcohol, se trabajó a una concentración fija de éster (0,100 mol/L) y se hizo variar la concentración de alcohol isoamílico en 0,100; 0,200 y 0,300 mol/L. En todos los casos el volumen final de reacción se mantuvo constante.

Tabla V.9. *Condiciones de trabajo para el estudio de la influencia de la concentración de reactivos. Serie A: efecto de la cantidad de éster y Serie B: efecto de la cantidad de alcohol.*

	Serie A	Serie B
Catalizador empleado	H-ZSM-5	H-ZSM-5
Masa de catalizador	0,1100 g	0,1100 g
Acetato de vinilo	0,100 y 1,000 mol/L	0,100 mol/L
Alcohol isoamílico	0,100 mol/L	0,100 a 0,300 mol/L
Tolueno	c.s.p. 25 mL	c.s.p. 25 mL
Temperatura (°C)	90	90
Relación molar alcohol/éster	1:1 y 1:10	1:1, 2:1 y 3:1

En la figura V.17-A y B se muestran las gráficas de concentración de uno de los reactivos en función del tiempo para diferentes relaciones alcohol/éster, mientras que las figuras VI.17-C y D muestran las respectivas curvas de conversión. Se puede observar que cuando la concentración de alcohol isoamílico se mantiene constante (figura V.17-A y C), partiendo de una concentración inicial de acetato de vinilo ~0,100 mol/L, al incrementar 10 veces su concentración, la conversión del alcohol aumenta desde 31 % hasta el 68 %. Esto indica que cuando el éster se encuentra en exceso, la conversión del alcohol isoamílico en acetato de isoamilo es mayor. Esto puede explicarse si se tiene en cuenta que una transesterificación es un proceso que alcanza el estado de equilibrio químico, por lo tanto, un exceso de acetato de vinilo desplaza la reacción hacia la formación de acetato de isoamilo.

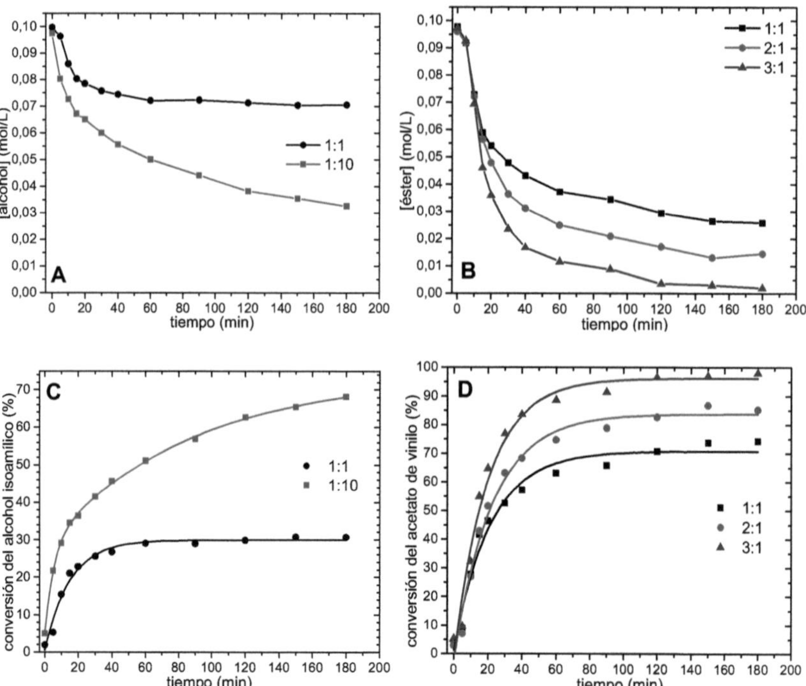

Figura V.17. *Efecto de la concentración de éster (A y C) y alcohol (B y D) en la reacción para diferentes relaciones alcohol/éster.*

Cuando la situación cambia, es decir, que se trabaja con una concentración constante de acetato de vinilo, para relaciones molares 1:1, 2:1 y 3:1, la conversión máxima alcanzada para el acetato de vinilo es 74 %, 85 % y 98 %, respectivamente. Nuevamente se observa que la relación molar más elevada (3:1) es la que permite obtener una mejor conversión.

Una forma de determinar el orden de una reacción química es aplicando el método gráfico [16, 17]. Si la cinética de una reacción es de orden cero, la gráfica de *concentración vs. tiempo* es una recta. Por otro lado, si al representar el *ln [A] vs. tiempo* se obtiene una recta, la reacción es de primer orden, mientras que es de segundo orden si se obtiene una recta al graficar *1/[A] vs. tiempo.*

Con la finalidad de determinar el orden de reacción con respecto a cada uno de los reactivos, se trabajó en exceso de uno de ellos y se determinaron las respectivas gráficas, analizando los cambios en la concentración del otro. Para ello, se trabajó en exceso del éster y se graficó la concentración de alcohol isoamílico para la reacción de transesterificación a 110 °C. Los resultados se presentan en la figura V.18-A a C. En esta se puede apreciar que la gráfica de 1/[alcohol] en función del tiempo se ajusta a una recta, por lo que la reacción es de segundo orden con respecto a la concentración de alcohol isoamílico.

Siguiendo la misma metodología, se trabajó en exceso de alcohol y se determinaron las gráficas para la concentración de éster. Los resultados obtenidos son presentados en la figura V.18-D a F. Se observa que la reacción también es de segundo orden con respecto a la concentración del acetato de vinilo. El ajuste de la recta en la figura V.18-F se realizó eliminando el primero y los tres últimos puntos de la gráfica, lo que permite mejorar el ajuste lineal.

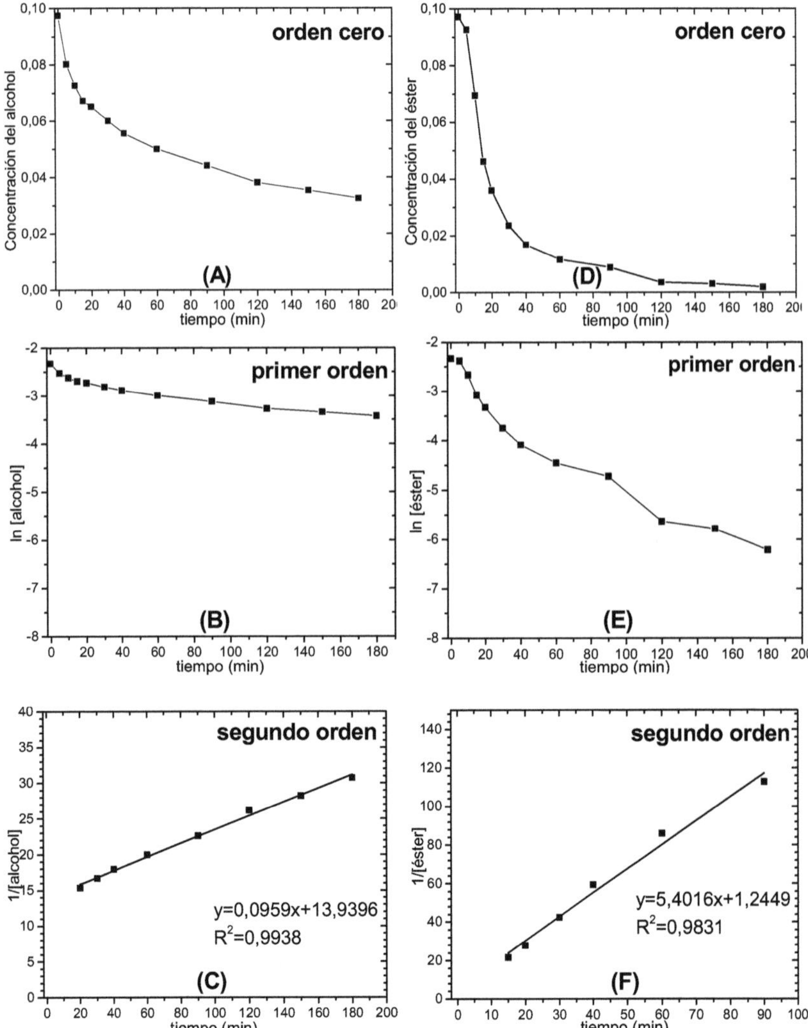

Figura V.18. *Método gráfico para la obtención del orden de reacción con respecto a la concentración de alcohol (A-C) y éster (D-F).*

De esta manera, el orden global para la cinética de la reacción, en los casos extremos, es decir, trabajando en exceso de uno de los reactivos, es de 2 (dos). Por lo tanto, se puede plantear una la Ley de velocidad que se puede describir mediante la ecuación V.3.

$$v = k[alcohol]^a[éster]^b \begin{cases} v = k'[éster]^2, & si\ [alcohol] \gg [éster] \\ v = k''[alcohol]^2, & si\ [éster] \gg [alcohol] \end{cases} \qquad \text{(ecuación V.3)}$$

Donde v es la velocidad de reacción en unidades de mol/L·min, k la constante de velocidad expresada en L/mol·min, las concentraciones molares (mol/L) de los reactivos se indican entre corchetes, a y b son los órdenes de reacción con respecto al alcohol isoamílico y al acetato de vinilo, respectivamente.

V.6.4. Efecto de la temperatura

El efecto de la temperatura sobre la reacción de transesterificación en estudio se realizó bajo las condiciones indicadas en la tabla V.10.

Tabla V.10. *Condiciones de trabajo para el estudio de la influencia de la temperatura en la transesterificación de acetato de vinilo con alcohol isoamílico.*

Catalizador empleado	H-ZSM-5
Masa de catalizador	0,1106 g
Acetato de vinilo	2,1540 g (1,001 mol/L)
Alcohol isoamílico	0,2250 g (0,102 mol/L)
Tolueno	c.s.p. 25 mL
Temperatura (°C)	60, 70, 90 y 110
Relación molar alcohol/éster	1:10

En la figura V.19 se presentan las curvas de conversión del alcohol isoamílico en función del tiempo. La curva presenta la forma característica, ya comentada anteriormente. Se observa deposición de coque y presenta el comportamiento esperado con los cambios de temperatura, es decir, un incremento de la conversión al aumentar la temperatura. Para los cuatro valores de temperatura, se detectó formación del acetal como subproducto de reacción.

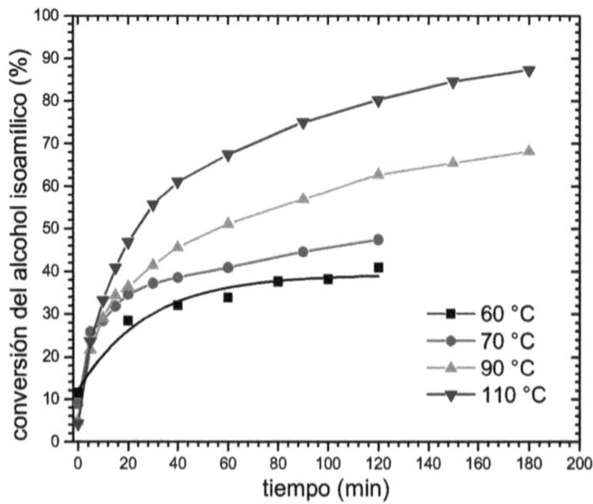

Figura V.19. *Efecto de la temperatura en la conversión de alcohol isoamílico a acetato de isoamilo empleando zeolita H-ZSM-5.*

Una vez conocida la Ley de velocidad para la reacción estudiada (ecuación V.3), se determinaron los valores de constantes de velocidad a 70, 90 y 110 °C, estos se presentan en la tabla V.11. Para ello, se trabajó con una relación alcohol/éster 1:10 y se graficaron los datos de 1/[alcohol] vs. tiempo (figura V.20). El ajuste de la recta se realizó eliminando los primeros puntos de cada gráfica.

Trabajando en exceso del éster, la reacción estudiada es de segundo orden con respecto a la concentración de alcohol isoamílico. Por ello, la expresión diferencial de la velocidad para el consumo de alcohol isoamílico, es la que se describe mediante la ecuación V.4. Integrando esta última entre una concentración de alcohol a un tiempo t y una concentración inicial [alcohol]°, se puede arribar a la ecuación V.5. En esta, la pendiente de la recta en la gráfica de 1/[alcohol] vs. tiempo es la constante de velocidad k'. La constante k' lleva implícito el valor de la concentración de acetato de vinilo, por lo tanto, $k' = [éster]^2 k$.

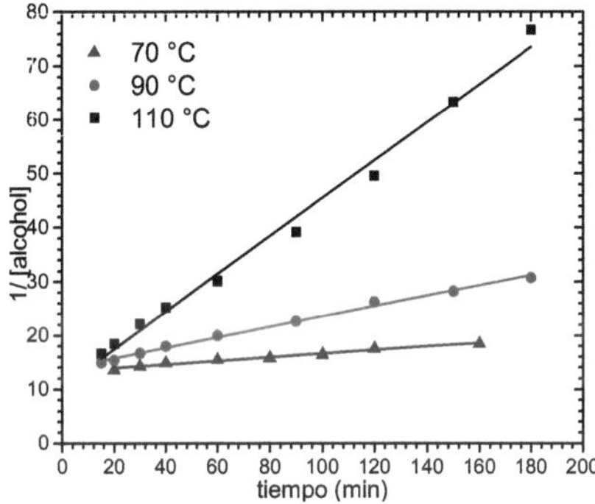

Figura V.20. *Gráfica de 1/[alcohol] vs. tiempo para la transesterificación entre alcohol isoamílico y acetato de vinilo empleando zeolita H-ZSM-5.*

Los valores de k calculados se presentan en la tabla V.11. Se puede observar que k y k' no difieren demasiado ya que [éster] es aproximadamente 1,000 mol/L.

$$v = -\frac{d[alcohol]}{dt} = k'[alcohol]^2 \qquad \text{(ecuación V.4)}$$

$$\frac{1}{[alcohol]} = \frac{1}{[alcohol]^0} + k't \qquad \text{(ecuación V.5)}$$

Tabla V.11. *Constantes de velocidad determinadas a 70, 90 y 110 °C para la transesterificación entre acetato de vinilo y alcohol isoamílico.*

Temperatura (°C)	1/T (K^{-1})	k' (L/mol·min)	k (L/mol·min)
70	0,00291545	0,03365	0,03357
90	0,00275482	0,09697	0,09677
110	0,00261097	0,35124	0,35067

La Energía de Activación Aparente de la reacción (E_{ap}) se determinó mediante ajuste lineal de la Ecuación de Arrhenius (figura V.21), presentada como $\ln k$ vs 1/T. Este valor junto al factor preexponencial se presentan en la tabla V.12. De esta manera, la Energía de activación aparente obtenida es de 15,27 kcal/mol y el factor pre-exponencial determinado es de 1,70·10[8] L/mol·min.

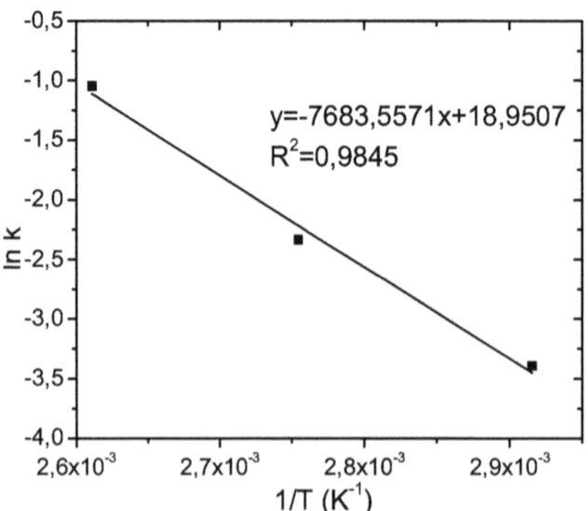

Figura V.21. *Forma linealizada de la ecuación de Arrhenius para la determinación de la Energía de Activación (Ea) y el factor pre-exponencial (A).*

Tabla V.12. *Energía de Activación Aparente y factor pre-exponencial para la reacción de transesterificación entre acetato de vinilo y alcohol isoamílico.*

E_{ap} (kcal/mol)	A (L/mol·min)
15,27	$1,70 \cdot 10^8$

V.6.5. Efecto de la red zeolítica y presencia de mesoporosidad

Con la finalidad de estudiar la influencia de la red zeolítica sobre la reacción de transesterificación entre acetato de vinilo y alcohol isoamílico, se realizaron una serie de experiencias bajo las mismas condiciones de reacción (tabla V.13) pero utilizando zeolitas con diferentes estructuras de red: i) una zeolita 13-X (red tipo FAU), ii) una zeolita Y (red tipo FAU), iii) una zeolita ZSM-5 (red MFI) y iv) un catalizador micro-mesoporoso estructurado H-ZSM-5/MCM-41 (red M41S). Todas estas se emplearon bajo la forma ácida, las cuales fueron obtenidas mediante la metodología explicada en la sección III.A.4. Las gráficas de conversión del alcohol isoamílico en función del tiempo de presentan en la figura V.22.

Tabla V.13. *Condiciones de trabajo para el estudio de la red zeolítica en la transesterificación entre acetato de vinilo y alcohol isoamílico.*

Catalizadores empleados	H-13, H-Y, H-ZSM-5-c80 y H-ZSM-5/MCM-41
Masa de catalizador	~0,1100 g (0,0312 g*)
Acetato de vinilo	~0,2153 g (0,100 mol/L)
Alcohol isoamílico	~0,2204 g (0,100 mol/L)
Tolueno	c.s.p. 25 mL
Temperatura (°C)	90
Relación molar alcohol/éster	1:1

* se utilizó 0,0312 g del material H-ZSM-5/MCM-41

Desde el punto de vista estructural, la ZSM-5 es una zeolita con tamaño intermedio de poros (canales formados por anillos de 10 miembros), mientras que la zeolita 13X y la zeolita Y poseen poros más grandes (cavidades formados por anillos de 12 miembros) [18].

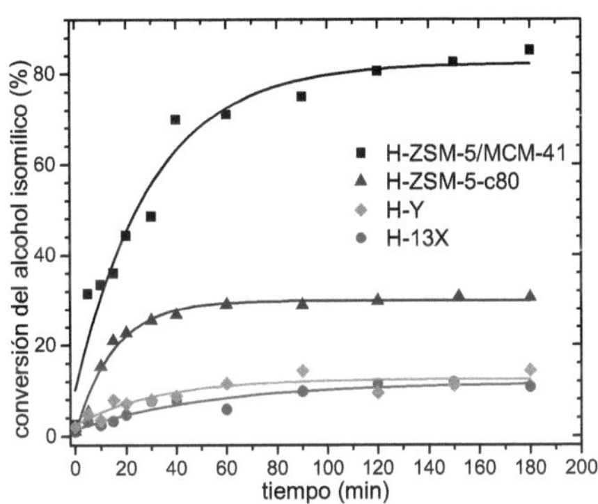

Figura V.22. *Efecto de la red zeolítica en la conversión de alcohol isoamílico a acetato de isoamilo a 90 °C.*

Como se puede apreciar en la tabla IV.20, las zeolitas microporosas de poros más grandes (zeolitas 13X e Y) presentan mayor superficie específica que la ZSM-5 (de poros medianos) y entre ellas tres comparten una acidez similar. Sin embargo, si se compara con la conversión obtenida para la ZSM-5, es mayor que para las otras dos zeolitas. Por otro lado, el material micromesoporoso estructurado H-ZSM-5/MCM-41 posee mesoporos primarios de 50 Å (sección IV.C.1.2), y una acidez de Brønsted de 0,111 mmol/g, un poco menor a la de las otras zeolitas, sin embargo, presenta la mayor conversión.

Todos estos datos parecen no poder explicar el comportamiento observado, por cuanto las zeolitas microporosas con poros de mayor tamaño (13X y zeolita Y) presentan una menor conversión que la ZSM-5. Por otro lado, tampoco parece haber una correlación directa entre la densidad de sitios ácidos de Brønsted y la conversión observada, ya que las zeolitas 13X e Y, a pesar de tener una mayor densidad de sitios ácidos que el material ZSM-5/MCM-41, presentan una escasa conversión. Posiblemente, el efecto de la densidad de sitios ácidos, en conjunto con el tamaño de los poros de la red, operen de manera tal que se potencien en la zeolita ZSM-5 y el material ZSM-5/MCM-41, favoreciendo la conversión del alcohol isoamílico en acetato de isoamilo y generen un efecto contrapuesto en las zeolitas 13X e Y.

Cuando esto ocurre, la actividad catalítica puede atribuirse a un efecto de confinamiento en la red [19], el cual escapa a los objetivos de la presente tesis. Un efecto de confinamiento es capaz de estabilizar especies reactivas, productos, intermediarios y estados de transición [20] mediante fuerzas de dispersión, gobernando el efecto catalítico y la selectividad [21, 22]. De esta manera, la justificación del comportamiento de la reacción va más allá de poder atribuirse a un único efecto, al número y acidez de sitios catalíticos, como así también al tamaño de los poros. Este efecto es atribuible a la red en su totalidad, que depende de parámetros estructurales más complejos, tales como el radio de curvatura de la superficie interna de los microporos o de un comportamiento de la red zeolítica como un solvente sólido, lo que permite la explicación de situaciones que podrían resultar ilógicas o absurdas, tales como el que una molécula cuyo tamaño es superior a la del poro pueda quedar atrapada en el interior del mismo [22].

Por otro lado, se estudió la influencia que tiene la presencia de mesoporosidad en la zeolita ZSM-5 en la reacción en cuestión. Para ello, se trabajó bajo las condiciones detalladas en la tabla V.14. Las curvas de conversión en función del tiempo se presentan en la figura V.23.

Tabla V.14. *Condiciones de trabajo para el estudio de la influencia de la mesoporosidad en la transesterificación entre acetato de vinilo y alcohol isoamílico.*

Catalizadores empleados	H-ZSM-5-MS30 H-ZSM-5-MS60 H-ZSM-5-MS90
Masa de catalizador	~0,1100 g
Acetato de vinilo	~0,2153 g (0,100 mol/L)
Alcohol isoamílico	~0,2204 g (0,100 mol/L)
Tolueno	c.s.p. 25 mL
Temperatura (°C)	90
Relación molar alcohol/éster	1:1

Se puede apreciar que la zeolita H-ZSM-5-MS60 presenta la mayor conversión de acetato de isoamilo, este comportamiento se puede adjudicar al hecho que el tratamiento con solución de NaOH durante 60 min, es el adecuado para generar mesoporos (S_{Meso}=354 m^2/g), conservando la estructura de la red ZSM-5 y con ella los microporos y los sitios ácidos de Brønsted. En la tabla IV.19 se observa como la cantidad de piridina retenida a 400 °C (0,112 mmol/g) es superior para H-ZSM-5-MS60. De esta manera, la mayor actividad catalítica de este material se debe a la mayor superficie de los mesoporos y a la presencia de un mayor número de sitios ácidos de Brønsted de mayor fortaleza.

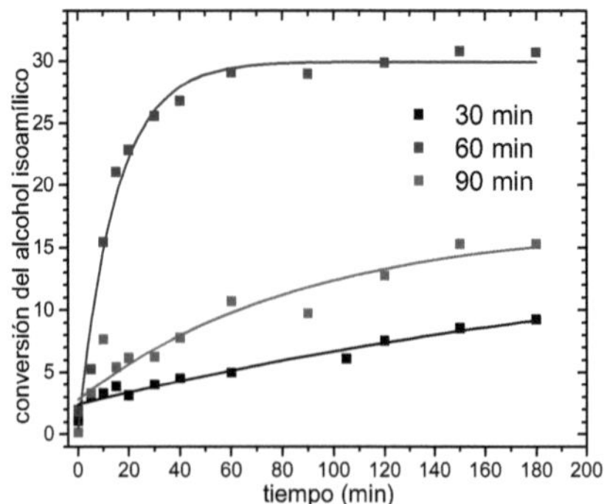

Figura V.23. *Influencia de la presencia de mesoporosidad en catalizadores H-ZSM-5 en la conversión de alcohol isoamílico a acetato de isoamilo a 90 °C.*

Por otro lado, un tratamiento por 90 min genera una destrucción de la red zeolítica, afectando con esto la superficie de los mesoporos (S_{Meso}=340 m^2/g) y la acidez del material, ya que se pierden los sitios ácidos de mayor fortaleza (0,052 mmol/g). Para el material H-ZSM-5-MS30, se puede observar que el tratamiento alcalino no es suficiente para generar una mesoporosidad adecuada (S_{Meso}=334 m^2/g) y posee la menor densidad de sitios ácidos de Brønsted de mayor fortaleza (0,012 mmol/g).

Con estas evidencias, se justifica la mayor actividad del material H-ZSM-5-MS60 en base al efecto potenciador entre la superficie de los mesoporos y la presencia de sitios ácidos de Brønsted de mayor fortaleza.

V.6.6. Selectividad de la reacción

La selectividad de la reacción de transesterificación entre acetato de vinilo y alcohol isoamílico (determinadas bajo las condiciones mencionadas en las secciones anteriores) se determinó mediante las ecuaciones V.6 y V.7 (la deducción y justificación de su empleo se realiza en la sección C.2 del Apéndice C). Los valores obtenidos fueron volcados en la figura V.24.

$$S_{AcOIsoam}(\%) = \frac{S'_{AcOIsoam}}{S'_{acetal} + S'_{AcOIsoam}} \cdot 100 \qquad \text{(ecuación V.6)}$$

$$S_{acetal}(\%) = \frac{S'_{acetal}}{S'_{acetal} + S'_{AcOIsoam}} \cdot 100 \qquad \text{(ecuación V.7)}$$

De la figura V.24-A, se puede observar como un incremento en la temperatura de reacción favorece a la formación de acetato de isoamilo, incrementando su selectividad desde el 26 % al 79 % al variar la temperatura desde 70 a 110 °C. Como la definición de selectividad está basada en un porcentaje, la selectividad del otro producto de reacción (el acetal) varía desde un 74 % al 21 %. Esto se puede explicar considerando que el acetaldehído generado se escapa del medio de reacción, de manera que tanto mayor es su fuga del sistema, mientras más elevada es la temperatura de reacción. Dicho comportamiento podría tener varias explicaciones, algunas de ellas son: i) reversibilidad de la reacción de formación del acetal para regenerar alcohol vinílico y acetaldehído en las condiciones de reacción (una mayor temperatura y presencia de un catalizador ácido pueden regenerar el acetaldehído y alcohol isoamílico), ii) mayor velocidad de escape del acetaldehído que se genera por tautomería del alcohol vinílico, al ser menor la hermeticidad del medio a mayor temperatura, iii) la velocidad de la reacción de transesterificación es mayor que la de formación del acetal cuando se incrementa la temperatura.

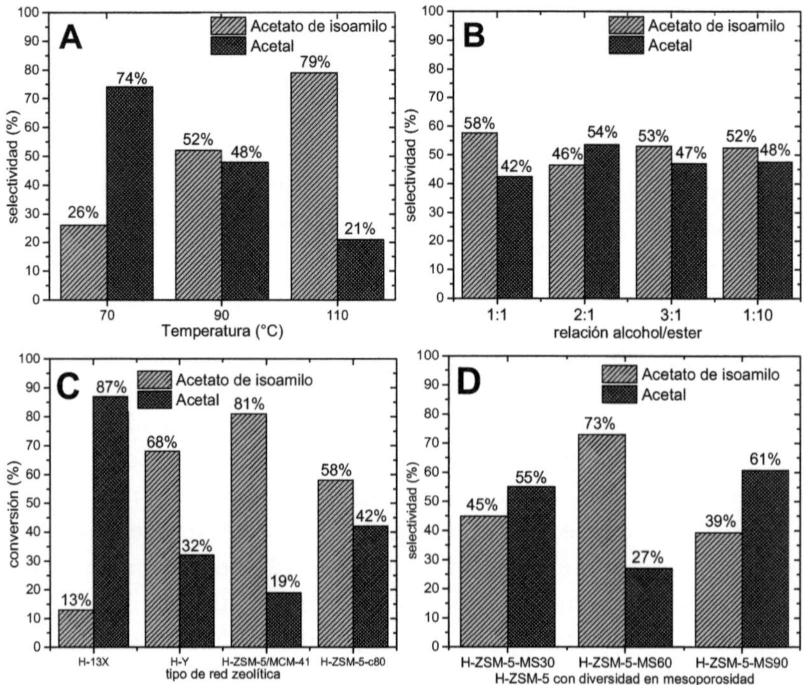

Figura V.24. *Selectividad en la transesterificación de alcohol isoamílico con acetato de vinilo bajo diversas condiciones de reacción: A) diferentes temperaturas de reacción, B) diferente relación alcohol/éster, C) catalizadores con distinto tipo de red y D) catalizadores H-ZSM-5 con diversidad de mesoporosidad.*

Por otro lado, la relación molar alcohol/éster presenta una menor influencia, como se puede observar en la figura V.24-B, presentando una leve diferencia a favor de la formación del acetato de isoamilo cuando se trabaja en condiciones equimolares de alcohol y el dador de acilos.

En la figura V.24-C se presenta la influencia de la red zeolítica en la selectividad de la reacción. Como ya se explicó anteriormente, el efecto de la red zeolítica parece estar bajo la influencia de un efecto de confinamiento, por lo tanto, no resulta sencillo poder explicar la selectividad de los productos teniendo en cuenta únicamente los efectos relacionados a la presencia de mesoporos, la superficie BET y la distribución de sitios ácidos. Se puede observar que la zeolita H-13X, que no demostró una conversión superior al 15 %, favorece la formación del acetal como producto de reacción en un 87 %, mientras que la zeolita H-Y, con actividad similar, presentó una selectividad del 68 % al acetato de isoamilo. Por su lado, la zeolita comercial H-ZSM-5-c80, presenta una selectividad un poco superior hacia el acetato de isoamilo (58 %), mientras que el material H-ZSM-5/MCM-41 presenta una selectividad del 81 %, por lo que podría tener en conjunto, las propiedades adecuadas: acidez y disponibilidad espacial, para que se desarrolle el ataque nucleofílico por parte del alcohol sobre el intermediario zeolita-acetilada, situaciones que permiten generar acetato de isoamilo con una mayor selectividad.

Por otro lado, la figura V.24-D resume la selectividad observada para los catalizadores H-ZSM-5 con diferente grado de mesoporosidad. En esta se puede observar que la zeolita ZSM-5 tratada con NaOH durante 60 minutos es más selectiva para el acetato de isoamilo, mientras que las zeolitas tratadas por 30 y 60 minutos son un poco más selectivas hacia el acetal, en un 55% y 61 %, respectivamente. Esto puede deberse a que, como se explicó en la sección V.6.5, la zeolita tratada durante 60 minutos, presenta sitios ácidos de Brønsted de mayor fortaleza, lo que estaría corroborando que la selectividad del acetato de isoamilo se ve incrementada con la acidez del catalizador y el aumento en el tamaño de los poros, al mismo tiempo.

V.6.7. Actividad catalítica

El concepto de “Turnover Frequency (TOF)”, definido mediante la ecuación V.8 (ver deducción en sección C.3 del Apéndice C), es “*el número de veces que la reacción catalizada se lleva a cabo por cada sitio catalítico en la unidad de tiempo, bajo ciertas condiciones de reacción*". Es por lo tanto, de gran utilidad a la hora de comparar la actividad de diversos catalizadores o de un mismo catalizador operando en diferentes condiciones de reacción [23].

Para poder calcular el TOF, se determinó el número de moléculas de acetato de vinilo a partir de la concentración de alcohol isoamílico encontrada mediante cromatografía gaseosa, mientras que el número de sitios activos se obtiene a partir de los datos de la técnica de FTIR-piridina. La unidad de tiempo utilizada es el segundo, para lo cual se aplicó un factor de conversión a los respectivos tiempos de reacción expresados en horas.

$$TOF = \frac{n_{AcOIsoam}}{n_{py} \cdot m_{cat} \cdot t \cdot N_A} \qquad \text{(ecuación V.8)}$$

Tabla V.15. *Actividad catalítica (TOF) para el estudio de la influencia de diferentes parámetros del proceso de transesterificación entre acetato de vinilo y alcohol isoamílico.*

Parámetro estudiado	característica	Tiempo (s)	TOF ($x10^{-4}$ s^{-1})
Solvente	tolueno	10800	15,2
	CCl_4	10800	24,3
	acetonitrilo	10800	4,4
	DMF	10800	5,5
Alcohol/éster	1:1	7200	8,3
	2:1	7200	11,6
	3:1	7200	14,7
	1:10	7200	17,2
Temperatura	70°C	7200	12,9
	90°C	7200	17,3
	110°C	7200	21,7
Tipo de red	H-Y	7200	2,6
	H-13X	7200	1,9
	H-ZSM-5-c80	7200	8,3
	H-ZSM-5/MCM-41	7200	77,8
Mesoporosidad	H-ZSM-5-MS30	7200	1,8
	H-ZSM-5-MS60	7200	4,1
	H-ZSM-5-MS90	7200	2,2

En la tabla V.15 se resumen los valores de TOF determinados a diferentes tiempos, operando bajo la influencia de diferentes parámetros del proceso, en las condiciones que se indicaron en secciones anteriores.

Los valores de TOF calculados son coherentes con los reportados por otros autores [24-28]. Como se puede observar, la actividad del catalizador es mayor en los solventes con polaridad baja (tolueno y CCl_4), lo que coincide con lo expuesto anteriormente en base a las características del TS en el mecanismo concertado propuesto. Por otro lado, se puede observar que el TOF es mayor al trabajar en exceso de alguno de los reactivos, este efecto puede atribuirse a que una reacción de transesterificación es reversible y por lo tanto, un exceso de reactivos modifica el estado de equilibrio, desplazándolo hacia la generación de productos (Principio de LeChatelier), lo que permite obtener una mayor conversión y por ende, mayor cantidad de moléculas de productos.

Por otra parte, como intuitivamente era de esperarse, un incremento en la temperatura mejora la actividad catalítica, lo que resulta interesante si se tiene en cuenta que además, a 110°C, la selectividad para el acetato de isoamilo es del 79 %, lo que indica una fuerte actividad catalítica hacia el producto de reacción deseado. Además, los valores de TOF a diferentes temperaturas presentan un comportamiento tipo Arrhenius, es decir que la gráfica de $ln(TOF)$ *vs.* $1/T$ se ajusta a una recta (figura V.25). Esto tiene sentido si se tiene en cuenta que los TOF son considerados velocidades de reacción por cada sitio activo, en la unidad de tiempo y bajo condiciones específicas de reacción. Por lo tanto, se pueden determinar valores de Energía de Activación Aparente y Factor Pre-exponencial a partir de los valores de TOF. Siguiendo la metodología explicada anteriormente (sección V.6.4), los valores que se obtienen son: E_{TOF} = 14,10 kJ/mol (3,37 kcal/mol) y A_{TOF} = 0,183 s^{-1}. Estos difieren de aquellos encontrados previamente (tabla V.12), puesto que se determinan para cierto instante en la reacción, además de encontrarse calculado para cada sitio ácido y por cada segundo como unidad de tiempo.

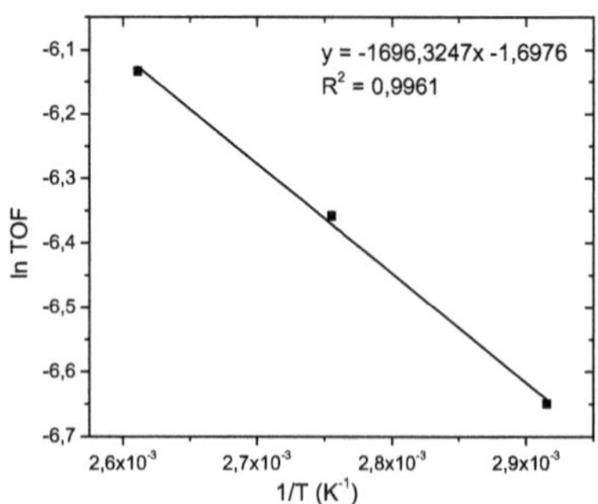

Figura V.25. *Influencia de la temperatura en los valores de TOF.*

La tabla V.15 también presenta los valores de TOF para diferentes tipos de redes zeolíticas. La diferencia en actividad observada se puede explicar en base a la estabilización del TS (Transition State o Estado de transición) o de los intermediarios de reacción. De esta manera, se sabe que las zeolitas que mejor estabilicen al TS presentarán velocidades de reacción más elevadas [29]. Según los valores encontrados, se puede decir que la red del material H-ZSM-5/MCM-41 parecería estabilizar muy bien al TS de la reacción, seguido por la red MFI de la zeolita H-ZSM-5 y finalmente la red FAU de las zeolitas H-13X y H-Y. Esto podría deberse al mayor espacio disponible en la red MCM-41, facilitando el desarrollo de un TS generado mediante el ataque nucleofílico del alcohol sobre el intermediario zeolita-acetilada, es decir, esta red presenta la acidez adecuada y tamaño apropiado para que se desarrolle la reacción de transesterificación, como se explicó anteriormente.

Por otra parte, si bien la zeolita H-ZSM-5 no presenta la disponibilidad espacial del material H-ZSM-5/MCM-41, es sabido que la red MFI es una de las más ácidas dentro de las zeolitas, por lo tanto, la presencia de sitios ácidos fuertes hace factible el desarrollo de la reacción en estudio. Finalmente, las zeolitas H-13X y H-Y, si bien poseen una red con poros de mayor tamaño que la ZSM-5 pero menores que H-ZSM-5/MCM-41, no son lo suficientemente ácidas para catalizar la reacción de transesterificación.

Según lo expuesto recientemente, la zeolita H-ZSM-5 es lo suficientemente ácida para catalizar la reacción en estudio pero no posee la disposición espacial del material H-ZSM-5/MCM-41, por lo tanto, un material ácido como la zeolita ZSM-5, con mayor disponibilidad espacial, debería incrementar su actividad. Esto es lo que se observa para el material H-ZSM-5-MS60, el cual presenta la mayor densidad de sitios ácidos de Brønsted (254 $mmol.g^{-1}$) y una pequeña diferencia en cuanto a los caracteres texturales relacionados a la presencia de mesoporos (tabla IV.18), considerando solo los materiales H-ZSM-5-MStiempo.

Con este panorama, se puede afirmar que la selectividad y actividad de la transesterificación entre acetato de vinilo y alcohol isoamílico es un proceso influenciado por el tipo de red del catalizador zeolítico, ya que esta estabiliza al TS y genera un lugar propicio para el ataque nucleofílico por parte del alcohol.

V.6.8. Efecto de la relación Si/Al

La acidez de las zeolitas es un tópico extensamente estudiado en las últimas décadas ya que un estudio catalítico en la realidad, requiere no solamente del conocimiento acerca de la distribución y densidad de los sitios ácidos, sino también de la fortaleza relativa y disponibilidad de los mismos. Desde este punto de vista, las zeolitas con poros pequeños o medianos resultan de gran interés para la industria química, dado el potencial comercial que representan en muchos procesos que involucran moléculas dentro de ese rango de tamaño. Más aún, hasta la fecha, no existen reportes que relacionen la actividad catalítica en reacciones de transesterificación con la fortaleza de los sitios ácidos. Es por ello que, en esta sección, se comentarán los resultados obtenidos luego de realizar la reacción de transesterificación entre acetato de vinilo y alcohol isoamílico bajo las condiciones que se detallan en la tabla V.16.

Tabla V.16. *Condiciones de trabajo para el estudio de la influencia de la relación Si/Al en la transesterificación entre acetato de vinilo y alcohol isoamílico.*

Catalizador empleado	H-ZSM-5
Masa de catalizador	25 mg
Relación Si/Al	12; 20; 40*; 80 y 140
Acetato de vinilo	0,300 mol/L
Alcohol isoamílico	0,300 mol/L
Tolueno	c.s.p. 25 mL
Temperatura (°C)	110
Relación molar alcohol/éster	1:1

* se usará este valor a los fines prácticos, aunque el valor real de la relación Si/Al es de 38,5.

Para ello, se utilizaron las formas ácidas de zeolitas ZSM-5 con diferentes relaciones Si/Al (comerciales y preparadas mediante síntesis hidrotermal), empleadas como catalizadores heterogéneos. Las características más relevantes de estos catalizadores fueron presentadas en el capítulo IV.

Las curvas de conversión empleando los catalizadores con diferentes relación Si/Al se presentan en la figura V.26-A. Se observa que la conversión en general es inferior al 40 %, producto de la menor actividad catalítica en la reacción, ya que solamente se utilizaron 25 mg de catalizador. Por otro lado, todas las zeolitas poseen escasa o casi nula presencia de sitios ácidos de Lewis (tablas IV.12 y IV.20), por lo tanto, la actividad catalítica se debe fundamentalmente a los sitios ácidos de Brønsted.

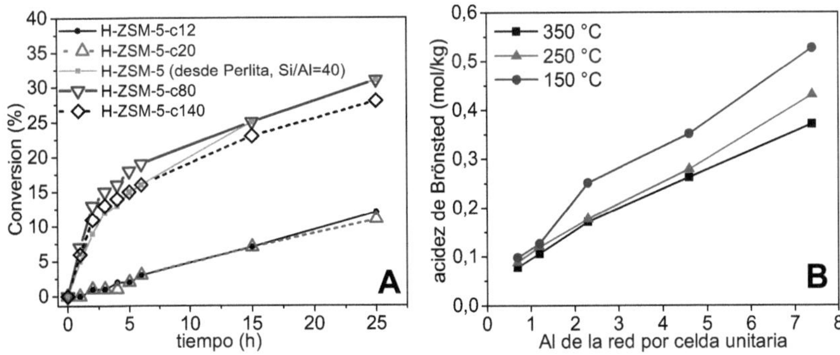

Figura V.26. *Influencia de: A) la relación Si/Al en la conversión y B) la cantidad de Al/celda unitaria en la acidez de tipo Brønsted, en la reacción de tranesterificación entre acetato de vinilo y alcohol isoamílico.*

Teniendo en cuenta los valores de la cantidad de Al presente en cada celda unitaria de la tabla IV.20 y que la zeolita H-ZSM-5 obtenida a partir de la Perlita posee 2,3 Al/celda unitaria, en la figura V.26-B se presentan los resultados de la acidez debida a los sitios ácidos de Brønsted en función de la cantidad de Al/celda unitaria. El cálculo de la cantidad de Al/celda unitaria se realizó a partir de la relación Si/Al, tomando una base de 96 átomos T (Si o Al) por celda unitaria, ya que una zeolita ZSM-5 responde a la fórmula $Al_nSi_{96-n}O_{192}$. En la figura V.26-B se puede observar que la cantidad de sitio ácidos de Brønsted crece con la cantidad de Al/celda unitaria, por lo tanto, las zeolitas con una relación Si/Al baja tienen una mayor cantidad de estos sitios ácidos.

Por otro lado, en la figura V.27-A se representa la conversión en función de la relación Si/Al. Se puede apreciar que la conversión presenta un máximo para una zeolita con una relación Si/Al=80 (equivalente a 1,2 Al/celda unitaria).

De esta manera, se puede asegurar que una acidez tipo Brønsted presenta un efecto positivo en la reacción estudiada, y se manifiesta como un máximo cuando la relación Si/Al es de

80. Esto tiene que ver con la adecuada densidad de sitios ácidos de Brønsted por un lado y por otro, con un apropiado balance hidro/lipofílico en el interior de la red zeolítica. Si bien las zeolitas con menor relación Si/Al (mayor cantidad de Al/celda unitaria) poseen una mayor densidad de estos sitios ácidos, la presencia de Al en la red provoca un entorno más hidrofílico que no favorece a la generación de un TS mediante un mecanismo concertado (similar al efecto que ocasionan los solventes polares). Por otro lado, las zeolitas con mayor relación Si/Al (menor cantidad de Al/celda unitaria) proporcionan un ambiente más hidrofóbico, situación que favorece a la generación del TS, pero estas poseen una acidez insuficiente para poder realizar la catálisis ácida. De esta manera, el balance hidro/lipofílico y la densidad de sitios ácidos de Brønsted son óptimos para una zeolita con Si/Al=80.

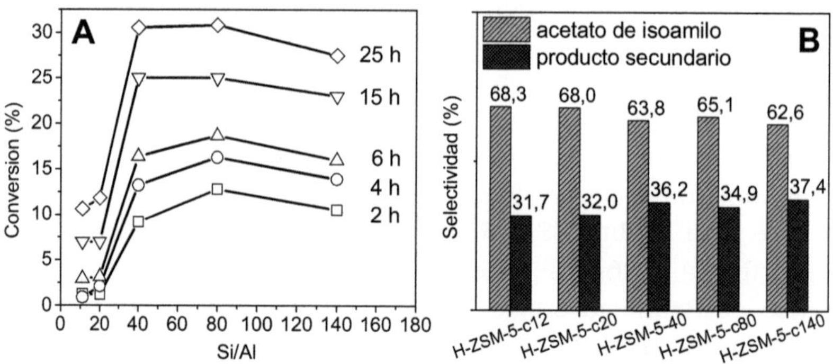

Figura V.27. *A) Conversión de la reacción en función de la relación Si/Al de los catalizadores. B) Selectividad en la reacción de transesterificación para catalizadores H-ZSM-5 con diferente relación Si/Al.*

Por otro lado, la figura V.27-B permite observar la selectividad de la reacción. Se observa que la distribución de productos es un poco menor a la reportada en la figura V.24-A para una relación alcohol/éster igual a 1:1, operando a 110 °C, puesto que la concentración de reactivos es diferente y la cantidad de catalizador empleada no es la óptima. En esta figura, los catalizadores con mayor cantidad de Al (menor relación Si/Al) manifiestan una selectividad al acetato de isoamilo levemente superior que la del catalizador con la menor cantidad de Al (mayor relación Si/Al).

Tabla V.16. *TOF en la transesterificación entre acetato de vinilo y alcohol isoamílico empleando catalizadores H-ZSM-5 con diversas relación Si/Al.*

Si/Al	TOF ($x10^{-4}$ s^{-1})
12	13,8
20	2,3
40	3,3
80	81,5
140	89,0

Por otra lado, la tabla V.16 resume los valores de TOF para los catalizadores ZSM-5 con diferentes relación Si/Al. Los valores de TOF se determinaron usando la conversión del alcohol isoamílico a las 2 h de reacción. Se puede observar que los catalizadores más activos son aquellos que poseen mayor relación Si/Al, a pesar de poseer la menor densidad de sitios ácidos. Nuevamente, la acidez proporcionada por la presencia de diferentes cantidades de Al en la red, parece no ser el único efecto adecuado para describir el comportamiento observado en los TOF, ya que si bien permite justificar la mayor actividad de las zeolitas con elevada relación Si/Al, no explica la baja conversión observada para el catalizador H-ZSM-5-c12 ni la conversión de H-ZSM-5-c40, que debería ser similar a H-ZSM-5-c80 y H-ZSM-5-c140. Por otro lado, la superficie BET de todos los catalizadores se puede considerar la misma a los fines prácticos, mientras que los valores de densidad de los sitios ácidos de Brønsted (tabla IV.20) indican el siguiente orden decreciente: H-ZSM-5-c12 > H-ZSM-5-c20 > H-ZSM-5-c40 > H-ZSM-5-c80 > H-ZSM-5-c140. Por lo tanto, esta característica de los catalizadores tampoco es capaz de explicar por si sola el comportamiento observado. De esta manera, se podría estar en presencia, nuevamente, de un comportamiento influenciado por el efecto de confinamiento, en el que una adecuada presencia de Al en la red genera un ambiente propicio para el desarrollo de la reacción, ya sea interaccionando con reactivos y productos o estabilizando al estado de transición.

V.7. PROPUESTA DE MODELO CINÉTICO PARA LA TRANSESTERIFICACIÓN ENTRE ACETATO DE VINILO Y ALCOHOL ISOAMÍLICO

Considerando que todos los sitios ácidos en los catalizadores empleados se encuentran ocupados por moléculas de acetato de vinilo (ver justificación en la sección C3 del Apéndice C), el mecanismo propuesto es del tipo Eley-Rideal ya que no se considera necesaria la adsorción del alcohol sobre un sitio catalítico, sino que solamente se debe adsorber el dador de acilos para generar el intermediario tipo zeolita acetilada, que luego sufre un posterior ataque nucleofílico por parte del alcohol.

El planteo del modelo cinético que se puede ajustar a los resultados experimentales, es aquel que se adapta a las siguientes reacciones químicas:

$$2\ \text{AcOvin} + * \xrightarrow{k_1} \text{AcO-}* + \text{Ai} + \text{AcOvin} \qquad \text{reacción 1}$$

$$\text{AcO-}* + \text{IsoamOH} \xrightarrow{k_2} \text{AcOIsoam} + * \qquad \text{reacción 2}$$

$$\text{Ai} + 2\ \text{IsoamOH} \xrightarrow{k_3} \text{Acetal} + H_2O \qquad \text{reacción 3}$$

Siendo, AcOvin: acetato de vinilo, * : los sitios activos del catalizador, Ac-*: el intermediario zeolita-acetilada, Ai: acetaldehído e IsoamOH: alcohol isoamílico. La suma de estas reacciones lleva a la siguiente reacción general (reacción 4):

$$\text{AcOvin} + 3\ \text{IsoamOH} \longrightarrow \text{AcOIsoam} + \text{Acetal} + H_2O \qquad \text{reacción 4}$$

Se puede observar que la reacción 1 implica el ataque de moléculas de AcOvin al sitio ácido del catalizador, como se verá más adelante en esta misma sección, esto permitirá una descripción adecuada de los resultados, ya que es necesario que la cinética de la reacción sea de segundo orden en los casos extremos en los que se trabaja con exceso de uno de uno de los reactivos. Esto precisa que el coeficiente estequiométrico de la reacción 1 tenga el valor de dos, lo que equivale a decir que no es una única molécula de acetato de vinilo la que se aproxima al sitio activo, sino que más bien viene acompañada por otra que cumple la función de orientarla adecuadamente para su interacción con el sitio ácido de Brønsted. Una vez que una de estas moléculas puede interactuar con el sitio activo, la otra se libera. Lógicamente, cuando esto ocurre, también sucede la disociación de la molécula de éster que interacciona con el sitio catalítico (acetato de vinilo) para generar el intermediario zeolita-acetilada y el acetaldehído (producto de la tautomerización del alcohol vinílico). En este punto, vale la aclaración que con la finalidad de simplificación del modelo, se plantea el acompañamiento de una molécula de AcOvin por otra igual, aunque se puede llegar a los mismos resultados, si se considera que viene acompañada por más moléculas, ya que finalmente las "moléculas acompañantes" serán "liberadas" y por lo tanto no intervendrán en la reacción, más que favoreciendo a la orientación adecuada para una buena interacción entre la zeolita y el AcOvin.

Como no hay acumulación de intermediarios de reacción, se plantea que todas las reacciones químicas son irreversibles. De esta manera, las velocidades de cada una las etapas vienen dadas por las ecuaciones V.9 a V.11.

$$\rho_1 = k_1[AcOvin]^2[*] \quad \text{(ecuación V.9)}$$

$$\rho_2 = k_2[AcO-*][IsoamOH] \quad \text{(ecuación V.10)}$$

$$\rho_3 = k_3[A_i][IsoamOH]^2 \quad \text{(ecuación V.11)}$$

De esta manera, surge que para que no haya acumulación de las especies AcO-* y Ai, ellas se deben consumir a la misma velocidad a la cual se generan, es decir que $\rho_1 = \rho_2$ y $\rho_1 = \rho_3$, por lo tanto, se puede plantear lo siguiente:

$$k_1[AcOvin]^2[*] = k_2[AcO-*][IsoamOH] \quad \text{(ecuación V.12)}$$

$$k_1[AcOvin]^2[*] = k_3[A_i][IsoamOH]^2 \quad \text{(ecuación V.13)}$$

De las ecuaciones V.12 y V.13 se puede despejar [AcO-*] y [Ai], respectivamente (ecuaciones V.14 y V.15).

$$[AcO-*] = \frac{k_1[AcOvin]^2[*]}{k_2[IsoamOH]} \quad \text{(ecuación V.14)}$$

$$[A_i] = \frac{k_1[AcOvin]^2[*]}{k_3[IsoamOH]^2} \quad \text{(ecuación V.15)}$$

Se puede observar que la cantidad de Ai que se forma, depende indirectamente de la cantidad de sitios libres, [*], o lo que es lo mismo, la cantidad de sitios libres es un indicativo de la cantidad de Ai que se forma. Por lo tanto, la cantidad de sitios activos totales ($[*_{tot}]$) se puede calcular mediante la ecuación V.16.

$$[*_{tot}] = [*] + [AcO-*] + [A_i] \quad \text{(ecuación V.16)}$$

De esta manera, reemplazando las ecuaciones V.14 y V.15 en la ecuación V.16, la cantidad de sitios libres [*] viene dada por:

$$[*] = \frac{[*_{tot}]}{\left(1+\frac{k_1[AcOvin]^2}{k_2[IsoamOH]}+\frac{k_1[AcOvin]^2}{k_3[IsoamOH]^2}\right)} \quad \text{(ecuación V.17)}$$

La velocidad de producción de acetato de isoamilo viene dada por ρ_2 y es igual a la velocidad de reacción v_R (ecuación V.18).

$$\rho_2 = v_R = k_2[AcO -*][IsoamOH] = \frac{\cancel{k_2} k_1 [AcOvin]^2 [*_{tot}] \cancel{[IsoamOH]}}{\cancel{k_2} \cancel{[IsoamOH]} (1+\frac{k_1[AcOvin]^2}{k_2[IsoamOH]}+\frac{k_1[AcOvin]^2}{k_3[IsoamOH]^2})}$$

(ecuación V.18)

Finalmente, luego de simplificar, se puede obtener la ecuación V.19.

$$v_R = \frac{k_1[AcOvin]^2[*_{tot}]}{1+\frac{k_1[AcOvin]^2}{k_2[IsoamOH]}+\frac{k_1[AcOvin]^2}{k_3[IsoamOH]^2}}$$ (ecuación V.19)

En esta última, trabajando en un exceso de alcohol isoamílico superior en diez veces la concentración de acetato de vinilo, es decir: [AcOvin]/[IsoamOH]=1/10=0,1, entonces $[AcOvin]^2/[IsoamOH]^2$=0,01 y por lo tanto, se puede despreciar el término $\frac{k_1[AcOvin]^2}{k_2[IsoamOH]} + \frac{k_1[AcOvin]^2}{k_3[IsoamOH]^2}$ del denominador, frente a uno. Con esto, la ecuación V.19 se transforma en la siguiente expresión:

$$v_R = [*_{tot}]k_1[AcOvin]^2 = k'[AcOvin]^2$$ (ecuación V.20)

La ecuación V.20 describe el comportamiento observado experimentalmente cuando se trabaja en exceso de alcohol isoamílico, es decir que la reacción sigue una cinética de segundo orden.

Por otra parte, en el caso en que la [IsoamOH] sea mucho menor que la [AcOvin] y considerando que la constante de velocidad k_3 tiene un valor elevado, esto en concordancia con las observaciones experimentales de que el pico correspondiente al acetal en el cromatograma gaseoso crece a mayor velocidad que el correspondiente al acetato de isoamilo, se puede considerar que el término $1 + \frac{k_1[AcOvin]^2}{k_2[IsoamOH]}$, en el denominador de la ecuación V.19, es despreciable frente a $\frac{k_1[AcOvin]^2}{k_3[IsoamOH]^2}$. De esta manera, la ecuación V.19 se puede expresar de la siguiente manera:

$$v_R = \frac{[*_{tot}]\cancel{k_1}\cancel{[AcOvin]^2}}{\frac{\cancel{k_1}\cancel{[AcOvin]^2}}{k_3[IsoamOH]^2}} = [*_{tot}]k_3[IsoamOH]^2 = k''[IsoamOH]^2 \qquad \text{(ecuación V.21)}$$

Por lo tanto, la ecuación V.21 describe el comportamiento de la reacción cuando se trabaja en exceso de acetato de vinilo, presentando una cinética de segundo orden.

De esta manera, la ecuación V.19 representa la expresión adecuada para la Ley de velocidad para la reacción entre acetato de vinilo y alcohol isoamílico, empleando la forma ácida de una zeolita ZSM-5 como catalizador heterogéneo.

V.8. CONCLUSIONES DEL CAPÍTULO V

Del estudio de las reacciones de transesterificación surgen las siguientes conclusiones:

- La transesterificación entre acetoacetato de etilo y alcohol alílico ocurre aún en ausencia de zeolita ZSM-5 por lo tanto, se confirma lo observado por algunos autores que proponen que una reacción de transesterificación empleando β-cetoésteres, ocurre aún en ausencia de catalizador, mediante un intermediario acilcetena.

- La transesterificación entre acetato de isopropilo y alcohol alílico es catalizada por zeolita ZSM-5. El catalizador puede ser reutilizado, manteniendo una actividad de aproximadamente el 70%, aún después del cuarto lavado.

- La zeolita ZSM-5 es activa como catalizador en una reacción de transesterificación entre acetato de vinilo y alcohol alílico, permitiendo obtener acetato de alilo, como así también en el mismo tipo de reacción entre acetato de vinilo y alcohol amílico, para obtener acetato de amilo.

- La reacción de transesterificación entre acetato de vinilo y alcohol isoamílico permite obtener acetato de isoamilo, el cual presenta un gran número de aplicaciones industriales al tratarse de la sustancia química responsable del aroma en el aceite esencial de bananas.

- El estudio de la influencia de los parámetros operacionales en la transesterificación entre acetato de vinilo y alcohol isoamílico, permite concluir lo siguiente:

    - El acetal que se genera mediante adición nucleofílica de dos moles de alcohol isoamílico sobre un mol de acetaldehído, se presenta siempre como subproducto en la mencionada transesterificación. Este se genera como consecuencia de la mejor accesibilidad por parte del nucleófilo sobre el C=O del acetaldehído que sobre el éster que se encuentra formando un intermediario zeolita-acetilada.
    - La reacción transcurre con una mejor conversión para el producto de interés, en solventes con una constante dieléctrica baja (tolueno y CCl_4). Esto se puede justificar teniendo en cuenta un mecanismo de reacción concertado, descartando la posibilidad de generar especies con cargas tales como iones acilio.
    - La reacción produce coque como producto de la generación en trazas de cetenas, altamente reactivas.
    - La reacción es de segundo orden cuando uno de los reactivos se encuentra en exceso, es decir, la reacción es de orden 2 con respecto al reactivo limitante.
    - El efecto de la red del material catalítico sobre la reacción en cuestión parece estar gobernada por un efecto de confinamiento, el cuál merece un estudio con mayor profundidad.

- El efecto de generar mesoporosidad con un tratamiento alcalino en la zeolita ZSM-5 permite obtener un material que presenta una mayor conversión para el alcohol isoamílico, como producto de un efecto potenciador entre la superficie de los mesoporos y la presencia de sitios ácidos de Brønsted de mayor fortaleza.
- Un incremento de temperatura desde 70 °C hasta 110 °C permite mejorar la selectividad del acetato de isoamilo, desde un 26 % hasta el 79 %, respectivamente.
- La selectividad del acetato de isoamilo se ve incrementada con la presencia de sitios ácidos de Brønsted de mayor fortaleza y las redes con mayor mesoporosidad.

- La cantidad de Al presente en la red zeolítica afecta la distribución de sitios ácidos en la red y las características hidro-lipofílicas de la misma, haciendo que la conversión de la transesterificación entre acetato de vinilo y alcohol isoamílico sea máxima para una relación Si/Al de 80.

- El modelo cinético encontrado para la reacción de transesterificación entre acetato de vinilo y alcohol isoamílico, empleando zeolita ZSM-5 como catalizador, es el siguiente:

$$v_R = \frac{k_1[AcOvin]^2[*_{tot}]}{1 + \frac{k_1[AcOvin]^2}{k_2[IsoamOH]} + \frac{k_1[AcOvin]^2}{k_3[IsoamOH]^2}}$$

REFERENCIAS

[1] Witzeman, J.S., Tetrahedron Letters 31 (1990) 1401-1404.

[2] Balaji, B.S., Chanda, B.M., Tetrahedron 54 (1998) 13237-13252.

[3] Krähling, L., Krey, J., Jakobson, G., Grolig, J., Miksche, L., Ullmann's Encyclopedia of Industrial Chemistry, Wiley-VCH Verlag GmbH & Co. KGaA, 2000.

[4] Stein, S., Analytical Chemistry 84 (2012) 7274-7282.

[5] Kresnawahjuesa, O., Gorte, R.J., White, D., Journal of Molecular Catalysis A: Chemical 208 (2004) 175-185.

[6] Denbigh, K.G., Turner, J.C.R., Chemical Reactor Theory: An Introduction, Cambridge University Press, 1984.

[7] Westerterp, K.R., van Swaaij, W.P.M., Beenackers, A.A.C.M., Kramers, H., Chemical reactor design and operation, Wiley, 1984.

[8] Lide, D.R., CRC Handbook of Chemistry and Physics, 85th Edition, Taylor & Francis, 2004.

[9] Gaare, K., Akporiaye, D., Journal of Molecular Catalysis A: Chemical 109 (1996) 177-187.

[10] Bonati, M.L.M., Joyner, R.W., Stockenhuber, M., Microporous and Mesoporous Materials 104 (2007) 217-224.

[11] Gumidyala, A., Sooknoi, T., Crossley, S., Journal of Catalysis 340 (2016) 76-84.

[12] Corma, A., JoséCliment, M., García, H., Primo, J., Applied Catalysis 49 (1989) 109-123.

[13] Bosáček, V., Gunnewegh, E.A., van Bekkum, H., Catalysis Letters 39 (1996) 57-62.

[14] Bonati, M.L.M., Joyner, R.W., Stockenhuber, M., Catalysis Today 81 (2003) 653-658.

[15] Bonati, M.L.M., Joyner, R.W., Paine, G.S., Stockenhuber, M., en: M.C. E. van Steen, L.H. Callanan (Eds.), Studies in Surface Science and Catalysis, Volume 154, Part C, Elsevier, 2004, pág. 2724-2730.

[16] Moore, J.W., Pearson, R.G., Kinetics and Mechanism, Wiley, 1961.

[17] Raj, G., Chemical Kinetics, Krishna Prakashan, New Delhi, 2003.

[18] Arribas, M.A., Martínez, A., Sastre, G., en: G.G. R. Aiello, F. Testa (Eds.), Studies in Surface Science and Catalysis, Volume 142, Elsevier, 2002, pág. 1015-1022.

[19] Derouane, E.G., en: D. Barthomeuf, E.G. Derouane, W. Hölderich (Eds.), Guidelines for Mastering the Properties of Molecular Sieves: Relationship between the Physicochemical Properties of Zeolitic Systems and Their Low Dimensionality, Springer US, Boston, MA, 1990, pág. 225-239.

[20] Lesthaeghe, D., Van Speybroeck, V., Waroquier, M., Physical Chemistry Chemical Physics 11 (2009) 5222-5226.

[21] Sastre, G., Corma, A., Journal of Molecular Catalysis A: Chemical 305 (2009) 3-7.

[22] Derouane, E.G., A Molecular View of Heterogeneous Catalysis: Proceedings of the First Francqui Colloquium, 19-20 February 1996, Brussels, De Boeck Supérieur, 1998.

[23] Boudart, M., Chemical Reviews 95 (1995) 661-666.

[24] Xin, H., Li, X., Fang, Y., Yi, X., Hu, W., Chu, Y., Zhang, F., Zheng, A., Zhang, H., Li, X., Journal of Catalysis 312 (2014) 204-215.

[25] Wu, J., Zhu, H., Wu, Z., Qin, Z., Yan, L., Du, B., Fan, W., Wang, J., Green Chemistry 17 (2015) 2353-2357.

[26] Konno, H., Ohnaka, R., Nishimura, J.-i., Tago, T., Nakasaka, Y., Masuda, T., Catalysis Science & Technology 4 (2014) 4265-4273.

[27] Lindén, M., Babonneau, F., Amenitsch, H., Baccile, N., Riley, A., Tolbert, S., en: P.M. Antoine Gédéon, B. Florence (Eds.), Studies in Surface Science and Catalysis, Volume 174, Part A, Elsevier, 2008, pág. 103-108.

[28] Suzuki, K., Aoyagi, Y., Katada, N., Choi, M., Ryoo, R., Niwa, M., Catalysis Today 132 (2008) 38-45.

[29] John, M., Alexopoulos, K., Reyniers, M.-F., Marin, G.B., ACS Catalysis 6 (2016) 4081-4094.

CAPÍTULO VI

ESTUDIO TEÓRICO DE LA INTERACCIÓN ENTRE ZEOLITA ZSM-5 Y DADORES DE ACILO

VI.1. INTRODUCCIÓN

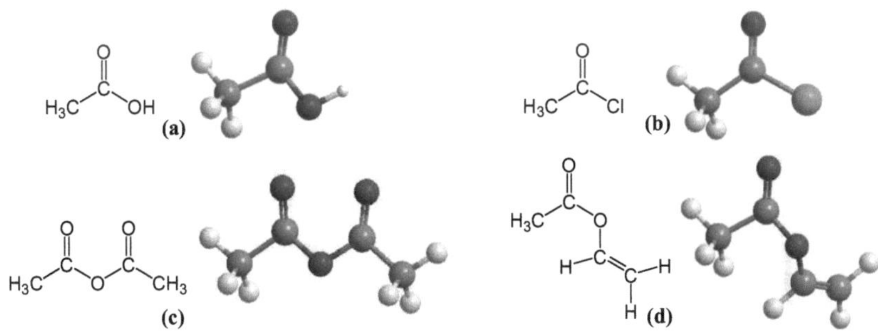

Figura VI.1. *Agentes acilantes. (a) Ácido acético, (b) Cloruro de acetilo, (c) Anhídrido acético y (d) Acetato de vinilo.*

Con la finalidad de elucidar algunos aspectos referidos al mecanismo de reacción y la interacción entre la zeolita H-ZSM-5 y diversos compuestos orgánicos actuando como dadores de acilo, se modelaron los primeros pasos desde la adsorción de diferentes agentes acilantes, tales como ácido acético, cloruro de acetilo, anhídrido acético y acetato de vinilo, hasta la formación del intermediario tipo zeolita-acetilada, empleando un modelo sencillo de clúster de zeolita (ver sección IIIG). Esto permitirá obtener un panorama completo acerca de los acontecimientos llevados a cabo durante el mecanismo concertado propuesto en el capítulo V. La estructura de los diferentes agentes acilantes se presenta en la figura VI.1.

VI.2. RESULTADOS DE LA OPTIMIZACIÓN DEL CLUSTER ZSM-5-3T

En la figura VI.2 se presenta la estructura optimizada del clúster 3T al nivel B3LYP/6-311+G(d), como así también la numeración establecida para los diferentes átomos. En la tabla VI.1 se resumen los parámetros estructurales calculados y los obtenidos por otros autores como referencia [1-3]. Cabe destacar que un modelo similar de clúster 3T para zeolita, con terminaciones en H sobre el átomo de Al, fue utilizado previamente por otros autores [4].

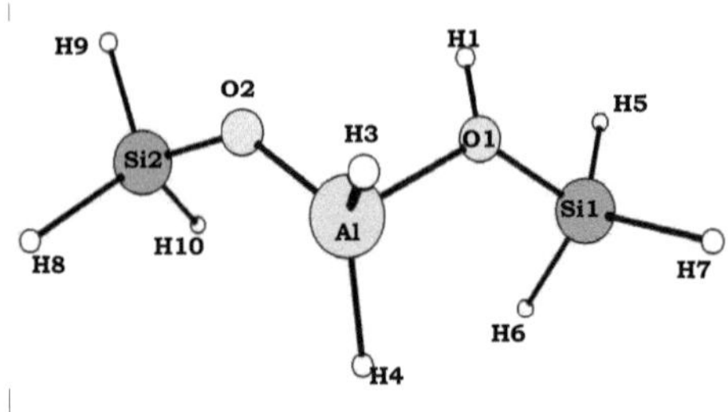

Figura VI.2. *Clúster 3T de zeolita ZSM-5 optimizado a nivel B3LYP/6-311+G(d)*

Se puede observar que los parámetros seleccionados concuerdan de manera satisfactoria con los reportados previamente. Posiblemente, las diferencias encontradas puedan deberse a los distintos métodos de cálculo empleados y a las diferencias en la metodología aplicada para el modelado. En esta tesis se siguió el procedimiento explicado en las secciones III.G.1 y III.G.2, manteniendo en sus posiciones equivalentes (congelados) a los 6 (seis) átomos de Hidrógeno terminales que se enlazan a Silicio y haciendo relajar el resto de la estructura.

En otros trabajos reportados, esta metodología posee leves variantes en diversos aspectos metodológicos, no habiéndose encontrado un consenso único.

Tabla VI.1. *Parámetros estructurales calculados y de referencia para el clúster 3T de zeolita ZSM-5.*

Parámetro estructural	Calculado	referencias		
		B3LYP/6-31G(d,p)[1]	B3LYP/6-31G(d,p)[2]	B3LYP/DNP[3]
Distancias de enlaces (Å)				
O1-H1	0,965	0,968	0,973	0,973
Al-O1	1,944	1,866	1,979	1,976
Si1-O1	1,737	1,693	1,746	1,745
Al-O2	1,732	1,696	1,738	1,738
Si2-O2	1,634	1,626	no reporta	no reporta
Ángulos de enlaces (grados)				
Si1-O1-Al	128,6°	134,3°	121,2°	122°
Si2-O2-Al	139,9°	122,5°	no reporta	no reporta

Los valores de energías encontrados, utilizando la teoría del funcional de la densidad (DFT), se resumen en la tabla IV.2, para ello se utilizó la equivalencia 1 a.u. = 627,51 kcal/mol.

Tabla VI.2. *Energía obtenida para el clúster al nivel de cálculo B3LYP/6-311+G(d).*

Energía	DFT
a.u.	-977,5064038
kcal/mol	-613395,0434

VI.3. RESULTADOS DE LA OPTIMIZACIÓN DE LAS MOLÉCULAS ORGÁNICAS

Con la finalidad de obtener las estructuras más estables de todas las moléculas orgánicas, se aplicó la metodología explicada en la sección III.G.3. Los resultados obtenidos se resumen en la tabla VI.3. En las secciones siguientes de esta tesis se utilizarán los confórmeros de menor energía encontrados mediante la optimización a nivel de cálculo B3LYP/6-311+G(d).

Tabla VI.3. *Resumen de resultados para las moléculas orgánicas optimizadas.*

Método/Parámetro		Ácido	Cloruro	Anhídrido	Éster
AM1	N° de confórmeros obtenidos	20	20	20	20
	E confórmero más estable (Kcal/mol)	-772,41	-637,39	-1.306,97	-1.183,26
LSDA	N° de confórmeros iniciales	20	20	20	20
	N° de confórmeros finales	1	1	4	5
	E confórmero más estable (Kcal/mol)	-142967,23	-383668,38	-238217,22	-192367,69
B3LYP	N° de confórmeros iniciales	1	1	4	5
	N° de confórmeros finales	1	1	2	3
	E confórmero más estable (Kcal/mol)	-143796,56	-384949,09	-239607,70	-192369,45

Del análisis de frecuencias vibracionales, surge que no se encuentran frecuencias imaginarias, lo que garantiza la convergencia de las estructuras hacia mínimos en las respectivas hipersuperficies de energía potencial.

VI.4. MECANISMO DE REACCIÓN

El entendimiento de un mecanismo de reacción involucra el conocimiento acerca de los rearreglos atómicos entre reactivos y el estado de transición, como así también entre este último y los productos. Comenzando por las estructuras del estado de transición optimizadas a nivel AM1, se reconstruyeron las Coordenadas Intrínsecas de Reacción (IRC) siguiendo el camino descendiente hacia los reactivos, por un lado y hacia productos, por el otro. El nivel de cálculo AM1 es el resultado de hacer un balance entre el costo de los cálculos IRC y la calidad de las estructuras logradas. Para todas las reacciones estudiadas, las geometrías obtenidas para los reactivos, estados de transición y productos, resultaron similares a aquellas obtenidas a nivel de cálculo B3LYP/6-311+G(d), sin la aparición de intermediarios de reacción adicionales. De esta manera, se puede afirmar que el mecanismo de reacción emergente de un nivel AM1 o B3LYP/6-311+G(d) es esencialmente el mismo, coincidiendo esto último con lo observado también por otros autores [5]. Los cálculos IRC permitieron monitorear las energías y distancias atómicas en las reacciones químicas estudiadas.

El grupo de Kresnawahjuesa y col. [6] plantea la generación de una zeolita acetilada cuando la forma protónica de la ZSM-5 es sometida a la acción de agentes acilantes habituales entre 300 y 800 K, tales como ácido acético, cloruro de acetilo y anhídrido acético. Según estos autores, cuando se genera la zeolita acetilada, se liberan H_2O, HCl y ácido acético, respectivamente, hechos que se explican mediante las siguientes reacciones químicas:

$$CH_3COOH + H^{+}\cdots OZ^{-} \longrightarrow CH_3CO^{+}\cdots OZ^{-} + H_2O \quad \text{(Reacción VI.1)}$$

$$CH_3COCl + H^{+}\cdots OZ^{-} \longrightarrow CH_3CO^{+}\cdots OZ^{-} + HCl \quad \text{(Reacción VI.2)}$$

$$(CH_3CO)_2O + H^{+}\cdots OZ^{-} \longrightarrow CH_3CO^{+}\cdots OZ^{-} + CH_3COOH \quad \text{(Reacción VI.3)}$$

Por otro lado, estos autores también detectan la formación de otros productos tales como propeno, CO_2 y acetona. Esta última se puede explicar en base a la descomposición del intermediario tipo zeolita acetilada y para el caso particular del ácido acético, mediante la siguiente reacción química:

$$2\ CH_3COOH \longrightarrow CO_2 + CH_3COCH_3 + H_2O \quad \text{(Reacción VI.4)}$$

La generación de acetona a partir del intermediario zeolita acetilada, es justificada por los mismos autores en virtud de una serie de reacciones químicas (reacciones VI.5 a VI.7) en las que inicialmente se descompone este intermediario para generar

CO_2 y propeno, mientras que la reacción entre este último y cetena (que también proviene de la descomposición de la zeolita acetilada) generan acetona y etileno:

$$2\ CH_3CO^{+}\cdots OZ^{-} \longrightarrow CO_2 + C_3H_6 \qquad \text{(Reacción VI.5)}$$

$$CH_3CO^{+}\cdots OZ^{-} \longrightarrow CH_2CO + H^{+}\cdots OZ^{-} \qquad \text{(Reacción VI.6)}$$

$$C_3H_6 + CH_2CO \longrightarrow CH_3COCH_3 + C_2H_2 \qquad \text{(Reacción VI.7)}$$

Posteriormente, los autores someten a los intermediarios acetilados a la acción de NH_3, esto les permite comprobar la formación de acetamida sobre la zeolita, ya que la ulterior desorción a temperatura programada pone en evidencia la generación de acetonitrilo (reacción VI.8).

$$CH_3CONH_3^{+}\cdots OZ^{-} \longrightarrow CH_3CN + H_2O + H^{+}\cdots OZ^{-} \qquad \text{(Reacción VI.8)}$$

En base a los resultados obtenidos en el capítulo V y los reportados por Kresnawahjuesa y col., se propone la serie de pasos que se presentan en la figura VI.3, para las reacciones de transesterificación en las que intervienen esteres convencionales y alcoholes de cadena corta.

$$R_1-C(=O)-O-R_2 + H^{+}\text{---}OZ^{-} \longrightarrow R_1-C(=O)-\overset{+}{O}(R_2)\text{-----}H\text{---}OZ^{-} \qquad \text{Paso 1}$$

éster reactivo — zeolita — éster reactivo adsorbido sobre zeolita

$$R_1-C(=O)-\overset{+}{O}(R_2)\text{-----}H\text{---}OZ^{-} \longrightarrow R_1-\overset{+}{C}(=O)\text{---}OZ^{-} + R_2OH \qquad \text{Paso 2}$$

zeolita acetilada — alcohol producto

$$R_1-\overset{+}{C}(=O)\text{---}OZ^{-} + H-\ddot{O}-R_3 \rightleftharpoons R_1-C(=O)-\ddot{O}-R_3 + H^{+}\text{---}ZO^{-} \qquad \text{Paso 3}$$

alcohol reactivo — éster producto

Figura VI.3. *Pasos propuestos para la reacción de transesterificación.*

Básicamente, el primer paso consiste en la adsorción del éster reactivo sobre la superficie de la zeolita. El segundo paso es la generación del intermediario tipo zeolita acetilada, por acción del éster reactivo actuando como agente dador de acilos, mientras que en el tercer paso, es la zeolita acetilada la que interviene cediendo el grupo acilo al alcohol reactivo, para generar el éster producto.

Resulta conveniente aclarar en este momento, que si bien en la sección V.7 del capítulo V se propone una serie de reacciones para el modelado cinético de la reacción de transesterificación entre acetato de vinilo y alcohol isoamílico, la reacción 1 de la sección V.7 puede ser representada por los pasos 1 y 2 de la figura VI.3, haciendo la salvedad que en el paso 1 es una única molécula del éster la que llega al sitio activo de la zeolita (a diferencia de la reacción 1 en donde es acompañada por otra/s). Si bien, el acompañamiento, ya sea por una o más moléculas de acetato de vinilo, no interfiere en el modelo cinético planteado, algunos parámetros termodinámicos (por ejemplo la energía de adsorción) no serían los mismos de considerar la llegada de una única molécula de éster que cuando llega un grupo de ellas al sitios activo. Sin embargo, el propósito de modelar las primeras etapas del mecanismo de reacción, es estudiar el rearreglo electrónico (ruptura y generación de enlaces) entre los dadores de acilo y el sitio activo de una zeolita ZSM-5, para lo cual los pasos 2 y 3 de la figura VI.3 resultan fundamentales, ya que implican la generación del estado de transición y del intermediario zeolita acetilada, respectivamente, quedando en segundo plano el paso 1, relacionado a la adsorción inicial de los diferentes agentes sobre el clúster-3T.

Por otro lado, el paso 3 de la figura VI.3 es el mismo que el planteado para la reacción 2 de la sección V.7. De esta manera, el modelado molecular utilizando métodos de la química computacional, permitirá indagar en aspectos a nivel molecular, relacionados con el mecanismo de reacción.

VI.5. MODELADO DEL CAMINO DE REACCIÓN

Considerando que el paso 2, comentado anteriormente, consiste en la generación de un ión acilio interactuando electrostáticamente con la zeolita para formar el intermediario tipo zeolita acetilada, el estudio del mismo resulta fundamental ya que en este paso se genera el estado de transición, motivo por el cual, se aborda el estudio teórico de esta etapa, utilizando los diferentes agentes dadores de acilos, anteriormente mencionados.

Una vez que se ha optimizado la estructura del clúster y las diferentes moléculas orgánicas que participan como dadores de grupos acilos, se procede a la determinación de las estructuras químicas que intervienen en el camino de reacción, con posterior optimización de cada una de ellas. Las especies que se optimizaron fueron las siguientes:

i) Complejo Reactivo: dador de acilo adsorbido sobre clúster de zeolita (CH_3-CO-X···H^+-ZO^-).
ii) Complejo Activado: TS.
iii) Complejo Producto: Producto de acilación adsorbido sobre clúster de zeolita acetilada (CH_3-CO^+-ZO^-···HX).

La secuencia de reacciones involucradas en los primeros pasos del mecanismo de reacción, con un dador genérico de grupos acetilos, se representa en la figura VI.4.

En este gráfico, se puede apreciar los dos primeros procesos que acontecen, el primero de ellos consiste en la adsorción del agente acilante y tiene involucrado una energía E_1, igual a la diferencia de energía que hay entre el complejo reactivo y cada una de las especies aisladas (sin interactuar). El segundo proceso consiste en la generación del intermediario tipo zeolita-acetilada, el cuál alcanza un máximo de energía, correspondiente al estado de transición. En este proceso, los productos son el intermediario zeolita-acetilada y la especie HX, que continúa adsorbida sobre la zeolita. Por otro lado, E_{ap} es la Energía de Activación Aparente del proceso, la cual tiene en cuenta la Energía de activación y la Energía de adsorción.

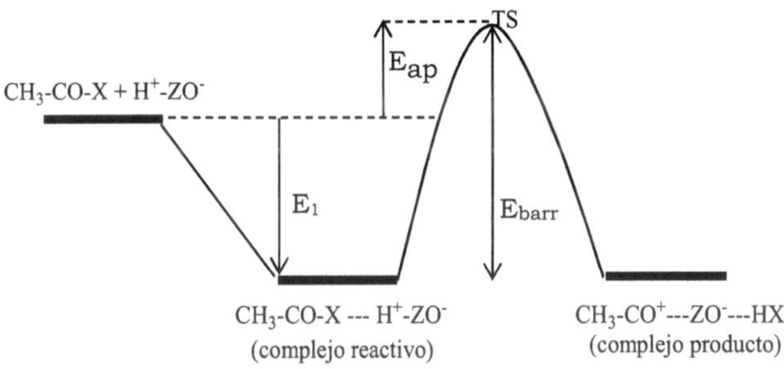

Figura VI.4. *Secuencia de pasos estudiados para un dador genérico de acilos.*

VI.5.1. Cálculo de parámetros cinéticos y termodinámicos

Los parámetros termodinámicos de las reacciones estudiadas se obtuvieron a partir de los cálculos de las frecuencias vibracionales. Las energías (E_i, con i=TS, complejo reactivo o complejo producto) de cada una de las especies de la reacción, se determinaron utilizando los valores de energía electrónica total (ε_0), corregidas por las respectivas energías del punto cero (E_{PZ}) [7]. La barrera energética de la reacción (E_{barr}) se obtuvo mediante la diferencia de energía entre el estado de transición y el complejo reactivo, es decir:

$$E_i = \varepsilon_0 + E_{PZ} \qquad \text{(ecuación VI.1)}$$

$$E_{barr} = E_{TS} - E_{Complejo\ Reactivo} \qquad \text{(ecuación VI.2)}$$

Una vez que se determinaron los parámetros termodinámicos, se procedió a calcular los parámetros cinéticos. Las constantes de velocidad fueron determinadas en un rango de temperaturas entre 273 y 500 K, para ello se utilizó la ecuación planteada por Eyring (ecuación VI.3) en el marco de la teoría del Estado de Transición, donde E_{barr} es la barrera energética que hay entre reactivos y el estado de transición, h es la constante de Planck ($6{,}626176 \cdot 10^{-34} J.s$), c^0 la concentración en el estado estándar (generalmente 1 mol/L), R la constante universal de los gases (1,987 kcal/mol·K) y T la temperatura absoluta (K).

$$k = \frac{k_B T}{hc^0} e^{-E_{barr}/RT} \qquad \text{(ecuación VI.3)}$$

Posteriormente, las propiedades macroscópicas: energía de activación (E_{act}) y factor pre-exponencial (A), se determinaron siguiendo la metodología reportada por diversos autores [5, 8-11], mediante ajuste de la forma linealizada de la ecuación de Arrhenius (ecuación VI.4).

$$\ln k = \ln A - E_{act}/RT \qquad \text{(ecuación VI.4)}$$

Por otro lado, Piccini y col. [12] plantean que el factor pre-exponencial de la ecuación de Arrhenius es proporcional (ecuación VI.5) a la entropía de activación, ΔS_{act}, mientras que la energía de Gibbs de activación (ΔG_{act}) se puede obtener aplicando la ecuación VI.6, teniendo en cuenta que la entalpía de activación (ΔH_{act}) se encuentra relacionada con la energía de activación, de la siguiente manera: $\Delta H_{act} = E_{act} - 2RT$. Se debe tener en cuenta que esta relación es empleada por los mencionados autores, para una Ley de velocidad expresada en función de las concentraciones molares.

$$\Delta S_{act} = R\left[\ln A - \ln\left(\frac{k_B T}{h}\right) - 1\right] \qquad \text{(ecuación VI.5)}$$

$$\Delta G_{act} = \Delta H_{act} - T\Delta S_{act} = (E_{act} - 2RT) - T\Delta S_{act} \qquad \text{(ecuación VI.6)}$$

VI.5.2. Interacción con Ácido acético

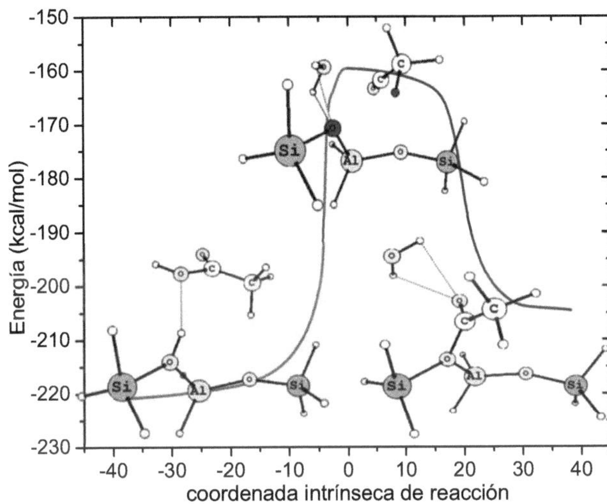

Figura VI.5. *Complejo Reactivo, TS y Complejo Producto para la interacción entre el clúster y Ácido acético.*

Las estructuras de los respectivos complejos del paso 2: Complejo Reactivo, Estado de Transición y Complejo Producto, para el ácido acético, como así también el camino IRC, se presentan en la figura VI.5.

El cálculo IRC permitió elucidar la estructura del posible Estado de Transición como así también el reordenamiento de átomos y enlaces involucrados. Los valores de algunos parámetros estructurales calculados se presentan en la tabla VI.4. En esta, los pasos negativos corresponden al camino que involucra desde el Complejo Reactivo (ácido acético adsorbido sobre el clúster) hasta el Estado de Transición (paso cero). No obstante, los pasos positivos involucran las estructuras del camino que conduce hacia el Complejo Producto (zeolita acetilada) partiendo desde el TS. Se determinaron 300 pasos para el camino de reacción desde el TS hacia los reactivos y 295 para el camino desde el TS hasta los productos.

Tabla VI.4. *Longitudes en Å, calculados (AM1) durante la interacción entre ácido acético y el clúster de zeolita ZSM-5.*

Paso	H-O[1]	C-O[2]	H-O[3]	Paso	H-O[1]	C-O[4]	H-O[3]
-300	2,126	1,372	0,960	0	0,974	2,831	1,984
-280	2,129	1,372	0,960	3	0,972	2,833	1,997
-250	2,132	1,371	0,959	5	0,971	2,828	2,007
-220	2,129	1,371	0,960	10	0,970	2,800	2,022
-200	2,120	1,371	0,959	20	0,970	2,735	2,039
-180	2,106	1,371	0,959	30	0,969	2,669	2,051
-150	2,080	1,370	0,959	50	0,969	2,546	2,075
-120	2,059	1,372	0,959	70	0,969	2,427	2,100
-100	2,042	1,372	0,958	90	0,968	2,306	2,128
-90	2,029	1,374	0,957	100	0,968	2,240	2,147
-70	1,967	1,377	0,954	120	0,968	2,060	2,222
-50	1,803	1,382	0,955	150	0,963	1,606	2,453
-40	1,646	1,391	0,961	180	0,960	1,410	2,965
-30	1,220	1,480	1,291	200	0,962	1,397	3,123
-20	1,014	1,573	1,788	220	0,963	1,390	2,968
-10	0,985	1,808	1,914	250	0,963	1,388	3,179
-5	0,977	1,928	1,956	280	0,963	1,389	3,427
-1	0,974	1,997	1,978	295	0,963	1,390	3,533

[1] Enlace entre H1 del clúster y O del grupo OH del ácido acético. [2] Enlace entre C del C=O y O del OH del ácido acético. [3] Enlace entre H1 y O1 del clúster. [4] Enlace entre C del C=O del ácido acético y el O1 del clúster.

Se puede apreciar que partiendo del Complejo Reactivo, la longitud de enlace entre H1 del clúster y el O del grupo OH del ácido acético se hace cada vez menor, ya que es el H ácido de la zeolita quien se enlaza al O del grupo OH del ácido acético, para generar H_2O. Por otra parte, para que esto ocurra, se debe romper el enlace C-O entre el grupo carbonilo y el hidroxilo del ácido, lo que se observa al incrementar los valores de este enlace en la tabla VI.4. Por otra parte, el H ácido (H1) debe alejarse del clúster, incrementando la longitud del enlace O1-H1 en la zeolita. Las estructuras de algunos de los pasos del cálculo IRC se pueden observar en la figura VI.6.

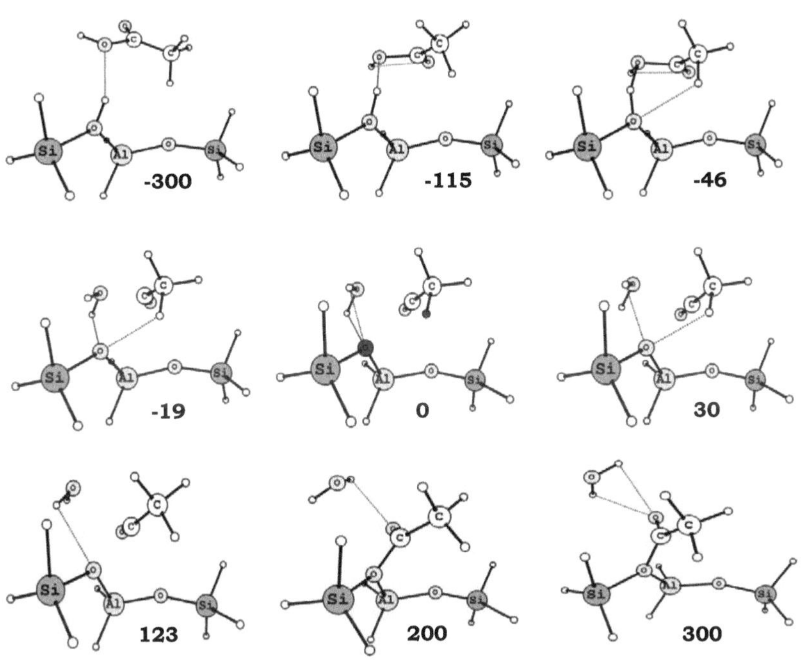

Figura VI.6. *Estructuras de los pasos indicados para el cálculo IRC del ác. acético.*

Los parámetros termodinámicos asociados a cada una de las especies intervinientes se resumen en la tabla VI.5, mientras que los valores de ΔH_r y ΔG_r, para todos los pasos estudiados, se presentan en la tabla VI.6. Con estos datos se puede esbozar una gráfica de energía en función de las coordenadas intrínseca de reacción (figura VI.7).

Tabla VI.5. *Parámetros termodinámicos (kcal/mol) para la interacción con ácido acético.*

	Ácido acético	Clúster	Complejo Reactivo	TS	Complejo Producto
ε_0	-143796,56	-613399,50	-757194,84	-757145,86	-757176,23
E_{PZ}	38,68	17,44	39,2112	45,41	45,15
$E = \varepsilon_0 + E_{PZ}$	-143757,88	-613382,10	-757155,62	-757100,45	-757131,09

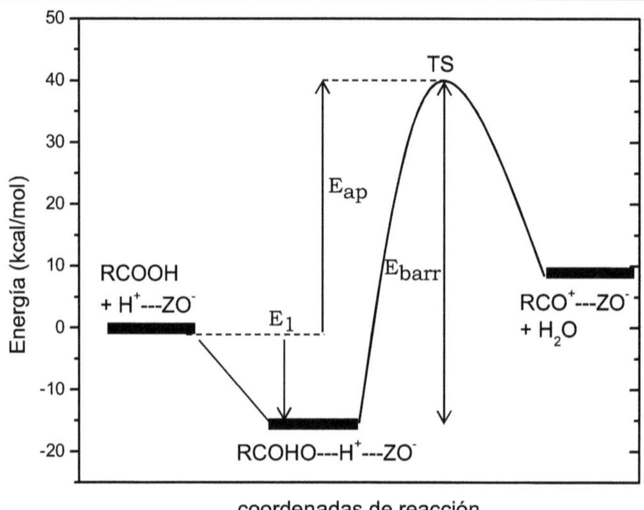

Figura VI.7. *Diagrama de energía para la interacción con ácido acético.*

Claramente se puede apreciar que la etapa 1 corresponde a un proceso exergónico en donde el sistema pierde 15,65 kcal/mol al adsorber el ácido acético en la orientación adecuada, que posteriormente favorece la reacción química de la etapa 2. En esta última, se va generando el enlace C-O1 entre el dador de acilo y la zeolita a medida que se van rompiendo los enlaces O1-H1 del clúster y C-O en el dador de acilos, es decir que la formación de la zeolita acetilada se realiza mediante un mecanismo de reacción concertado, con una barrera energética (E_{barr}) de 55,17 kcal/mol (igual a la diferencia de energía de Gibbs entre el TS y el Complejo

Reactivo). Por otro lado, la energía aparente de activación E_{ap} encontrada es de 39,52 kcal/mol.

Tabla VI.6. *E_{barr}, E_{ap} y variaciones de energía (ΔE) para la interacción entre ácido acético y el clúster de zeolita ZSM-5.*

	Reacción 1	Reacción 2	E_{barr}	E_{ap}	Global
ΔE (kcal/mol)	-15,65	24,54	55,17	39,52	8,89

A partir del valor para la barrera energética E_{barr}, se pueden determinar los valores de constantes de velocidad en el rango especificado en la tabla VI.7. Estos valores justifican el comportamiento encontrado por Kresnawahjuesa y col. para la dificultosa generación de un intermediario tipo zeolita acetilada por parte del ácido acético, lo que llevó a este autor a postular la formación de un complejo adsorbido mediante puentes Hidrógeno de gran fortaleza con los sitios ácidos de Brønsted.

Tabla VI.7. *Constantes de velocidad (s^{-1}) a diferentes temperaturas para la reacción con ácido acético en fase gas, obtenidas a partir de la ecuación de Eyring.*

T (K)	273	298	348	400	450	500
k (s^{-1})	$4{,}25\cdot10^{-32}$	$2{,}34\cdot10^{-28}$	$1{,}75\cdot10^{-22}$	$6{,}38\cdot10^{-18}$	$1{,}59\cdot10^{-14}$	$8{,}41\cdot10^{-12}$

A partir de los valores de las constantes de velocidad a diferentes temperaturas, se determinaron los parámetros cinéticos volcados en la tabla VI.8.

Tabla VI.8. *Parámetros cinéticos (400 K) para la reacción con ácido acético.*

E_{act}	A	ΔS_{act}	ΔH_{act}	ΔG_{act}
55,83 kcal/mol	$2{,}09\cdot10^{13}$ s^{-1}	-2,74 cal/mol	54,24 kcal/mol	55,34 kcal/mol

VI.5.3. Interacción con Cloruro de acetilo

Para el estudio de la interacción con cloruro de acetilo y los otros dadores de acilos se siguió idéntica metodología a la explicada para el ácido acético, por lo tanto, el análisis y resultados de las siguientes secciones, serán organizados y presentados manteniendo el mismo orden.

De esta manera, la figura VI.8 permite observar las estructuras del Complejo Reactivo, TS y Complejo Producto, como así también la forma de la curva IRC empleando cloruro de acetilo como agente acilante. En este caso particular, se determinaron 300 pasos en el sentido forward (a partir de TS) y otros 300 en el sentido reverse, empleando el método semiempírico AM1, como se indicó en la sección anterior.

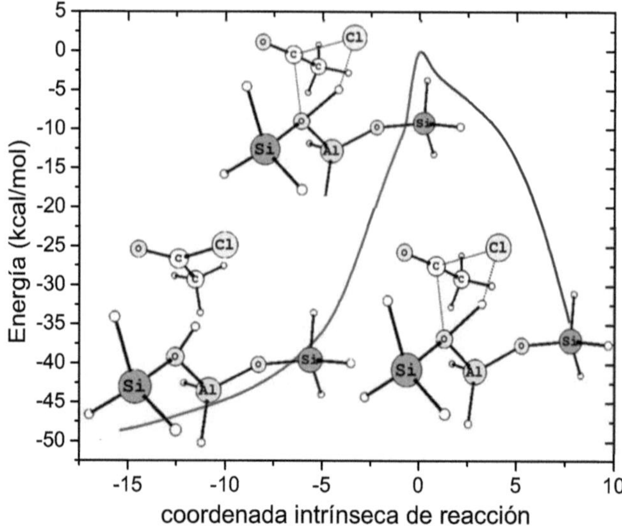

Figura VI.8. *Complejo Reactivo, TS y Complejo Producto para la interacción con Cloruro de acetilo.*

La estructura del TS es similar en cuanto a la geometría, para la obtenida con el ácido acético. En este caso se puede apreciar la ruptura del enlace C-Cl en el cloruro de acetilo y O1-H1 en la zeolita, a medida que se genera el enlace H-Cl y el enlace C-O entre el dador de acilo y la zeolita. Los valores de los parámetros geométricos determinados para diferentes pasos del camino IRC se presentan en la tabla VI.9.

Tabla VI.9. *Longitudes en Å, calculadas (AM1) durante la interacción entre cloruro de acetilo y el clúster de zeolita ZSM-5.*

Paso	H-Cl[1]	C-Cl[2]	H-O[3]	Paso	H-Cl[1]	C-O[4]	H-O[3]
-300	2,243	1,765	0,969	0	1,458	2,360	1,487
-280	2,222	1,768	0,971	3	1,423	2,359	1,538
-250	2,191	1,769	0,972	5	1,395	2,357	1,588
-220	2,152	1,773	0,974	10	1,354	2,352	1,701
-200	2,121	1,776	0,976	20	1,331	2,328	1,882
-180	2,086	1,781	0,978	30	1,325	2,290	1,965
-150	2,034	1,789	0,982	40	1,322	2,247	2,010
-120	1,9844	1,802	0,986	50	1,318	2,200	2,046
-100	1,950	1,840	0,989	80	1,311	2,032	2,147
-90	1,931	1,892	0,991	100	1,307	1,904	2,216
-70	1,896	2,033	0,998	120	1,303	1,773	2,282
-50	1,865	2,189	1,008	150	1,300	1,582	2,380
-40	1,852	2,270	1,016	180	1,298	1,434	2,506
-30	1,840	2,351	1,025	200	1,298	1,401	2,616
-20	1,830	2,432	1,038	220	1,298	1,392	2,701
-10	1,648	2,471	1,249	250	1,298	1,387	2,758
-5	1,537	2,478	1,382	280	1,298	1,386	2,754
-1	1,476	2,482	1,461	300	1,298	1,386	2,738

[1] Enlace entre H1 del clúster y Cl del cloruro de acetilo. [2] Enlace entre C del C=O y Cl del cloruro de acetilo. [3] Enlace entre H1 y O1 del clúster. [4] Enlace entre C del C=O del cloruro de acetilo y el O1 del clúster.

Para la interacción entre cloruro de acetilo y la zeolita, se pone de manifiesto una menor longitud (2,360 Å) para el enlace C-O en el estado de transición (paso cero), comparando con la encontrada para el ácido acético (2,831 Å). Esto indica una mayor aproximación por parte del dador de acilo a la zeolita, lo que posiblemente sea ocasionado por la presencia del átomo de Cloro en el TS, ya que al tratarse de un átomo electronegativo, puede tomar mayor densidad electrónica del dador de acilo, generando así una mayor deficiencia electrónica sobre el carbono carbonílico, por lo tanto, este último debe aproximarse más al átomo de O de la zeolita para suplir la mayor deficiencia electrónica.

Por otro lado, el enlace O1-H1 en el TS es mayor (1,984 Å) que el observado en el caso del ácido acético (1,487 Å). Una explicación a este hecho podría realizarse en base a la mayor electronegatividad del átomo de Cloro, que atrae con más intensidad al H ácido de la zeolita en el estado de transición. Algunas estructuras del camino IRC se presentan en la figura VI.9.

Los parámetros termoquímicos asociados a cada una de las especies se resumen en la tabla VI.10. A partir de estos, se calcularon los valores de energía asociados (tabla VI.11) y se realizó la gráfica a escala para la energía en función de las coordenadas intrínseca de reacción (figura VI.10). Se puede apreciar una mayor cantidad de energía liberada durante el paso de absorción del cloruro de acetilo sobre la zeolita ZSM-5, producto de una fuerte interacción. Por otra parte, se observa una menor barrera energética (33,78 kcal/mol), resultado que coincide con lo propuesto por Kresnawahjuesa y col., ya que se considera que el intermediario tipo zeolita acetilada se puede formar más fácilmente con cloruro de acetilo que con ácido acético. La energía liberada en el paso de adsorción, sumada a la menor barrera energética para generar el intermediario zeolita-acetilada, hacen que este sistema presente una energía de activación aparente negativa, en tanto que la reacción global es exergónica.

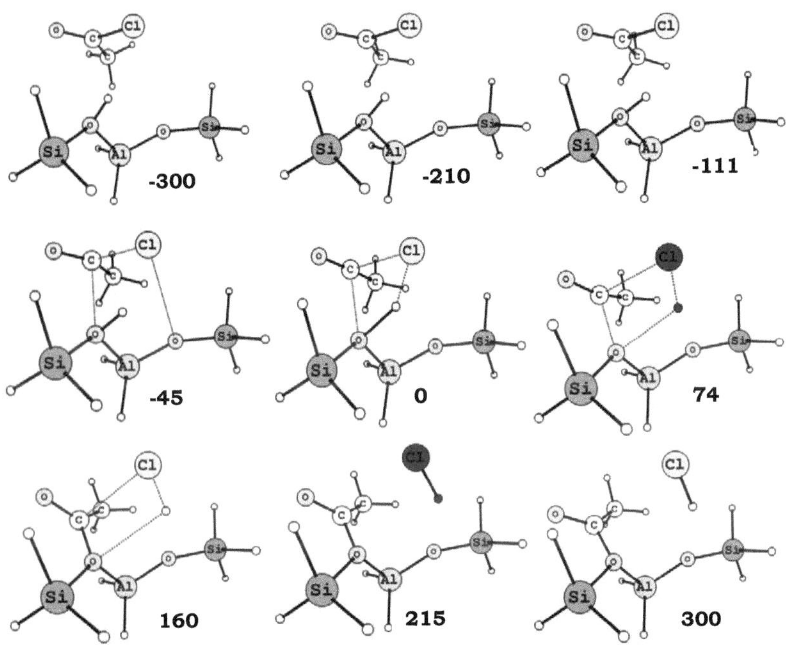

Figura VI.9. *Estructuras de los pasos indicados para el cálculo IRC con cloruro de acetilo.*

Tabla VI.10. *Parámetros termoquímicos (kcal/mol) para la interacción con cloruro de acetilo.*

	Cloruro de acetilo	Complejo Reactivo	TS	Complejo Producto
ε_0	-384949,09	-998387,46	-998349,79	-998379,20
E_{PZ}	29,79	37,41	33,52	35,51
$E = \varepsilon_0 + E_{PZ}$	-384919,30	-998350,05	-998316,27	-998343,69

Tabla VI.11. *E_{barr}, E_{ap} y variaciones de energía (ΔE) para la interacción entre cloruro de acetilo y el clúster de zeolita ZSM-5.*

	Reacción 1	Reacción 2	E_{barr}	E_{ap}	Global
ΔE (kcal/mol)	-48,65	6,36	33,78	-14,87	-42,29

A partir del valor para la barrera energética, se calcularon constantes de velocidad en el intervalo 273 – 500 K (tabla VI.12). Como se puede notar, estos valores son superiores a los encontrados para el ácido acético, lo que sugiere que el intermediario tipo zeolita-acetilada que se genera con cloruro de acetilo, lo hace más rápidamente que con ácido acético.

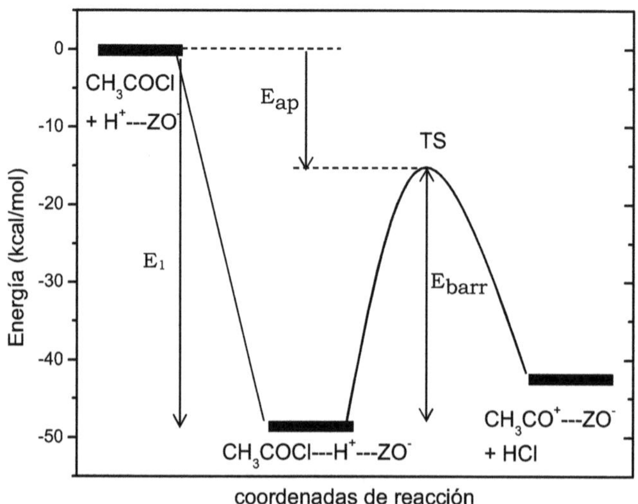

Figura VI.10. *Diagrama de energía para la interacción con cloruro de acetilo.*

Otros parámetros se presentan en la tabla VI.13, donde se puede observar una energía de activación de 34,50 kcal/mol y un factor pre-exponencial idéntico al calculado para la interacción con ácido acético. Esto pone en evidencia que la variación de entropía de activación es la misma en ambos sistemas, cuyo valor es negativo, lo cual resulta lógico si se tiene en cuenta que la interacción entre los agentes acilantes y el clúster implica una disminución en los grados de libertad rotacionales y vibracionales del sistema, yendo desde los reactivos hacia el TS [5].

Tabla VI.12. *Constantes de velocidad (s^{-1}) a diferentes temperaturas para la reacción con cloruro de acetilo en fase gas, obtenidas a partir de la ecuación de Eyring.*

T (K)	273	298	348	400	450	500
k (s^{-1})	$5,15 \cdot 10^{-15}$	$1,04 \cdot 10^{-12}$	$4,42 \cdot 10^{-9}$	$2,91 \cdot 10^{-6}$	$3,68 \cdot 10^{-4}$	$1,79 \cdot 10^{-2}$

Tabla VI.13. *Parámetros cinéticos (400 K) para la reacción con cloruro de acetilo.*

E_{act}	A	ΔS_{act}	ΔH_{act}	ΔG_{act}
34,50 kcal/mol	$2,09 \cdot 10^{13}$ s^{-1}	-2,74 cal/mol	32,91 kcal/mol	34,00 kcal/mol

VI.5.4. Interacción con Anhídrido acético

En la figura VI.11 se presenta el camino de reacción para la interacción del clúster con anhídrido acético, mientras que en la tabla VI.14 se resumen los principales parámetros estructurales relacionados.

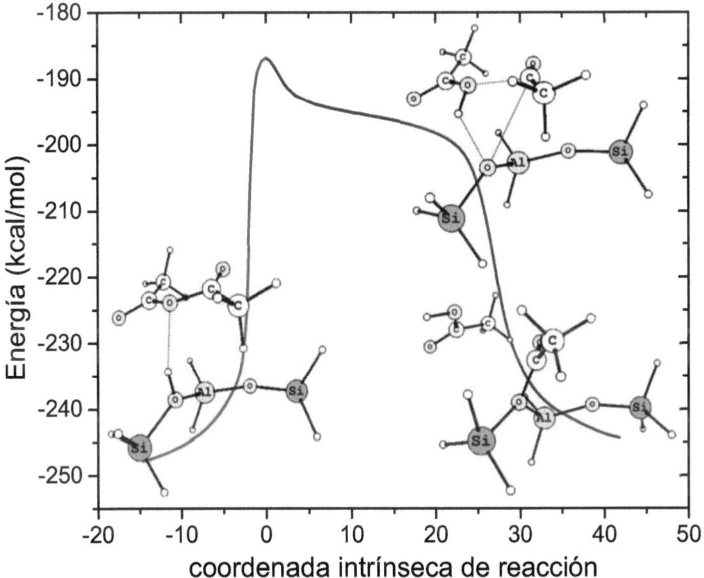

Figura VI.11. *Complejo Reactivo, TS y Complejo Producto para la interacción con Anhídrido acético.*

Tabla VI.14. *Longitudes en Å, calculadas (AM1) durante la interacción entre anhídrido acético y el clúster de zeolita ZSM-5. (C*=Csp³ del anhídrido acético)*

Paso	H-O[1]	C*-O*[2]	H-O[3]	Paso	H-O[1]	C*-O[4]	H-O[3]
-32	2,061	1,381	0,962	2	1,005	2,937	1,801
-30	2,050	1,382	0,962	5	0,990	3,011	1,904
-28	2,039	1,382	0,962	8	0,984	3,031	1,972
-25	2,020	1,382	0,961	10	0,983	2,996	2,000
-23	2,003	1,383	0,962	15	0,982	2,852	2,025
-20	1,968	1,384	0,961	20	0,982	2,726	2,047
-18	1,938	1,386	0,960	25	0,981	2,621	2,067
-15	1,874	1,386	0,960	30	0,980	2,518	2,090
-12	1,799	1,389	0,959	35	0,979	2,416	2,124
-10	1,757	1,394	0,961	40	0,977	2,303	2,170
-8	1,712	1,443	0,962	50	0,973	1,920	2,344
-5	1,358	1,548	1,232	60	0,970	1,424	2,581
-2	1,071	1,619	1,603	70	0,970	1,397	3,002
0	1,016	1,783	1,756	80	0,970	1,391	3,590

[1] Enlace entre H1 del clúster y O(sp³) del anhídrido acético. [2] Enlace entre C del C=O y O(sp³) del anhídrido acético. [3] Enlace entre H1 y O1 del clúster. [4] Enlace entre C del C=O del anhídrido acético y el O1 del clúster.

En este caso se determinaron 32 pasos en el sentido reverse (desde el TS hacia el complejo reactivo) y 80 en el sentido forward (desde el TS hacia el complejo producto). En la figura VI.11 se puede apreciar que desde el pico máximo correspondiente al TS y siguiendo la gráfica en el sentido forward, hay una disminución inicial de la energía. Esto se debe a la ruptura del enlace C(sp³)-O del anhídrido para luego alcanzar una meseta en la cual la energía no cambia demasiado (pasos 5 a 20 aproximadamente), en la que los cambios principales se deben a la rotación de fragmentos del anhídrido hasta colocarlo en una disposición tal en la que se puede enlazar el incipiente ión acilio con el clúster. Esto se pone en evidencia con la disminución de la longitud del enlace C-O entre el carbonilo del anhídrido y el O1 de la zeolita. A medida que se genera este enlace, el fragmento correspondiente al ácido acético, generado por protonación del anhídrido, se aleja del clúster (aumenta la longitud H1-O1). Por lo tanto, la disminución en la energía del sistema, luego de la zona de meseta, se debe fundamentalmente a la interacción entre el ión acilio con la zeolita hasta formar el intermediario tipo zeolita acetilada.

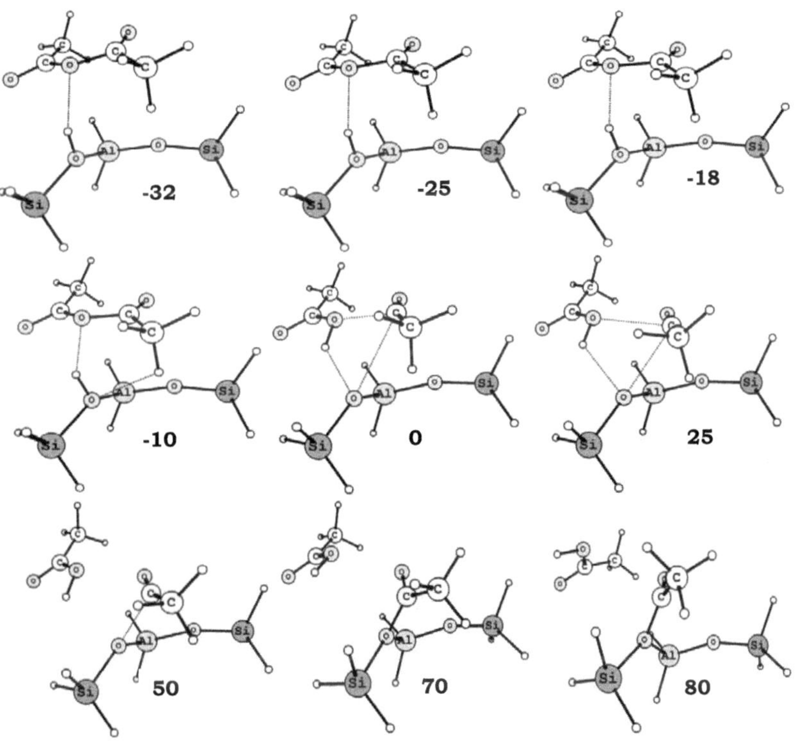

Figura VI.12. *Estructuras de los pasos indicados para el cálculo IRC con anhídrido acético.*

En la figura VI.12 se pueden observar algunas geometrías para los pasos indicados. Cabe aclarar que si bien la estructura final del complejo reactivo encontrado al aplicar el cálculo IRC es la descripta anteriormente, al realizar la optimización de esta estructura a nivel B3LYP/6-311+G(d), la geometría encontrada para este complejo es la que se presenta en el Apéndice D, en donde se observa que el cálculo converge a un complejo en donde el anhídrido se adsorbe al clúster por medio del átomo de O de uno de los grupos C=O, siendo este el único caso en el que se observa un cambio en la geometría de alguna de las especies estudiadas al modificar el método de cálculo.

La tabla VI.15 resume los parámetros termoquímicos para cada una de las especies de la curva IRC, mientras que en la tabla VI.16 se presentan los valores de ΔE para cada una de las etapas estudiadas. De esta manera, como se realizó con los anteriores dadores de acilos, se puede construir un diagrama de energía en función de las coordenadas de reacción (figura VI.13). En esta última se aprecia una primera etapa de adsorción del anhídrido acético, exergónica, seguida de la formación del intermediario zeolita acetilada en la reacción 2 (etapa endergónica).

Tabla VI.15. *Parámetros termoquímicos (kcal/mol) para la interacción con anhídrido acético.*

	Anhídrido acético	Complejo Reactivo	TS	Complejo Producto
ε_0	-239608,08	-853010,96	-852968,94	-852997,78
E_{PZ}	61,51	69,88	67,25	69,37
$E = \varepsilon_0 + E_{PZ}$	-239546,56	-852941,09	-852901,68	-852928,41

La barrera energética para la formación de la zeolita acetilada es menor que para el ácido acético pero superior a la del cloruro de acetilo, con una energía de activación aparente positiva, inferior a la encontrada para el ácido acético.

Tabla VI.16. *E_{barr}, E_{ap} y variaciones de energía (ΔE) para la interacción entre anhídrido acético y el clúster de zeolita ZSM-5.*

	Reacción 1	Reacción 2	E_{barr}	E_{ap}	Global
ΔE (kcal/mol)	-12,43	12,68	39,40	26,97	0,25

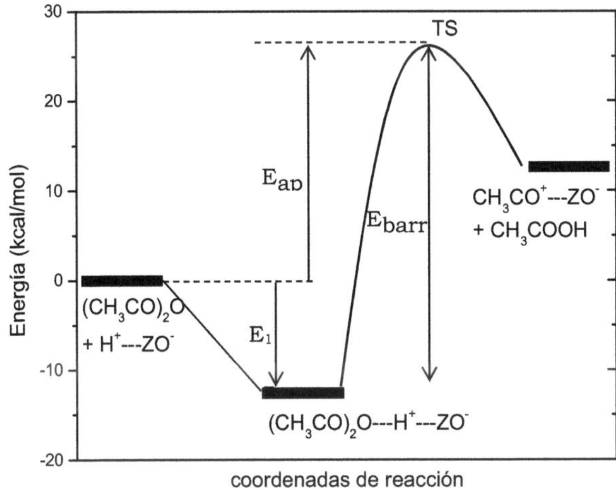

Figura VI.13. *Diagrama de energía para la interacción con anhídrido acético.*

De manera análoga a las secciones anteriores, con el valor de la barrera energética se determinaron constantes de velocidad en el rango de temperaturas comprendido entre 273 y 500 K (tabla VI.17), observándose valores de k superiores a las del ácido acético, pero menores a las del cloruro de acetilo.

Tabla VI.17. *Constantes de velocidad (s^{-1}) a diferentes temperaturas para la reacción con anhídrido acético en fase gas, obtenidas a partir de la ec. de Eyring.*

T (K)	273	298	348	400	450	500
k (s^{-1})	$1{,}62 \cdot 10^{-19}$	$7{,}82 \cdot 10^{-17}$	$1{,}30 \cdot 10^{-12}$	$2{,}46 \cdot 10^{-9}$	$6{,}82 \cdot 10^{-7}$	$6{,}22 \cdot 10^{-5}$

Como antes, los valores de k permitieron determinar la energía de activación (tabla VI.18) para la etapa de formación de zeolita acetilada, mediante ajuste lineal de la ecuación de Arrhenius. Nuevamente, este valor resultó superior a la del ácido acético, pero inferior a la del cloruro de acetilo. La entropía de activación y el factor pre-exponencial son idénticos a los obtenidos para los sistemas anteriores.

Tabla VI.18. *Parámetros cinéticos (400 K) para la reacción con anhídrido acético.*

E_{act}	A	ΔS_{act}	ΔH_{act}	ΔG_{act}
40,12 kcal/mol	$2{,}09\cdot10^{13}$ s^{-1}	-2,74 cal/mol	38,53 kcal/mol	39,63 kcal/mol

De esta manera, el orden encontrado según la facilidad creciente para generar el intermediario tipo zeolita acetilada es el siguiente:

ácido acético < anhídrido acético < cloruro de acetilo

De los resultados presentados hasta este momento, se puede apreciar que coinciden con los datos experimentales reportados por Kresnawahjuesa y col. para la interacción entre la forma ácida de una zeolita ZSM-5 y diferentes agentes acilantes (ácido acético, cloruro de acetilo y anhídrido acético). Por lo tanto, se considera que la metodología empleada para modelar la mencionada interacción, es correcta a los fines de realizar un análisis comparativo entre los diferentes dadores de acetilo.

Según estos autores, resulta interesante comparar la interacción entre los diferentes agentes acilantes sobre los sitios ácidos de Brønsted de una zeolita ZSM-5, con la adsorción de otros compuestos orgánicos polares tales como cetonas, nitrilos y éteres. Basados en determinaciones calorimétricas y desplazamientos en RMN de ^{13}C, se conoce que aquellas moléculas con una afinidad protónica[1] (AP) en fase gaseosa igual o superior a la del amoníaco (AP=858 kJ/mol o 205 kcal/mol), serán protonados por la zeolita H-ZSM-5.

Moléculas con una afinidad protónica inferior a la del amoníaco tienden a formar puentes hidrógeno con los sitios ácidos de Brønsted y la fortaleza de esta interacción parece variar de manera regular con la afinidad protónica del adsorbato. Las afinidades protónicas del ácido acético

(AP=798,4 kJ/mol o 190,7 kcal/mol), cloruro de acetilo (AP=739,9 kJ/mol o 176,7 kcal/mol) y anhídrido acético (AP=827,6 kJ/mol o 197,7 kcal/mol) son claramente menores a las del amoníaco, y similares en magnitud a la de alcoholes simples, cetonas y éteres. Se observa entonces que los resultados obtenidos para el estudio teórico de la generación de un intermediario del tipo zeolita acetilada con diferentes agentes acilantes, empleando un modelo de clúster 3T, sigue el mismo orden que el propuesto por Kresnawahjuesa y col. en bases a resultados experimentales y valores de afinidades protónicas.

VI.5.5. Interacción con Acetato de vinilo

De la misma manera que se estudió la interacción entre ácido acético, cloruro de acetilo y anhídrido acético, se procede a aplicar idéntico procedimiento para estudiar la interacción entre el agente acilante utilizado en las reacciones de transesterificación del capítulo V (acetato de vinilo), que permite obtener acetato de isoamilo.

La gráfica de energía en función de las coordenadas de reacción para la formación del intermediario tipo zeolita acetilada se presenta en la figura VI.14. Junto a esta se incluyen las geometrías del complejo reactivo, el estado de transición y el complejo producto. En este caso, se determinaron 300 pasos en el sentido reverse (desde TS hasta el complejo reactivo) y otros 300 en el sentido forward (desde TS hasta el complejo producto).

En esta figura, transitando desde TS en sentido forward, se puede observar un pequeño intervalo en el que la energía cae bruscamente para luego alcanzar una zona de meseta.

[1] Afinidad protónica es el valor negativo del cambio de entalpía de reacción en fase gaseosa (real o hipotética) entre un protón y la concerniente especie química, usualmente una especie neutra, para generar su ácido conjugado. (tomado de la web oficial de IUPAC)

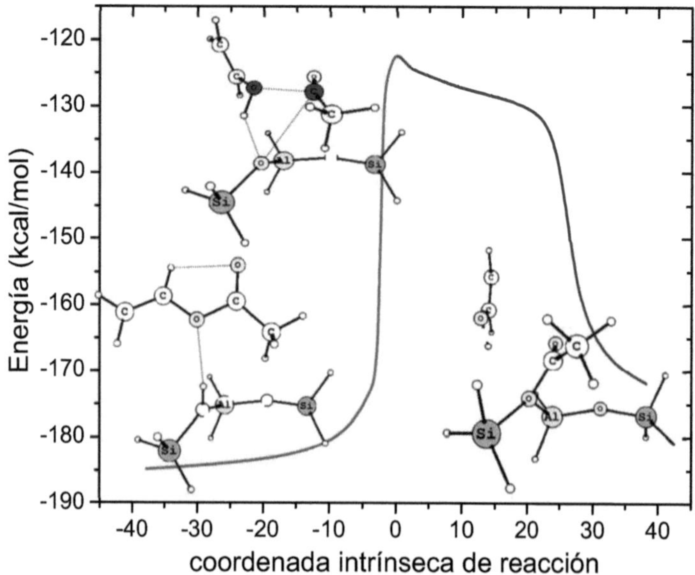

Figura VI.14. *Complejo Reactivo, TS y Complejo Producto para la interacción con acetato de vinilo.*

La zona de meseta se adjudica, de manera similar a la interacción con anhídrido acético, a una rotación de los fragmentos de la molécula orgánica y el protón ácido de la zeolita, hasta que se disponen de manera adecuada para generar el enlace C-O entre el carbonilo y el O1 de la zeolita. Luego, ocurre un decaimiento brusco de la energía hasta estabilizarse, momento en el que se genera el intermediario tipo zeolita-acetilada. Los valores de los principales parámetros estructurales calculados en el camino IRC se presentan en la tabla VI.19.

Nuevamente, se puede observar una similitud en cuanto al reordenamiento de átomos, los enlaces que se rompen y aquellos que se generan durante la interacción con los otros agentes acilantes estudiados. En este caso, se rompe el enlace C-O del éster (enlace entre el C=O y el O sp^3), a la vez que se protona el O sp^3 del éster al aceptar el H ácido de la zeolita. En el TS también se puede apreciar que el enlace H1-O1 del clúster es más largo (1,763 Å) que en el complejo reactivo (0,960 Å), a la vez que el enlace H-O entre el éster y el protón de la zeolita es más largo en el TS que en el producto (zeolita acetilada). Todos estos valores indican que podría generarse un intermediario zeolita-acetilada en los primeros pasos de una reacción de transesterificación, empleando acetato de vinilo como agente acilante. Las geometrías para algunos pasos del cálculo IRC se presentan en la figura VI.15.

Tabla VI.19. *Longitudes en Å, calculadas (AM1) durante la interacción entre acetato de vinilo y el clúster de zeolita ZSM-5.*

Paso	H-O[1]	C-O[2]	H-O[3]	Paso	H-O[1]	C-O[4]	H-O[3]
-300	2,180	1,385	0,960	0	1,006	3,019	1,763
-280	2,181	1,385	0,960	3	1,001	3,031	1,778
-250	2,192	1,385	0,960	5	0,997	3,043	1,792
-220	2,213	1,384	0,960	10	0,990	3,072	1,824
-200	2,228	1,384	0,960	20	0,984	3,098	1,882
-180	2,239	1,385	0,960	30	0,982	3,069	1,920
-150	2,230	1,384	0,960	40	0,982	3,013	1,935
-120	2,188	1,385	0,961	50	0,981	2,944	1,943
-100	2,146	1,386	0,961	80	0,979	2,707	1,977
-90	2,118	1,386	0,961	100	0,978	2,569	2,007
-70	2,039	1,388	0,959	120	0,977	2,456	2,036
-50	1,920	1,390	0,959	150	0,976	2,289	2,079
-40	1,852	1,391	0,958	180	0,974	2,029	2,154
-30	1,785	1,395	0,959	200	0,970	1,729	2,217
-20	1,461	1,514	1,174	220	0,968	1,458	2,293
-10	1,055	1,636	1,654	250	0,966	1,406	2,371
-5	1,023	1,748	1,719	280	0,969	1,397	2,421
-1	1,009	1,839	1,755	300	0,969	1,394	2,486

[1] Enlace entre H1 del clúster y O(sp^3) del acetato de vinilo. [2] Enlace entre C del C=O y O(sp^3) del acetato de vinilo. [3] Enlace entre H1 y O1 del clúster. [4] Enlace entre C del C=O y el O1 del clúster.

Una vez que se ha determinado el camino por el cual transcurre la reacción, se utilizan los parámetros termoquímicos obtenidos en el cálculo de frecuencia (tabla VI.20) para determinar los ΔE de cada una de las etapas (tabla VI.21). Con estos últimos se puede esbozar el gráfico de energía en función de las coordenadas de reacción (figura VI.16).

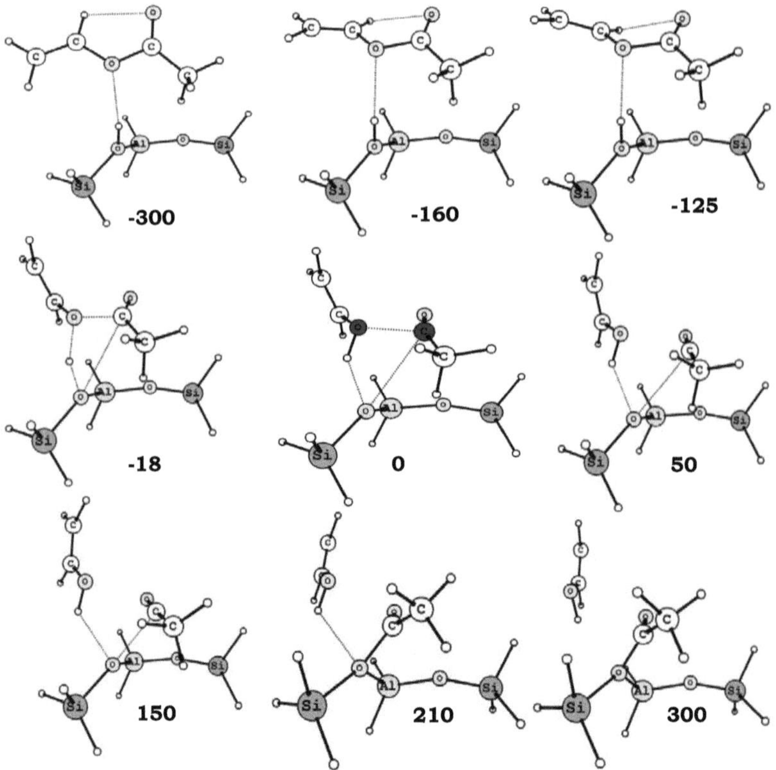

Figura VI.15. *Estructuras de los pasos indicados para el cálculo IRC con acetato de vinilo.*

Se puede apreciar que la etapa de adsorción es levemente exergónica (-7,44 kcal/mol) y la generación del intermediario zeolita-acetilada posee una barrera energética intermedia a la encontrada entre el anhídrido y el cloruro.

Tabla VI.20. *Parámetros termoquímicos (kcal/mol) para la interacción con acetato de vinilo.*

	Acetato de vinilo	Complejo Reactivo	TS	Complejo Producto
ε_0	-192367,69	-805765,29	-805721,58	-805749,29
E_{PZ}	58,92	66,99	62,99	66,11
$E = \varepsilon_0 + E_{PZ}$	-192308,77	-805698,31	-805658,58	-805683,18

Con el valor obtenido para la barrera energética se determinaron los parámetros cinéticos que se resumen en las tablas VI.22 y VI.23. Ya que el valor de la barrera energética es similar a la obtenida para el anhídrido acético, los valores de las constantes de velocidad en un rango de temperatura entre 273 y 500 K son próximos a los obtenidos para el anhídrido.

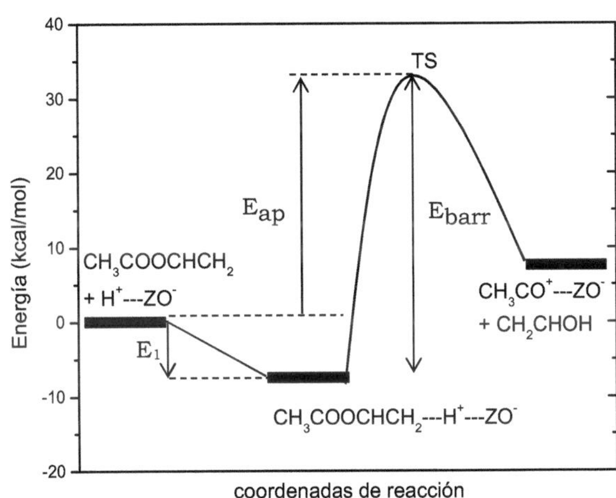

Figura VI.16. *Diagrama de energía para la interacción con acetato de vinilo.*

Tabla VI.21. *E_{barr}, E_{ap} y variaciones de energía (ΔE) para la interacción entre acetato de vinilo y el clúster de zeolita ZSM-5.*

	Reacción 1	Reacción 2	E_{barr}	E_{ap}	Global
ΔE (kcal/mol)	-7,44	15,13	39,72	32,28	7,68

De la misma manera que antes, con los datos de k a diferentes temperaturas, se determinó el valor de la energía de activación empleando la forma lineal de la ecuación de Arrhenius, obteniéndose un valor de 40,44 kcal/mol. Ya que el valor de la energía de activación para el acetato de vinilo es del orden del obtenido para el anhídrido acético, es de esperarse que los parámetros cinéticos sean similares y por lo tanto, también su comportamiento acilante sobre la superficie zeolítica.

Tabla VI.22. *Constantes de velocidad (s^{-1}) a diferentes temperaturas para la reacción con acetato de vinilo en fase gas, obtenidas a partir de la ec. de Eyring.*

T (K)	273	298	348	400	450	500
k (s^{-1})	$8{,}94 \cdot 10^{-20}$	$4{,}55 \cdot 10^{-17}$	$8{,}15 \cdot 10^{-13}$	$1{,}64 \cdot 10^{-9}$	$4{,}76 \cdot 10^{-7}$	$4{,}50 \cdot 10^{-5}$

Tabla VI.23. *Parámetros cinéticos (400 K) para la reacción con acetato de vinilo.*

E_{act}	A	ΔS_{act}	ΔH_{act}	ΔG_{act}
40,44 kcal/mol	$2{,}09 \cdot 10^{13}$ s^{-1}	-2,74 cal/mol	38,85 kcal/mol	39,95 kcal/mol

Por otro lado, teniendo en cuenta el valor de la afinidad protónica (AP=813,9 kJ/mol o 194,4 kcal/mol) [13], también es de esperarse que el acetato de vinilo forme un puente hidrógeno con la zeolita, y ya que la AP es próxima a la del anhídrido acético, se espera que esta interacción sea de magnitud similar. Esto se evidencia en la similitud de valores obtenidos para el calor de adsorción de ambos agentes acilantes (valores de ΔE para las reacciones 1 de las tablas VI.16 y VI.21). Por lo tanto, la tendencia a la transferencia de grupos acilos (de menor a mayor) es la siguiente:

ácido acético < éster < anhídrido acético < cloruro de acetilo

VI.6. ANÁLISIS EMPLEANDO DESCRIPTORES GLOBALES Y LOCALES DE REACTIVIDAD QUÍMICA BASADOS EN FUNCIONALES DE DENSIDAD.

VI.6.1. Marco Teórico

Las relaciones entre las estructuras de las moléculas y sus reactividades siempre han constituido un problema de interés para la química moderna. El término "reactividad química" hace referencia a un grupo de parámetros cuantitativos de posibles centros de reacción en una molécula, en relación a diferentes reactivos y tipos de reacciones. Estos parámetros cuantitativos son generalmente llamados índices de reactividad. De esta manera, un "descriptor de reactividad" o "índice de reactividad" es una cantidad escalar capaz de caracterizar la habilidad de una molécula, ya sea como un todo (descriptor global) o como un fragmento particular (descriptor local), para dar lugar a una reacción química en general o cierto tipo de reacción en particular. Algunos de los descriptores globales más populares son: electronegatividad (χ), potencial electroquímico (μ), dureza química (η), suavidad global (S) y el índice de electrofilicidad global (ω). De los descriptores locales de reactividad se pueden mencionar las Funciones de Fukui, suavidad local y filicidad local. Las definiciones, significados y métodos de evaluación de los descriptores de reactividad utilizados en esta tesis, serán referidos brevemente a continuación.

VI.6.1.1. Descriptores Globales de Reactividad Química.

VI.6.1.1.1. Potencial Electroquímico y Electronegatividad.

La electronegatividad (χ) fue definida por Parr [14] como la variación de energía de un átomo o molécula con respecto al número de electrones bajo un potencial externo V constante (ej: idéntica carga nuclear y posición). Por definición esta es igual al valor negativo del potencial electroquímico (μ) y matemáticamente se puede describir mediante la ecuación VI.7. El potencial electroquímico puede ser tomado como una medida de la tendencia de escape de los electrones de una especie en su estado fundamental.

$$\mu = \left(\frac{\partial E}{\partial N}\right)_V = -\chi \quad \text{(ecuación VI.7)}$$

Para un sistema finito, se puede realizar la aproximación dada por la ecuación VI.8, teniendo en cuenta el potencial de ionización (PI) y la afinidad electrónica (AE) [15]. También se puede aproximar el valor del potencial electroquímico empleando la ecuación VI.9, teniendo en cuenta el teorema de Koopman, el cuál postula que la energía del orbital HOMO debería representar la energía de ionización y la del orbital LUMO la afinidad electrónica, en especies de capa cerrada.

$$\mu \approx -\left[\left(\frac{PI+AE}{2}\right)\right] = -\chi \quad \text{(ecuación VI.8)}$$

$$\mu \approx \frac{\varepsilon_{HOMO}+\varepsilon_{LUMO}}{2} = -\chi \quad \text{(ecuación VI.9)}$$

De esta manera, se puede calcular la electronegatividad y el potencial electroquímico en términos de los orbitales fronteras HOMO y LUMO.

VI.6.1.1.2. Dureza y Suavidad Química.

Los conceptos de dureza y suavidad fueron introducidos por Pearson [16] en los '60s, en conexión con el estudio generalizado de reacciones acido-base de Lewis:

A + :B → A–B

En este sentido, Pearson denominó a los ácidos y las bases como duros o suaves en base a la polarizabilidad y estableció el llamado principio HSAB (de las siglas en inglés Hard Soft Acid

Base): "*los ácidos duros prefieren interactuar con bases duras y los ácidos suaves con bases suaves*". Posteriormente, Pearson y Parr [17] definieron a la dureza como la segunda derivada de la energía con respecto al número de electrones a un potencial externo fijo, esto es:

$$\eta = \frac{1}{2}\left(\frac{\partial^2 E}{\partial N^2}\right)_V \qquad \text{(ecuación VI.10)}$$

La dureza química representa la resistencia de un sistema al cambio en su número de electrones y se puede aproximar mediante la ecuación VI.11, empleando los orbitales fronteras (generalmente el término ½ no se tiene en cuenta [18]):

$$\eta \approx \frac{\varepsilon_{LUMO}-\varepsilon_{HOMO}}{2} \approx \varepsilon_{LUMO} - \varepsilon_{HOMO} \qquad \text{(ecuación VI.11)}$$

La ecuación anterior expresa que la dureza química está relacionada con el salto de energía entre orbitales HOMO y LUMO en una molécula.

La dureza química se encuentra relacionada con otra propiedad atómica o molecular, la suavidad global (S) que se define como el recíproco de la dureza química (ecuación VI.12). Se considera como una medida de la polarizabilidad del sistema, entre más grande sea el sistema químico, más blando o suave será.

$$S = \frac{1}{\eta} \approx \frac{1}{\varepsilon_{LUMO}-\varepsilon_{HOMO}} \qquad \text{(ecuación VI.12)}$$

VI.6.1.1.3. Índice Global de Electrofilicidad.

La interacción de ligandos ha resultado siempre de interés general en catálisis, diseño de drogas y el estudio de funcionamiento de ADN y proteínas. A pesar que muchos tipos de interacciones están involucradas en el proceso, en muchos casos interviene una transferencia de carga parcial a través de enlaces covalentes, enlaces dativos o enlaces puente hidrógeno. La capacidad de un ligando de aceptar precisamente un electrón a partir de un dador, es una medida de su afinidad electrónica (AE). Sin embargo, un interrogante que se planteaba era: ¿en qué medida una transferencia parcial de electrones contribuye a la disminución de la energía total de enlace mediante un flujo máximo de electrones? De esta manera, Parr y col. [19] introdujeron el concepto de índice de electrofilicidad, definido mediante la ecuación VI.13, como medida del poder electrofílico de un ligando (en términos cotidianos utilizados por estos autores como la capacidad para "tironear" de los electrones):

$$\omega \approx \frac{\mu^2}{2\eta} \qquad \text{(ecuación VI.13)}$$

Se denomina ω al índice global de electrofilicidad y proporciona una medida de la estabilización energética del sistema cuando se satura de electrones que provienen del medio externo. Resulta interesante hacer notar que no es necesario contar con un índice de nucleofilidad ya que un sistema con un ω pequeño poseerá un mayor carácter como nucleófilo (mayor nucleofilicidad).

Bajo la aproximación del teorema de Koopman, se puede definir el índice global de electrofilicidad en función del Potencial de Ionización y la Afinidad Electrónica y por otro lado, empleando las energías de los orbitales frontera (ecuación VI.14):

$$\omega \approx \frac{(PI+AE)^2}{8(PI-AE)} \approx \frac{(\varepsilon_{LUMO}+\varepsilon_{HOMO})^2}{8(\varepsilon_{LUMO}-\varepsilon_{HOMO})} \qquad \text{(ecuación VI.14)}$$

VI.6.1.2. Descriptores Locales de Reactividad Química.

Los descriptores globales de reactividad química tales como la electronegatividad, potencial electroquímico, dureza e índice global de electrofilicidad son definidos para el sistema como un todo. Para describir un sitio reactivo en el interior de una molécula, se han propuesto los descriptores locales de reactividad química. Dentro de estos, los más populares son las Funciones de Fukui, Suavidad Local y Filicidad Local.

VI.6.1.2.1. Funciones de Fukui.

La "función frontera" o "función de Fukui", $f(r)$, propuesta en 1984 por Parr y Yang, es por lejos el índice de reactividad local más importante. Este representa el cambio de densidad electrónica $\rho(r)$ en un punto dado r, cuando cambia el número total de electrones, a un valor de potencial externo constante (V). El mismo se define matemáticamente mediante la ecuación VI.15.

$$f(r) = \left(\frac{\partial \rho_{(r)}}{\partial N}\right)_V \qquad \text{(ecuación VI.15)}$$

Existen tres tipos diferentes de funciones de Fukui, en función del tipo de ataque (nucleofílico, electrofílico o radicalario), denominadas:

$f^+(r) = \rho_{N+1}(r) - \rho_N(r)$ para ataques nucleofílicos (ecuación VI.16)

$f^-(r) = \rho_N(r) - \rho_{N-1}(r)$ para ataques electrofílicos (ecuación VI.17)

$f^0(r) = [\rho_{N+1}(r) - \rho_{N-1}(r)]/2$ para ataques radicalarios (ecuación VI.18)

Donde $f^i(r)$ son las funciones condensadas de Fukui en el punto r (con i = 0, + o -), $\rho(r)$ son las funciones de densidad electrónica y los índices N+1, N y N-1 indican el número total de electrones, tomando N como referencia. Por otro lado, resulta más cómodo trabajar con las funciones de Fukui definidas sobre un átomo o grupo de átomos (fragmento) en una molécula, más que asignar un número a un punto del espacio. Para salvar esta situación, se introducen las funciones de Fukui para un átomo k de la molécula: $f_k^+ = P_k(N+1) - P_k(N)$ y $f_k^- = P_k(N) - P_k(N-1)$, donde P_k es la población electrónica del átomo k.

Se han sugerido diferentes maneras para evaluar las funciones condensadas de Fukui, una de las más aceptadas es la propuesta por Yang y Mortimer, en la que luego de integrar $f^i(r)$ sobre una región atómica, se convierten en números y estos son denominados funciones condensadas de Fukui. Ya que la integración de las funciones de densidad electrónica sobre regiones atómicas generan las respectivas poblaciones electrónicas y teniendo en cuenta que la carga atómica (q_k) se relaciona con la carga atómica nuclear (Z_k) y la población electrónica P_k, de manera tal que $q_k = Z_k - P_k$, las ecuaciones anteriores (dejando de lado aquella función para los ataques radicalarios) se transforman en:

$f_k^+ = q_k(N) - q_k(N+1)$ para ataques nucleofílicos (ecuación VI.19)

$f_k^- = q_k(N-1) - q_k(N)$ para ataques electrofílicos (ecuación VI.20)

Donde q_k es la carga sobre el átomo k en la molécula, conteniendo el número de electrones que se indica entre paréntesis. Las cargas atómicas se obtienen a partir de las poblaciones electrónicas, empleando el método propuesto por Hirshfeld [20], el cual ha demostrado presentar numerosas e importantes ventajas frente a otros métodos [21] y empleando el nivel de cálculo B3LYP/6-311G(d) en Gaussian 03. La f_k^+, mide los cambios de la densidad electrónica cuando la molécula gana electrones y se corresponde con la reactividad para un ataque nucleofílico. Por otro lado, la f_k^- indica las zonas reactivas donde se presenta un ataque electrofílico o lo que es lo mismo, evalúa los cambios en la densidad electrónica cuando la molécula pierde electrones.

VI.6.1.2.2. Suavidad Local

Las funciones de Fukui claramente contienen información relativa acerca de la reactividad de diferentes regiones en una molécula, es por lo tanto, un buen índice para comparar la reactividad intramolecular. Para comparar diferentes regiones en distintas moléculas, se suele utilizar otro descriptor llamado suavidad local, $s(r)$, la cual se encuentra relacionada con la función de Fukui ($f(r)$) y la suavidad global (S) mediante la relación $s(r) = S \cdot f(r)$.

La suavidad local condensada sobre un átomo k (s_k^i) se puede calcular usando las funciones condensadas de Fukui (f_k^i) y la suavidad global (S), como se indica en las ecuaciones VI.21 y VI.22.

$s_k^+ = S \cdot f_k^+$ para ataques nucleofílicos (ecuación VI.21)

$s_k^- = S \cdot f_k^-$ para ataques electrofílicos (ecuación VI.22)

La suavidad local, s_k^i, cumple con el principio HSAB a nivel local, es decir: "*los átomos suaves reaccionan preferentemente con átomos suaves*".

VI.6.1.2.3. Electrofilicidad Local.

Otro poderoso descriptor local de reactividad es la electrofilicidad local o simplemente filicidad. Este fue propuesto con la finalidad de dar respuesta al interrogante que cuando dos moléculas reaccionan, una de ellas se comportará como nucleófilo (la que posee la menor electrofilicidad), mientras que la otra será un electrófilo (mayor electrofilicidad).

Considerando la existencia de un índice global de electrofilicidad (ω), se puede definir la electrofilicidad local (ω_k^i) empleando las funciones condensadas de Fukui:

$\omega_k^+ = \omega \cdot f_k^+$ para ataques nucleofílicos (ecuación VI.23)

$\omega_k^- = \omega \cdot f_k^-$ para ataques electrofílicos (ecuación VI.24)

La electrofilicidad local provee la información otorgada por las funciones de Fukui, pero lo contrario no se cumple ya que las funciones de Fukui no contienen información acerca del índice global de electrofilicidad. Esta cantidad describe localmente la distribución de carga adicional en un sistema electrónico y abarca, aparte de la tendencia de un electrófilo a adquirir una carga electrónica adicional, la resistencia del sistema a intercambiar carga electrónica con su entorno.

VI.6.1.3. Principios de la Teoría de Reactividad Química.

Los descriptores de reactividad ofrecen caminos químicos para caracterizar cuantitativamente la reactividad en diferentes clases de reacciones. También es importante hacer notar que la consistencia de estos descriptores, desde el punto de vista físico, se puede justificar en base a la visión tradicional de las relaciones entre la estructura electrónica de una molécula, su reactividad y haciendo uso de principios empíricos tales como: 1) el "*principio hard-soft acid-base (HSAB)*", 2) el "*principio de máxima dureza (PMD)*" y 3) el "*principio de mínima polarizabilidad (PMP)*".

1) ***Principio hard-soft acid-base (HSAB)***: "*los ácidos duros se enlazan fuertemente a las bases duras y los ácidos suaves lo hacen a las bases suaves*".[16]

2) ***Principio de máxima dureza (PMD)***: "*parece haber una regla natural por parte de las moléculas para arreglar su estructura electrónica de manera de ser lo más duras posibles*".[22] Como corolario de este principio, cuando se estudia la variación de la dureza a lo largo de un camino de reacción, el estado de transición debe exhibir una mínima dureza en

comparación con la de los reactivos y productos, esto es, la dureza de activación $\Delta\eta_{act}$ debe ser positiva (ecuación VI.25).

$$\Delta\eta_{act} = \eta_{complejo\, reactivo} - \eta_{TS} > 0 \qquad \text{(ecuación VI.25)}$$

3) Principio de mínima polarizabilidad (PMP): "*la dirección natural de evolución para un sistema es hacia un estado de mínima polarizabilidad*" [23]. Por lo tanto, la dureza mide la estabilidad y la suavidad (polarizabilidad) mide la reactividad.

VI.6.2. Resultados y Análisis

En la tabla VI.24 se presentan los valores obtenidos para las energías de los orbitales HOMO y LUMO en eV (1 eV = 1,6022·10^{-19} J = 3,8293·10^{-23} kcal), como así también la de los descriptores globales de reactividad de las especies interactuantes estudiadas en esta tesis.

Tabla VI.24. *Energía de los orbitales HOMO, LUMO (eV) y descriptores globales de reactividad para las distintas especies interactuantes.*

especie	E_{HOMO}	E_{LUMO}	μ	η	S	ω	$\Delta\eta_{act}$
Ácido acético	-7-73	0,06	-3,84	7,79	0,128	0,94	
Complejo reactivo	-6,97	-1,49	-4,23	5,49	0,182	1,63	1,21
TS	-6,49	-2,20	-	4,28	-	-	
Complejo producto	-7,25	-1,58	-	5,67	-	-	
Cloruro de acetilo	-8,36	-1,38	-4,87	6,98	0,143	1,70	
Complejo reactivo	-7,15	-1,66	-4,41	5,49	0,182	1,77	1,65
TS	-7,07	-3,23	-	3,84	-	-	
Complejo producto	-7,47	-1,99	-	5,49	-	-	
Anhídrido acético	-7,74	-0,91	-4,33	6,83	0,146	1,37	
Complejo reactivo	-6,91	-1,66	-4,23	5,25	0,191	1,75	1,98
TS	-6,89	-3,11	-	3,27	-	-	
Complejo producto	-7,37	-2,05	-	5,32	-	-	
Acetato de vinilo	-7,03	-0,52	-3,78	6,51	0,154	1,10	
Complejo reactivo	-6,98	-1,42	-4,20	5,56	0,180	1,59	1,58
TS	-6,51	-2,54	-	3,98	-	-	
Complejo producto	-6,11	-1,90	-	4,21	-	-	
Clúster-3T	-6,89	-1,64	-4,27	5,25	0,190	1,74	-

Se puede estudiar la tendencia a ocurrir de una reacción química analizando la variación de los saltos electrónicos HOMO-LUMO (y por ende la dureza) partiendo desde los reactivos hacia el estado de transición (figura VI.17) [24]. Se observa que mientras más grande sea el salto HOMO-LUMO (mayor dureza) en los reactivos, más estables serán los mismos y por ende menor su reactividad. Por otro lado, un estado de transición con un salto HOMO-LUMO grande (mayor dureza) es más estable que otro con una transición pequeña y por consiguiente, energéticamente más fácil de alcanzar. En general, la transición HOMO-LUMO debe cambiar lo menos posible a lo largo de la coordenada de reacción [24], es decir, mientras menor sea la cantidad $\eta_R - \eta_{TS}$, más rápido ocurrirá la reacción. De la misma manera, más rápida será una reacción química mientras más suaves sean los reactivos y más duro sea el TS.

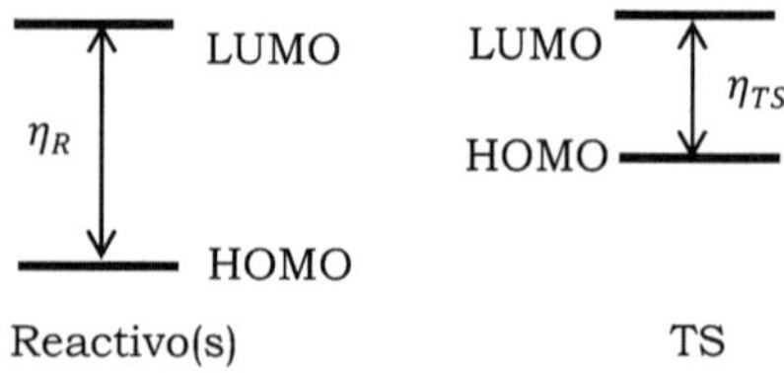

Figura VI.17. *Típico comportamiento de dureza en una reacción química.*

Se puede observar que para la interacción del clúster con todos los agentes acilantes estudiados, se cumple que la dureza de los reactivos y productos es mayor a la del estado de transición y por lo tanto, los valores de $\Delta\eta_{act}$ son positivos. De esta manera se verifica que para todas las interacciones estudiadas se cumple el principio de máxima dureza, por lo que se puede decir que los rearreglos estructurales encontrados acontecen de manera natural. Además, de acuerdo con la definición original de los términos "dureza" y "suavidad", un compuesto duro tiene una menor polarizabilidad que aquél que se denomina suave. Ya que un estado de transición posee más electrones deslocalizados, es más polarizable que los reactivos y los productos. Algunos autores han propuesto que en aquellas reacciones en las que los puntos de partida (reactivos interactuantes) son similares, se puede correlacionar la energía de activación con $\Delta\eta_{act}$. Esto no ocurre en los casos estudiados en esta tesis, por lo que $\Delta\eta_{act}$ no es adecuada para explicar la secuencia de reactividad en reacciones en las que intervienen moléculas de reactivos diferentes y por lo tanto, no es posible hacer una generalización empleando el concepto de dureza de activación para las interacciones estudiadas. Estas observaciones son análogas a lo encontrado por otros autores [5, 10, 25] y podría deberse a que la dureza es un indicador que describe mejor cuando se aplica a reacciones químicas en las que fundamentalmente ocurren interacciones del tipo duro-duro, las cuales son controladas por la carga, y que por lo tanto son de naturaleza iónica [26]. En cambio, las interacciones suave-suave son controladas por los orbitales frontera, debido a la naturaleza covalente de la interacción. Por esto mismo, se espera que los descriptores locales relacionados con la dureza no puedan explicar la secuencia de reactividad encontrada para la interacción del clúster-3T con los diferentes dadores de acilos.

Por otro lado, la electrofilicidad global (tabla VI.24) muestra que la zeolita actúa como un electrófilo (mayor valor de ω) mientras que los dadores de acilos lo hacen como nucleófilos (menores valores de ω que la zeolita y por lo tanto son nucleófilos más fuertes que esta). También se puede observar que en base a los valores de ω, los valores pequeños indican un mejor comportamiento como nucleófilos (electrófilos más débiles), siendo el ácido acético el que presenta la mayor nucleofilia, seguida del acetato de vinilo, luego el anhídrido y finalmente el cloruro de acetilo. Esta secuencia es inversa a la obtenida para las barreras energéticas (E_{barr}) calculadas anteriormente (sección VI.5), lo que indica que los valores de E_{barr} no están directamente relacionados al comportamiento de la zeolita como electrófilo y los dadores de acilos como nucleófilos.

Una vez analizados los indicadores globales de reactividad, se procede a estudiar los descriptores locales de reactividad, los cuales se resumen en la figura VI.18 y en la tabla VI.25.

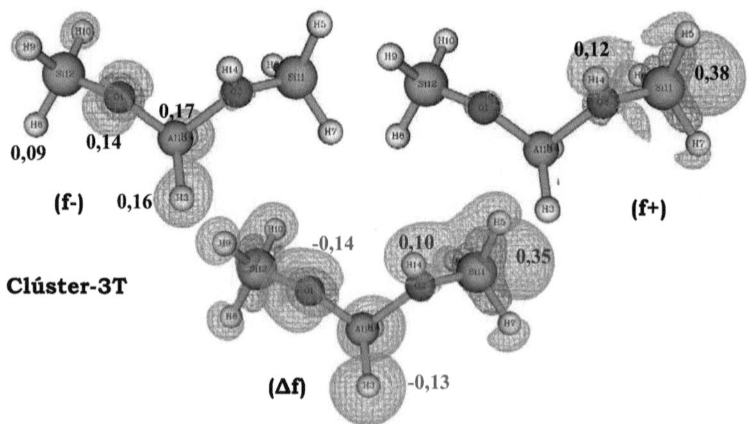

Figura VI.18. *Índices de Fukui (f-, f+) y descriptor dual (Δf) para las diferentes especies interactuantes.*

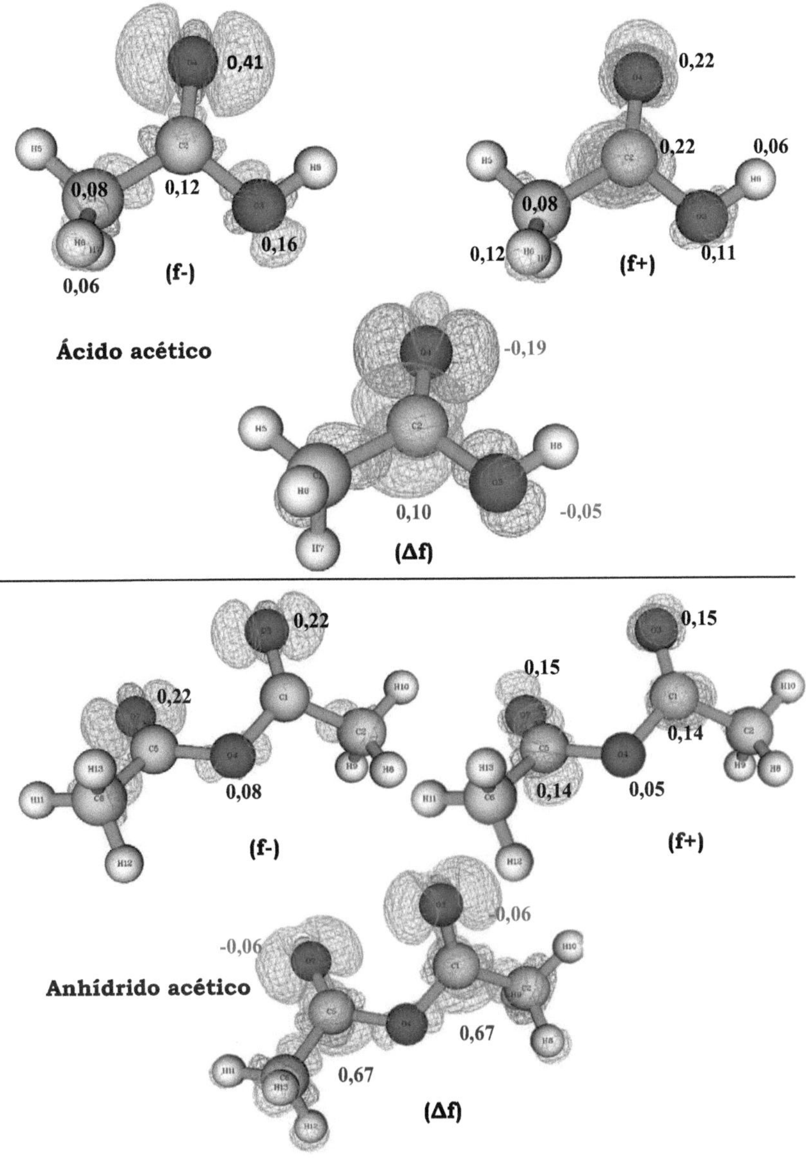

Figura VI.18. *(continuación).*

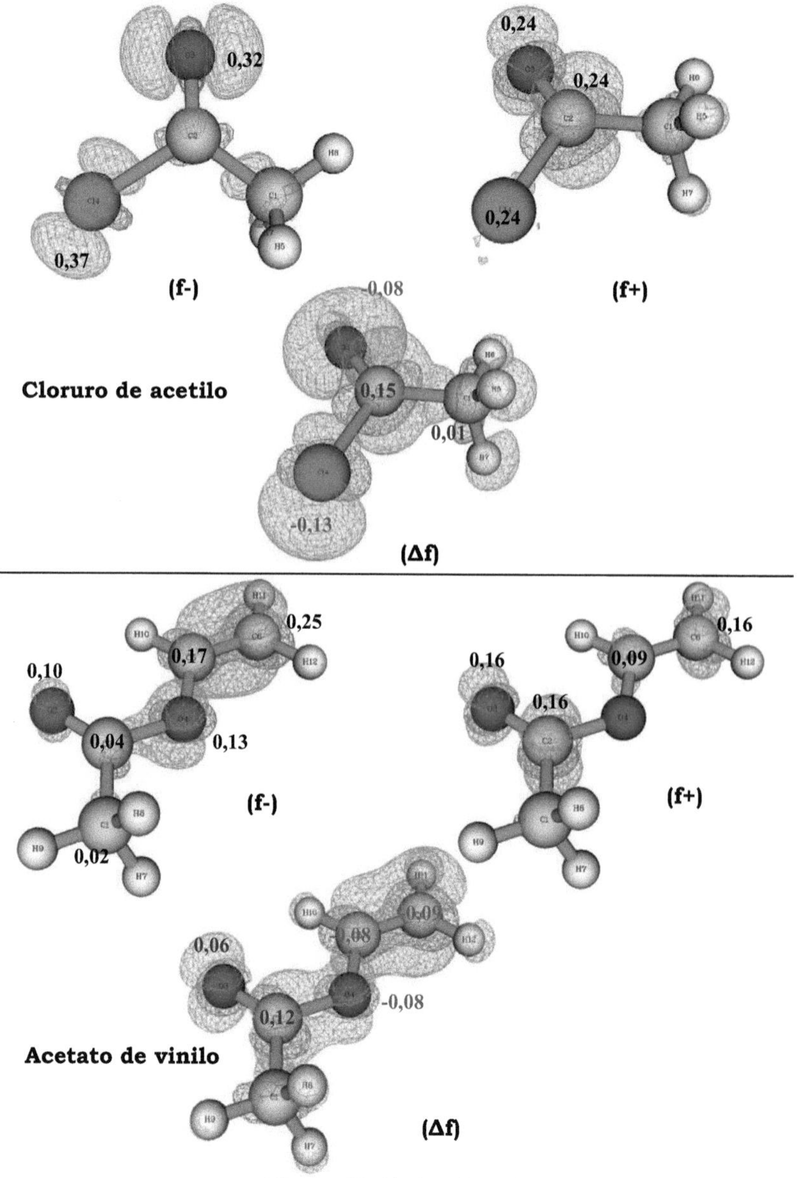

Figura VI.18. *(continuación)*

Tabla VI.25. Suavidad y electrofilicidad local de las diferentes especies interactuantes.

Índices locales de reactividad

Ácido acético

	s-	s+	ω-	ω+
O3	0,020	0,014	0,151	0,103
C2	0,015	0,029	0,112	0,211
O4	0,020	0,014	0,151	0,103
C1	0,010	0,109	0,722	0,080
[1]H	0,008	0,016	0,060	0,114

Cloruro de acetilo

	s-	s+	ω-	ω+
Cl4	0,053	0,034	0,624	0,406
C2	0,014	0,035	0,163	0,419
O3	0,046	0,034	0,546	0,406
C1	0,009	0,009	0,111	0,110
[1]H	0,008	0,012	0,091	0,140

Anhídrido acético

	s-	s+	ω-	ω+
O4	0,011	0,007	0,108	0,068
C1	0,010	0,020	0,097	0,189
O3	0,032	0,022	0,299	0,204
C2	0,008	0,006	0,074	0,060
[1]H	0,006	0,008	0,058	0,073
O7	0,031	0,022	0,288	0,205

Acetato de vinilo

	s-	s+	ω-	ω+
O4	0,019	0,006	0,139	0,004
C2	0,006	0,025	0,040	0,176
O3	0,016	0,024	0,114	0,174
C1	0,003	0,008	0,025	0,054
[1]H	0,005	0,006	0,033	0,042
C6	0,039	0,025	0,276	0,179

Clúster-3T

	s-	s+	ω-	ω+
O1	0,027	-0,001	0,247	-0,004
O2	-0,001	0,010	-0,002	0,093
Si11	0,005	0,072	0,042	0,657
Si12	0,018	0,005	0,164	0,046
Al13	0,033	0,018	0,301	0,162
H14	0,002	0,022	0,023	0,204

[1] H del grupo metilo con mayor valor para el índice estudiado.

Los índices locales de reactividad se calcularon para cada una de las especies interactuantes por separado ya que se pretende realizar predicciones acerca de la reactividad en los diferentes sistemas, sin tener que optimizar la estructura del TS o de los complejos de adsorción.

Las funciones de Fukui (f^+ y f^-) son presentadas como gráficos denominados "isosuperfices de las funciones de Fukui" (obtenidas mediante el software Multiwfn [27]) en donde además se muestran los valores calculados de f^+ y f^- para algunos átomos (aquellos que presentan los mayores valores para estos índices o participan directamente en la interacción con otra especie). La función f^- muestra los sitios de ataques para los electrófilos suaves, mientras que f^+ lo hace para los nucleófilos suaves.

De la misma manera, también se enseñan los valores para el "descriptor dual" (Δf) propuesto por Morell y col. [28], definido mediante la ecuación VI.26. Este descriptor permite, a diferencia de las funciones de Fukui, revelar sitios de ataques nucleofílicos y electrofílicos al mismo tiempo. Si $\Delta f > 0$, el sitio es favorable para un ataque nucleofílico, mientras que si $\Delta f < 0$, lo es para un ataque electrofílico.

$$\Delta f(r) = [f^+(r) - f^-(r)] \approx [\rho_{HOMO}(r) - \rho_{LUMO}(r)] \quad \text{(ecuación VI.26)}$$

Recordemos que para que se forme el intermediario tipo zeolita acetilada, debe ocurrir que un átomo del dador de acilos (al que se denominará X) tiene que interaccionar con el Hidrógeno ácido de la zeolita, a la vez que el átomo de Carbono del grupo carbonilo lo debe hacer con un Oxígeno del clúster que se encuentra adyacente al Aluminio. Por lo tanto, esta reacción se puede estudiar como: 1) el ataque por parte del átomo X (que presenta pares de electrones no compartidos) al protón ácido de la zeolita y 2) el ataque electrofílico del Carbono del grupo carbonilo por parte de un Oxígeno nucleofílico del clúster. Es decir, la reacción entre la zeolita y un dador de acilos consiste en una reacción concertada del tipo ácido-base entre ciertas partes de ambas especies y por otro lado, también ocurre una interacción del tipo electrofílo-nucleófilo.

De esta manera, se procede al estudio de las interacciones que acontecen para la generación del intermediario zeolita-acetilada, las cuales serán clasificadas en dos tipos para su análisis: 1) interacción H---X y 2) interacción C---O.

VI.6.2.1. Interacción H---X.

En la figura VI.18 se observa que tanto f^- como Δf sobre el átomo X de los dadores de acilos manifiestan el carácter nucleofílico de este átomo, por lo tanto, su capacidad de reaccionar con un electrófilo como el hidrógeno ácido del clúster. Para analizar la suavidad local en los agentes dadores de acilos, conviene centrarse en los valores de s^- de los átomos X (tabla VI.25), ya que son los que describen su comportamiento frente al ataque electrofílico. Se puede observar que, salvo para el anhídrido, en los demás dadores de acilo, el átomo X es el que presenta el mayor valor de s^- y por ende es el sitio que sufre el ataque por electrófilos. Para el caso del anhídrido, el mayor valor de s^- se presenta sobre los átomos de O del carbonilo, por lo que estos son los sitios de ataque de preferencia para el protón del clúster. Esto se condice con lo encontrado en el estudio de la sección VI.5.4 en cuanto a la estructura del complejo de adsorción de reactivos para el anhídrido acético, ya que este se adsorbe de manera tal que uno de los átomos de O del grupo carbonilo interacciona con el protón ácido de la zeolita. Tanto para ácido, cloruro y éster, el átomo de O del carbonilo constituye otro posible sitio de ataque nucleofílico pero los valores de s^- son inferiores a los del átomo X.

Por otra parte, teniendo en cuenta al clúster-3T, los valores de f^+ y Δf indican que, además del Silicio con numeración 11 (ver tabla VI.25 para la numeración asignada por el software a los átomos de todas las especies), el H ácido (H14) es un buen sitio para el ataque nucleofílico. Esta conjetura también se confirma a partir del análisis de los valores de s^+ y ω^+. Cabe aclarar que el comportamiento anormal para el átomo de Si11 también fue reportado por otros autores [2].

De esta manera, la interacción que lleva a la generación del enlace H-X, se puede describir cualitativamente y justificar de manera adecuada, haciendo uso de descriptores locales de reactividad, reafirmando además el camino de reacción propuesto.

VI.6.2.2. Interacción C---O.

Como se comentó anteriormente, en la formación del intermediario tipo zeolita-acetilada se genera un enlace entre el carbono carbonílico del dador de acilos y el átomo de O del clúster que además va perdiendo su carácter enlazante con el Hidrógeno ácido. En esta interacción, el O del clúster actúa como nucleófilo y el C del dador de acilo es el electrófilo, según se justifica a continuación.

De los valores de f^+ y Δf (figura VI.18), se observa que los átomos de Carbono del carbonilo se presentan como sitios propensos para el ataque nucleofílico, sin embargo, los átomos de O del C=O presentan un comportamiento anormal con valores elevados de los mencionados indicadores. Este inconveniente también fue observado por Thanikaivelan y col. [29] para la acetona, atribuyendo dicha conducta a la utilización del método de Hirshfeld para realizar la partición de cargas cuando se utiliza determinado set de bases para el cálculo. De todas maneras, a pesar de presentar este inconveniente con algunos sistemas, el método de Hirshfield sigue siendo el más recomendado en la mayoría de los trabajos ya que otorga una menor cantidad de valores negativos para los índices de Fukui y por lo tanto, brinda una mejor interpretación física, lo que falla con la mayoría de las otras metodologías.

Los valores de s^+ para los átomos de C del C=O, al igual que los valores elevados de ω^+, indican que se trata de un centro electrofílico, siendo claramente ω^+ los más grandes en comparación a los demás átomos de la molécula. Esto se cumple para el ácido, cloruro y éster, mientras que el anhídrido presenta un comportamiento anómalo sobre los átomos de O de los grupos C=O, por lo antes explicado. Para el clúster de zeolita, los indicadores que deberían justificar su comportamiento en la generación del enlace C-O, deberían ser s^- y ω^- del átomo de O2, sin embargo, esto no resulta evidente, producto de un valor negativo de f^-, que consecuentemente afecta a los valores de s^- y ω^-.

Así, los índices locales de reactividad presentan algunas anomalías al intentar describir la interacción entre la zeolita y los dadores de acilos mediante la interacción C---O. Por este motivo, se estudiarán otros métodos con la finalidad de justificar los reordenamientos obtenidos con el cálculo IRC.

VI.6.2.3. Transferencia de Densidad Electrónica Global.

Otra forma de estudiar las interacciones entre moléculas es utilizando el concepto de Transferencia de Densidad Electrónica Global (GEDT, de las siglas en inglés *Global Electron Density Transfer*) recientemente propuesto por Domingo y col. [18, 30]. Esto consiste en determinar la GEDT en el TS mediante compartición de las cargas naturales al TS, obtenidas mediante análisis NBO (Natural Bond Orbital), entre un fragmento aceptor y otro donor. El concepto de GEDT proviene de observar que la transferencia de densidad electrónica que tiene lugar en las reacciones iónicas y polares no son procesos locales, sino que más bien, tiene lugar un flujo global de densidad electrónica desde el nucleófilo hacia el electrófilo, siendo independiente del modo de aproximación de ambos reactivos.

De manera muy breve se describe el origen de GEDT, con la finalidad de aplicarlo al estudio de las interacciones encontradas en esta tesis. Recordemos que el potencial electroquímico (μ) se relaciona con la electronegatividad (χ) mediante la ecuación VI.7 y que μ está asociado a la facilidad de intercambio de densidad electrónica de una molécula con su entorno, en el estado de menor energía. Por otro lado, Sanderson postuló el Principio de Igualación de la Electronegatividad en química, por lo cual, de manera abreviada y relacionando con el concepto de GEDT, se plantea: cuando dos moléculas A y B, con $\mu_A > \mu_B$, se aproximan, hay un flujo de densidad electrónica desde A (la especie menos electronegativa) hacia B (la especie más electronegativa), para equilibrar el potencial electroquímico μ_{AB} en el nuevo sistema interactuante. Mientras mayor sea la diferencia de potencial electroquímico $\Delta\mu_{A-B}$, mayor será GEDT.

Con este enfoque, se estudia la interacción del clúster-3T con los agentes acilantes, mediante la posibilidad de transferencia de densidad electrónica global en un TS polar. Para ello, se determinaron las cargas NBO de cada uno de los TS, obtenidos a nivel de cálculo B3LYP/6-311+G(d) y luego de discriminar las cargas de los átomos que corresponden a ambas especies interactuantes, se realizó la sumatoria de las mismas para obtener el valor de GEDT en cada fragmento. Los valores de GEDT de cada uno de los complejos reactivos se presentan en la tabla VI.26. Se observa que existe una transferencia de densidad electrónica global de 0,245-0,290 para los cuatro TS planteados. Esto sugiere la posibilidad de una estabilización adicional del estado de transición polar mediante aporte de densidad electrónica global desde el agente acilante (donor) hacia el clúster-3T (aceptor). Se observa además que los valores de GEDT siguen la secuencia encontrada para las E_{barr} encontradas anteriormente (sección VI.5: $E_{barr,ácido} < E_{barr,éster} < E_{barr,anhídrido} < E_{barr,cloruro}$.

Por lo tanto se puede pensar que los valores de GEDT están relacionados con los de E_{barr} y por ende, la transferencia de densidad electrónica global es la que permite estabilizar los TS encontrados.

Tabla VI.26. *Valores de GEDT obtenidos mediante análisis de cargas obtenidas por el método NBO.*

Molécula donor en el TS	Ácido acético	Acetato de vinilo	Anhídrido acético	Cloruro de acetilo
GEDT	0,249	0,269	0,271	0,281

En la figura VI.19 se muestran las representaciones en 3D de las zonas de transferencias de densidad electrónica entre el clúster-3T y los diferentes dadores de acilos. Las zonas verdes corresponden a las isosuperficies en donde ha incrementado la densidad electrónica mientras que las amarillas representan aquellas en las cuales la densidad electrónica ha disminuido. Con la finalidad de una mejor visualización de cada una de las zonas, estas se presentan por separado, a la izquierda las zonas en donde se incrementa la densidad electrónica (isosuperficies verdes) y a la derecha las zonas en donde la densidad electrónica ha disminuido (isosuperficies amarillas), cada una de ellas en la orientación adecuada para facilitar su visualización y en algunos casos escaladas por un factor (indicado entre paréntesis).

En la figura VI.19 se observa que en todos los casos hay un incremento de densidad electrónica en la zona entre el H ácido del clúster y el átomo X del dador de acilos (señalado como 1), siendo más notoria en el TS para el cloruro de acetilo. Por otro lado, también se observa un incremento de la densidad electrónica entre el C del carbonilo y el átomo de O del clúster (señalado como 2), esta vez siendo la de menor tamaño para el cloruro. Este comportamiento observado para el cloruro podría indicar que en el TS, el aporte de densidad electrónica global se realiza principalmente por la interacción H-X, con una menor contribución por parte de la interacción C-O. Contrariamente y relativo a lo que se aprecia para el cloruro, en el ácido acético se observa una zona de mayor tamaño para la interacción C-O mientras que la zona de interacción H-X indica una menor transferencia de densidad electrónica. Por esto último, y ya que la estabilidad de los TS es $TS_{cloruro} > TS_{ácido}$, siendo además el $TS_{cloruro}$ el que presenta el mayor valor de GEDT, se podría pensar que la generación del enlace H-X en el TS provoca una mayor estabilización por transferencia de densidad electrónica (en comparación al aporte de densidad electrónica por generación del enlace C-O). Por lo tanto, el aporte de densidad electrónica que genera el enlace H-X en el TS le aporta mayor estabilidad.

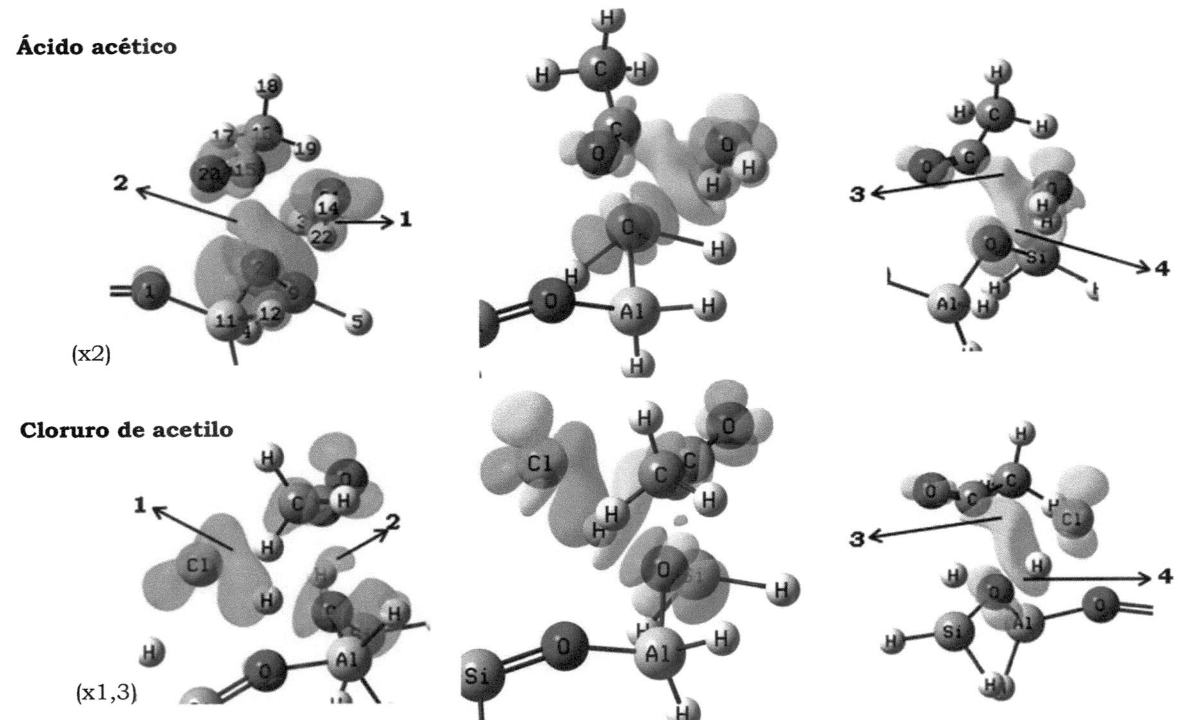

Figura VI.19. *Representaciones 3D de las regiones donde ocurren transferencias de densidad electrónica durante la interacción entre el clúster de zeolita y los dadores de acilos.*

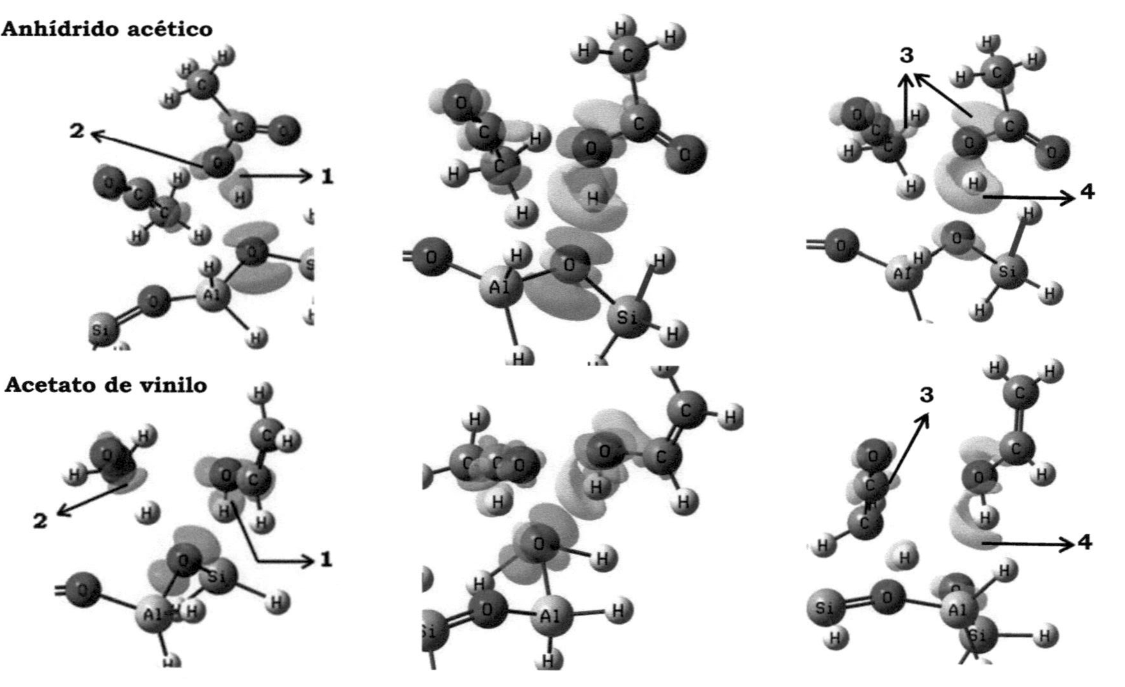

Figura VI.19. *(continuación).*

Por otro lado, en la figura VI.19 también se observan las regiones en color amarillo que indican disminución de la densidad electrónica en el TS. Estas hipersuperficies se observan principalmente entre el C del carbonilo y el átomo X, lo que indica la pérdida del carácter enlazante entre estos átomos (indicadas con el número 3 en la figura VI.19). También se observa, en menor grado, la disminución de densidad electrónica entre los átomos de H y O del clúster (indicados en la figura VI.19 con el número 4).

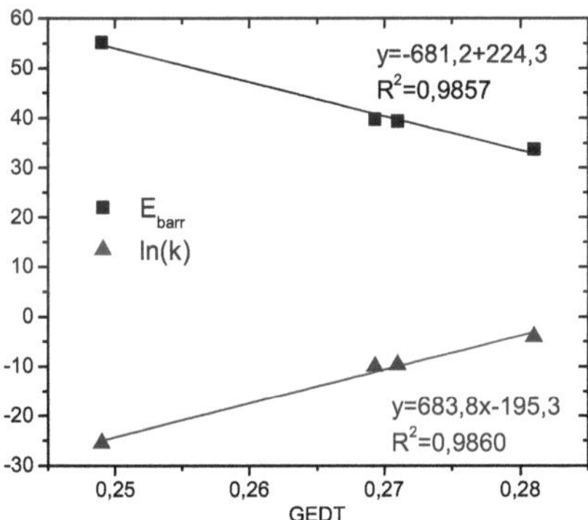

Figura VI.20. *Gráfica de E_{barr} y ln(k) en función de GEDT para la interacción entre el clúster de zeolita y los diferentes agentes dadores de acilos.*

De esta manera, se confirman los resultados obtenidos en la sección VI.5 para el reordenamiento encontrado mediante el cálculo IRC, lo que justifica el mecanismo de reacción propuesto para la interacción entre la zeolita ZSM-5 y compuestos orgánicos dadores de acilo, como así tambien la reactividad relativa de los dadores de acilo estudiados. Por otro lado, estos resultados también son acordes a los obtenidos en la sección VI.6, por cuanto la reacción no se puede describir en términos de la dureza de las especies intervinientes en el TS (equivalente a pensar que no está influenciada por la generación de cargas en el sistema) sino más bien gobernada la por la interacción nucleófilo-electrófilo suave-suave, es decir, mediante la transferencia de densidad electrónica global desde el nucleófilo al electrófilo.

Para finalizar esta sección, en la figura VI.20 se presentan los valores de: E_{barr} y ln k (k es la constante de velocidad a 500K) en función de los valores de GEDT calculados. Se puede observar que no solo los valores de E_{barr} (determinados anteriormente en esta tesis) están relacionados con los de GEDT, sino que también lo están las constantes de velocidad de reacción. Estos resultados reafirman la idea que los factores que estabilizan al TS disminuyen la barrera energética entre reactivos y el TS e incrementan la velocidad de reacción. Por otro lado, la interacción del tipo electrófilo-nucleófilo suave-suave es la principal responsable de los GEDT encontrados en los TS y consecuentemente, el factor que posibilita el desarrollo de la reacción en estudio.

VI.7. DENSIDADES DE ESTADOS EN LA INTERACCIÓN ENTRE DADORES DE ACILOS Y ZEOLITA ZSM-5.

En la región de enlace, los orbitales vecinos deben presentar niveles energéticos cuasi degenerados. En tales casos, considerando únicamente los orbitales HOMO y LUMO podría no llegarse a una descripción realista de los orbitales frontera [31]. Por ello, el último estudio que se realizará con la finalidad de describir la interacción entre el clúster de zeolita ZSM-5 y los diferentes dadores de acilos, consiste en el empleo de diagramas de Densidad de Estados (DOS, de las siglas en inglés Density of States), Densidad Proyectada de Estados (PDOS, del inglés Partial Density of States) y Densidad de Estado de las Poblaciones Solapadas (OPDOS = Overlap Population Density of States, también denominado COOP = Crystal Orbital Overlap Population). Estos gráficos se determinaron empleando el software Gaussum 2.2 [32].

Ya que no es objetivo de esta tesis ahondar en los conceptos mecano-cuánticos relacionados a la física del estado sólido (que son los que permiten explicar los conceptos de DOS), sino más bien, de manera cualitativa y a los fines comparativos, utilizar la herramienta que brinda el software Gaussum para realizar un estudio sencillo que permita justificar la intervención de los diferentes átomos/grupos que participan en la interacción clúster-3T y los agentes dadores de acilo. Sin embargo, con el fin de facilitar la interpretación de los resultados obtenidos, se presentan de manera simplificada algunos conceptos elementales en el tema.

Brevemente, los diagramas DOS, PDOS y OPDOS, proveen una representación pictórica de la composición de los orbitales moleculares y su contribución al enlace químico. Los diagrama DOS utilizados en esta tesis brindan información acerca del carácter y número de los niveles monoelectrónicos (orbitales moleculares) (ε_i) en función de la energía (E) para un dado intervalo de energía [33]. La densidad total de estados electrónicos, definida mediante la ecuación VI.27, en donde, si $N(E)\partial E$ denota el número de orbitales en el intervalo de energía infinitesimal ∂E, entonces, la integral evaluada en el intervalo de energía E_1 y E_2 resulta en el número de estados monoelectrónicos para ese intervalo.

$$N(E)\partial E = \sum_i \delta(E - \varepsilon_i) \qquad \text{(ecuación VI.27)}$$

Por otro lado, los diagramas PDOS muestran lo mismo que los DOS, pero discriminado por átomos o grupos de átomos, es decir, la contribución de un fragmento determinado (átomo o grupo de átomos) a la función monoelectrónica molecular. En tanto que, los diagramas OPDOS muestran la naturaleza enlazante, antienlazante y no-enlazante de dos orbitales, átomos, o grupos. Un valor positivo en la gráfica OPDOS indica una naturaleza enlazante (debido a los valores positivos para las poblaciones de solapamiento), mientras que valores negativos indican una interacción antienlazante (debido a las poblaciones de solapamiento negativas) y son de carácter no-enlazante si su valor es cero [34]. Todos estos conceptos son comprendidos mejor cuando se aplican a los casos particulares.

Los diagramas DOS, PDOS y OPDOS para el ácido acético se muestran en la figura VI.21. En el gráfico correspondiente al DOS total se puede apreciar un salto de energía HOMO-LUMO de 4,18 eV. En el mismo se indica la posición del orbital HOMO mediante una línea vertical de trazo discontinuo. Como en las reacciones químicas, son generalmente los orbitales frontera (HOMO y LUMO) los que participan en la generación y rupturas de enlaces (en algunos casos participan los orbitales HOMO-2, HOMO-1, LUMO+1 o LUMO+2), se analizarán las zonas circundantes a los orbitales HOMO y LUMO en los diagramas PDOS y OPDOS.

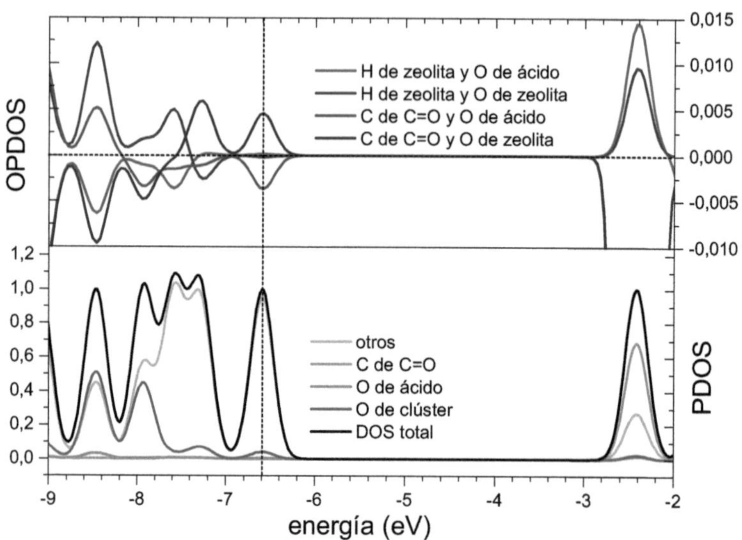

Figura VI.21. *Diagramas DOS, PDOS y OPDOS para la interacción clúster-3T y ácido acético.*

En la gráfica PDOS se muestra la contribución de los diferentes fragmentos al DOS total, en donde el fragmento denominado "otros" está formado por todos aquellos átomos que no son los que participan directamente de las interacciones estudiadas. Se puede apreciar que en la zona de energía -7,8 eV a -6 eV, el fragmento "otros" es el que tiene mayor contribución, mientras que el C del carbonilo y O del clúster contribuyen escasamente. En la zona -8,8 eV a -7,8 eV, el C de C=O y O del clúster contribuyen aproximadamente en la misma medida. Por otra parte, el orbital LUMO posee una mayor contribución del C carbonílico y en menor medida del O del clúster.

En la gráfica superior (correspondiente al OPDOS), se puede apreciar una interacción enlazante (curva marrón por encima de cero) entre el C del C=O y el O de la zeolita en la zona de -7,5 eV a -6,0 eV, mientras que en la misma zona se observa una interacción antienlazante entre el mencionado C y el O sp^3 del ácido acético. Por otro lado, en la región -3,1 eV a -2,0 eV donde se presenta el orbital LUMO, se observa una interacción enlazante entre el H ácido de la zeolita y el O sp^3 del ácido acético, como así también entre este H ácido y el O del clúster. En la misma zona se presenta una fuerte interacción antienlazante (fuera de escala en la gráfica) entre el C del C=O y O de la zeolita. Se puede afirmar entonces que en las inmediaciones del orbital HOMO prevalecen las interacciones enlazantes entre C del C=O y O del clúster, frente a la interacción entre el H ácido de la zeolita y el O sp^3 del ácido acético, mientras que en la zona del LUMO, la que tiene mayor contribución enlazante es la interacción H--X frente a la C--O. Todos estos resultados permiten reforzar lo expuesto en las secciones anteriores acerca de los átomos y enlaces que intervienen en la generación del intermediario tipo zeolita acetilada para el ácido acético.

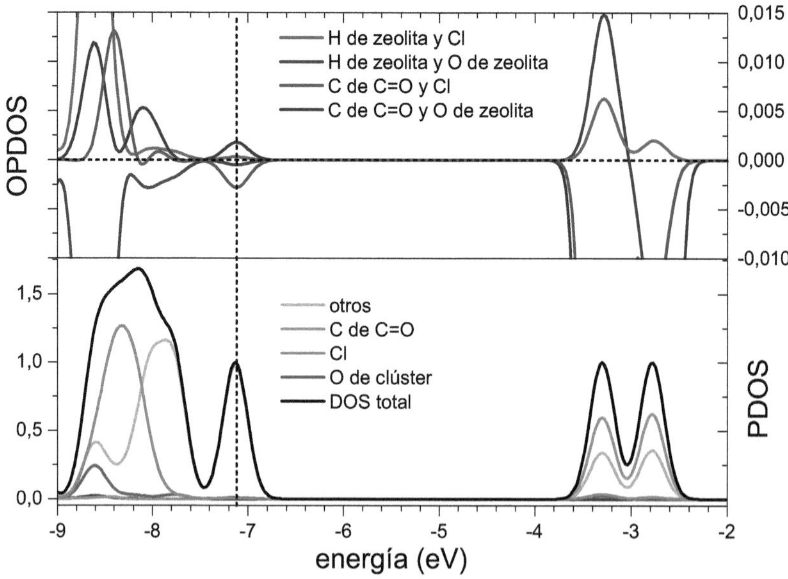

Figura VI.22. *Diagramas DOS, PDOS y OPDOS para la interacción clúster-3T y cloruro de acetilo.*

En la figura VI.22 se presentan los gráficos DOS total, PDOS y OPDOS para la interacción entre cloruro de acetilo y el clúster de zeolita. En este caso, se puede observar algunas diferencias con respecto al anterior. En primer lugar, la diferencia de energía HOMO-LUMO es menor (3,84 eV) a la del ácido acético, lo que confirma lo analizado en la sección VI.6.2, por cuanto el cloruro de acetilo es un nucleófilo más suave que el ácido acético. Por otra parte, el diagrama PDOS en la zona -9,0 a -7,8 eV muestra una notoria contribución por parte del átomo de Cloro, en comparación al escaso aporte del O sp^3 del ácido acético en el respectivo TS (curva naranja en el diagrama PDOS de la figura VI.20). En cambio, presenta menor contribución por parte del átomo de O del clúster, la cual a su vez, era un poco mayor para la interacción con ácido acético. Esta variación en los diagramas PDOS de los mencionados átomos, ponen de manifiesto una mayor población electrónica para el átomo de Cl en el TS, en comparación a la población electrónica del O sp^3 del ácido acético en el respectivo TS, para esa zona de energía. En el intervalo -9,0 a -6,5 eV del diagrama OPDOS se puede apreciar una curva color magenta de gran intensidad debida a la interacción enlazante entre el H ácido de la zeolita y el átomo de Cl, como así también otra interacción de menor magnitud (curva marrón) entre el C del C=O y el O del clúster. Esto nos lleva a reafirmar la generación de un TS mediante las interacciones mencionadas anteriormente, lo que termina justificando el reacomodamiento de los átomos que se observa en el camino IRC y las zonas de incremento/disminución de densidad electrónica obtenidas mediante GEDT.

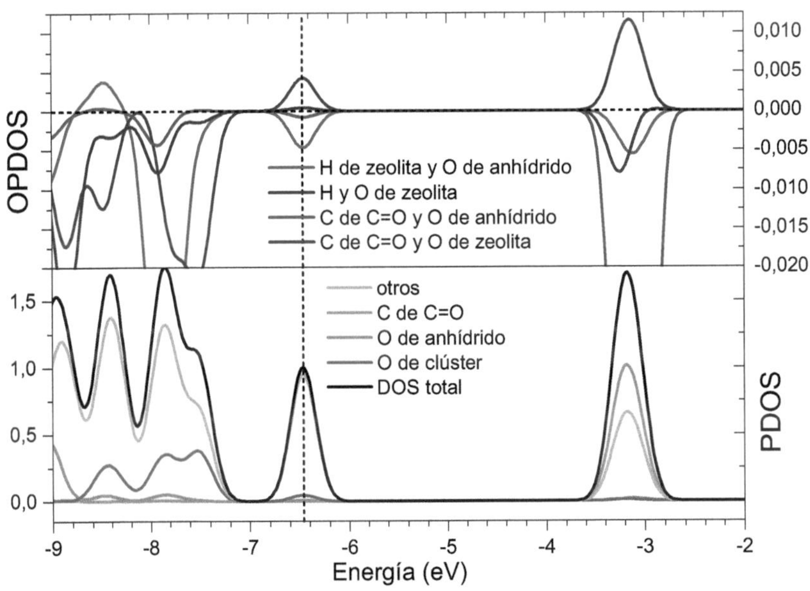

Figura VI.23. *Diagramas DOS, PDOS y OPDOS para la interacción clúster-3T y anhídrido acético.*

Por otro lado, la figura VI.23 muestra los respectivos diagramas DOS total, PDOS y OPDOS para el TS con anhídrido acético. Para este caso, la diferencia de energía entre HOMO-LUMO es de 3,22 eV, siendo menor que la encontrada para el cloruro de acetilo. En el gráfico PDOS se puede observar una menor contribución por parte de los átomos seleccionados en la zona de mayor energía (-9,0 a -6,0 eV), siendo únicamente significativa la contribución por parte del O del clúster. En la zona del LUMO, el comportamiento es similar que para los anteriores.

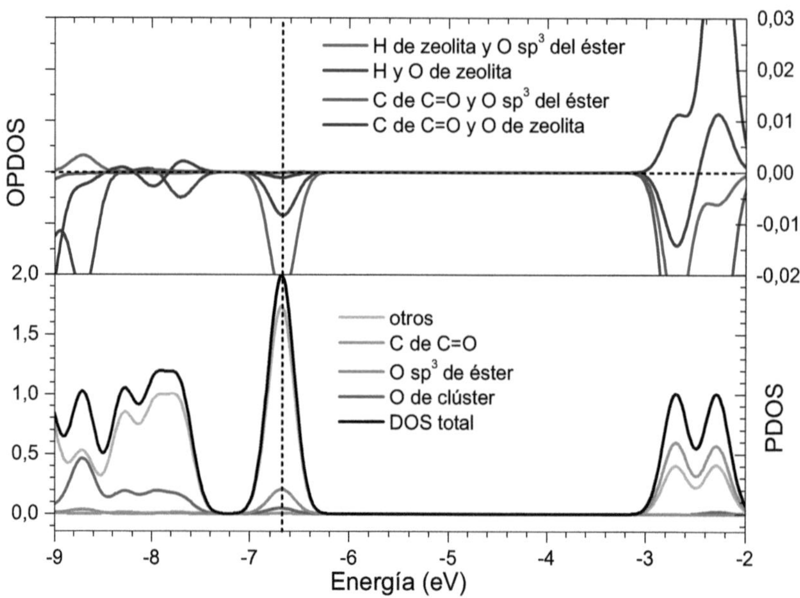

Figura VI.24. *Diagramas DOS, PDOS y OPDOS para la interacción clúster-3T y acetato de vinilo.*

En la gráfica OPDOS se observa fundamentalmente una gran disminución de las densidades de estados solapadas, indicando un fuerte carácter no enlazante entre los átomos seleccionados, solamente la curva magenta y la azul son positivas en el rango -8,8 a -8,2 eV y -6,8 a -6,2 eV, correspondiente a las interacciones H de zeolita y O sp^3 de anhídrido, por un lado y por otro entre H y O de la zeolita, respectivamente. Por otro lado, en la zona correspondiente al orbital LUMO, se observa un incremento en la densidad de estados solapadas y por ende una fuerte interacción enlazante entre el C del C=O y el O de la zeolita. Probablemente, esta sea la que hace posible la interacción entre el anhídrido acético y el clúster-3T.

La figura VI.24 muestra las curvas DOS total, PDOS y OPDOS para el acetato de vinilo. En este caso el salto electrónico HOMO-LUMO es de 3,99 eV, valor intermedio entre el del anhídrido y el cloruro. El gráfico PDOS muestra una contribución en la zona -9,0 a -7,0 eV por parte del O de la zeolita y es despreciable para los demás átomos seleccionados. Se observa también que el orbital HOMO posee cierta contribución por parte del O sp^3 del éster, mientras que en la zona que corresponde al LUMO no hay mayores cambios con respecto a lo ya explicado para los otros dadores de acilo.

El diagrama OPDOS de la figura VI.22 permite apreciar interacciones enlazantes en las zonas donde se hace positiva la curva color magenta (-9,0 a -8,5 eV) y en dos zonas para la curva marrón, indicando el carácter enlazante entre el H ácido del clúster y O sp^3 del anhídrido, como así también entre el O de la zeolita y el C carbonílico del éster. Ninguno de los fragmentos seleccionados para el estudio contribuye de manera notoria al carácter enlazante en el orbital HOMO. En cuanto a las interacciones en la zona del LUMO, son de tipo enlazante entre C del carbonilo y la zeolita, mientras que son similares a los casos anteriores, es decir, antienlazantes para los demás grupos.

VI.8. CONCLUSIONES DEL CAPÍTULO VI

- El reordenamiento de átomos, obtenido mediante el cálculo IRC, que acontece desde que el dador de acilo es adsorbido sobre el clúster para llegar a la formación de un estado de transición y posteriormente a un intermediario del tipo zeolita-acetilada, permite observar lo siguiente:

    - Ruptura del enlace C-X en los agentes dadores de acilos.
    - Ruptura del enlace O-H en el clúster de zeolita.
    - Formación de un enlace C-O entre el carbonilo de la especie orgánica y uno de los átomos de O del clúster.
    - Generación de un enlace H-X entre protón ácido de la zeolita y el grupo/átomo X del dador de acilos.

- La tendencia a la transferencia de grupos acetilos hacia el clúster-3T, en base a los valores de E_{barr}, sigue la secuencia en orden creciente: ácido acético < éster < anhídrido acético < cloruro de acetilo.
- Los índices de reactividad global indican que el clúster de zeolita tiene una mayor tendencia para actuar como electrófilo, mientras que los agentes dadores de acilo tienden a hacerlo como nucleófilos. El orden creciente de nucleofilia es inverso al de E_{barr}: ácido acético > éster > anhídrido acético > cloruro de acetilo, lo que indica que el comportamiento del clúster como electrófilo y los dadores de acilo como nucleófilos no son los responsables de los valores de E_{barr} calculados.
- Los valores de GEDT siguen el mismo orden que E_{barr}, por lo tanto, es la transferencia de densidad electrónica global la que permite justificar la estabilidad de los TS para los diferentes dadores de acilo. Las representaciones 3D de las zonas en donde ocurren transferencia de densidad

electrónica en el TS permiten reafirmar el camino IRC encontrado.

- Los diagramas OPDOS permiten corroborar la formación del enlace C-O entre el C=O del agente acilante y uno de los O del clúster, además del enlace H-X entre el protón de la zeolita y grupo X del agente acilante. Esto se pone de manifiesto mediante las partes positivas de las mencionadas curvas, que revelan el carácter enlazante de los mismos, reafirmando de esta manera los reordenamientos atómicos encontrados en el camino IRC. Estos diagramas también corroboran la ruptura de los enlaces C-X en el dador de acilos y H-O en el clúster de zeolita, mediante la presencia de zonas negativas de las curvas, manifestando el carácter antienlazante de los mismos.

REFERENCIAS

[1] Panjan, W., Limtrakul, J., Journal of Molecular Structure 654 (2003) 35-45.

[2] Cuán, A., Galván, M., Chattaraj, P.K., Journal of Chemical Sciences 117 (2005) 541-548.

[3] Deka, R.C., Ajitha, D., Hirao, K., The Journal of Physical Chemistry B 107 (2003) 8574-8577.

[4] Sherwood, P., H. de Vries, A., J. Collins, S., P. Greatbanks, S., A. Burton, N., A. Vincent, M., H. Hillier, I., Faraday Discussions 106 (1997) 79-92.

[5] Vos, A.M., Schoonheydt, R.A., De Proft, F., Geerlings, P., Journal of Catalysis 220 (2003) 333-346.

[6] Kresnawahjuesa, O., Gorte, R.J., White, D., Journal of Molecular Catalysis A: Chemical 208 (2004) 175-185.

[7] Ochterski, J.W. "Gaussian white paper "Thermochemistry in Gaussian"", 2000, http://www.gaussian.com/g_whitepap/thermo.htm.

[8] Vos, A.M., Rozanska, X., Schoonheydt, R.A., van Santen, R.A., Hutschka, F., Hafner, J., Journal of the American Chemical Society 123 (2001) 2799-2809.

[9] Vos, A.M., De Proft, F., Schoonheydt, R.A., Geerlings, P., Chemical Communications (2001) 1108-1109.

[10] Geerlings, P., Vos, A.M., Schoonheydt, R.A., Journal of Molecular Structure: THEOCHEM 762 (2006) 69-78.

[11] Hemelsoet, K., Moran, D., Van Speybroeck, V., Waroquier, M., Radom, L., The Journal of Physical Chemistry A 110 (2006) 8942-8951.

[12] Piccini, G., Alessio, M., Sauer, J., Angewandte Chemie International Edition 55 (2016) 5235-5237.

[13] Datos de la Base de Datos de Referencia Estándar del NIST 69: Libro del Web de Química del NIST, http://webbook.nist.gov/cgi/cbook.cgi?ID=C108054&Mask=29.

[14] Parr, R.G., Donnelly, R.A., Levy, M., Palke, W.E., The Journal of Chemical Physics 68 (1978) 3801-3807.

[15] Pearson, R.G., Journal of Chemical Sciences 117 (2005) 369-377.

[16] Pearson, R.G., Journal of the American Chemical Society 85 (1963) 3533-3539.

[17] Parr, R.G., Pearson, R.G., Journal of the American Chemical Society 105 (1983) 7512-7516.

[18] Domingo, L., Ríos-Gutiérrez, M., Pérez, P., Molecules 21 (2016) 748.

[19] Parr, R.G., Szentpály, L.v., Liu, S., Journal of the American Chemical Society 121 (1999) 1922-1924.

[20] Hirshfeld, F.L., Theoretica chimica acta 44 (1977) 129-138.

[21] Davidson, E.R., Chakravorty, S., Theoretica chimica acta 83 (1992) 319-330.

[22] Pearson, R.G., Accounts of Chemical Research 26 (1993) 250-255.

[23] Ghanty, T.K., Ghosh, S.K., The Journal of Physical Chemistry 100 (1996) 12295-12298.

[24] Zhou, Z., Parr, R.G., Journal of the American Chemical Society 112 (1990) 5720-5724.

[25] Vos, A.M., Schoonheydt, R.A., De Proft, F., Geerlings, P., The Journal of Physical Chemistry B 107 (2003) 2001-2008.

[26] Chatterjee, A., en: M.V. Putz, D.M.P. Mingos (Eds.), Applications of Density Functional Theory to Chemical Reactivity, Springer Berlin Heidelberg, Berlin, Heidelberg, 2012, pág. 159-186.

[27] Lu, T., Chen, F., Journal of Computational Chemistry 33 (2012) 580-592.

[28] Morell, C., Grand, A., Toro-Labbé, A., The Journal of Physical Chemistry A 109 (2005) 205-212.

[29] Thanikaivelan, P., Padmanabhan, J., Subramanian, V., Ramasami, T., Theoretical Chemistry Accounts 107 (2002) 326-335.

[30] Domingo, L.R., RSC Advances 4 (2014) 32415-32428.

[31] Karabacak, M., Kose, E., Atac, A., Ali Cipiloglu, M., Kurt, M., Spectrochimica Acta Part A: Molecular and Biomolecular Spectroscopy 97 (2012) 892-908.

[32] O'Boyle, N.M., Tenderholt, A.L., Langner, K.M., Journal of Computational Chemistry 29 (2008) 839-845.

[33] Finetti, M., Estudio de las propiedades geométricas, electrónicas, magnéticas y de la reactividad química de pequeños agregados de Ni-Sn, Universidad Nacional de Salta, 2010.

[34] Chen, M., Waghmare, U.V., Friend, C.M., Kaxiras, E., The Journal of Chemical Physics 109 (1998) 6854-6860.

CAPÍTULO VII

CONCLUSIONES Y RESUMEN DE RESULTADOS

VII.1. PREPARACIÓN DE ZEOLITA ZSM-5 A PARTIR DE PERLITA

Se pudo preparar una zeolita ZSM-5 partiendo de Perlita Expandida como fuente de Si y Al, utilizando un método que evita el empleo de moléculas orgánicas como agentes directores de estructura, lo que involucra bajo costo y una menor contaminación medioambiental. La zeolita ZSM-5 obtenida posee un alto grado de cristalinidad, superficie BET de 290 m^2/g, una relación Si/Al de 38,5 y una acidez total de 0,251 mmol de py/g, debida a la presencia de sitios ácidos de Brønsted, careciendo de sitios ácidos de Lewis a los fines prácticos. Las partículas presentan forma prismático-hexagonal de unos 6 μm de longitud, aproximadamente.

Las condiciones óptimas de trabajo se resumen en la figura VII.1.

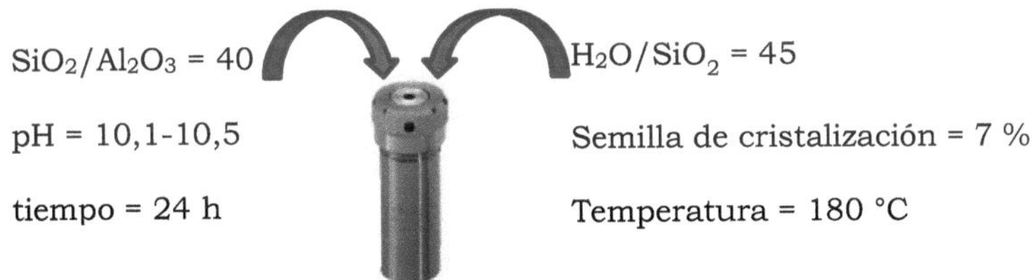

Figura VII.1. *Condiciones óptimas para la preparación de zeolita ZSM-5 a partir de Perlita.*

Cambiando el pH del gel de síntesis, se pueden obtener otras zeolitas como Phillipsita (pH 13,0) y Analcima (pH 13,3), como se resume en la (figura VII.2).

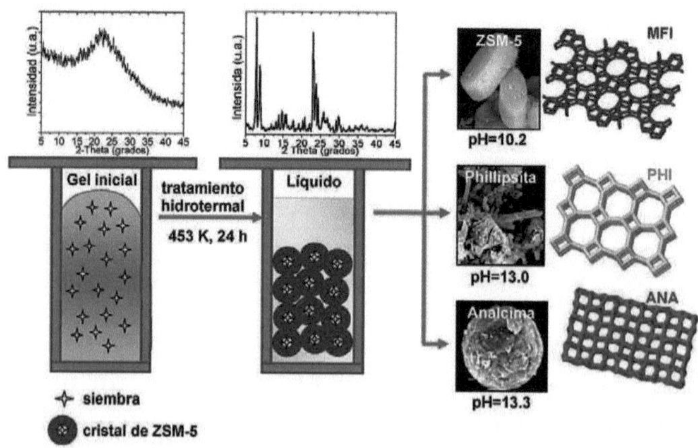

Figura VII.2. *Síntesis de zeolitas a partir de Perlita.*

Los cambios estructurales que acontecen en los tratamientos hidrotermales, bajo diferentes condiciones operacionales, se ponen de manifiesto en los patrones de Difracción de Rayos X, espectros FTIR, caracteres texturales obtenidos a partir de las isotermas de adsorción de N_2 y caracteres morfológicos observados en Microscopía Electrónica de Barrido.

De esta manera, se cumple con el primer objetivo particular de la tesis: *"optimizar la preparación de un catalizador heterogéneo del tipo zeolita ácida, utilizando una metodología de síntesis que contemple la revalorización de materia prima abundante de la región y evite de manera total o parcial el empleo de sustancias orgánicas como agentes directores de estructura. La finalidad es aportar conocimiento acerca de la preparación de un material zeolítico utilizando un método de preparación más ecológico que el utilizado en la actualidad".* Por otra parte, se verifica tambien la primera hipótesis planteada: "l*a perlita, un silicoaluminato natural, posee en su composición una cantidad considerable de sílice (SiO_2) y alúmina (Al_2O_3) que puede ser utilizada con la finalidad de reorganizar su estructura amorfa en una estructura porosa, ordenada y periódica del tipo zeolita ácida*".

El modelo de cristalización de la zeolita ZSM-5 a partir de Perlita Expandida se puede explicar mediante el modelo de Kolmogorov-Johnson-Mehl-Avrami, en el que la curva de cristalización presenta una forma sigmoidal donde se pueden observar tres etapas: 1) período de inducción, 2) período de transición y 3) período de cristalización. Comparado con aquellos sistemas que utilizan una fuente soluble de Si y en ausencia de agentes orgánicos directores de estructura, la síntesis hidrotermal que utiliza Perlita Expandida, presenta valores menores de energía de activación en todas sus etapas.

En la síntesis hidrotermal que usa Perlita, ambas etapas de la nucleación presentan energía de activación superior a la de la cristalización, esto indica que la nucleación es la etapa determinante de la velocidad del proceso y una vez que la Perlita ha provisto de las correspondientes especies reactivas al medio, puede ocurrir que: i) las especies se depositen sobre las estructuras preformadas de las semillas de siembra y ii) que las especies reactivas formen nuevos núcleos cristalinos. En ambos casos, los núcleos crecen hasta alcanzar un tamaño adecuado para dar comienzo a la etapa de crecimiento cristalino.

El valor de 3,4 para el coeficiente de la Ley de Avrami indica que las tres dimensiones del espacio están comprometidas en el crecimiento de los cristales, con una nucleación del tipo instantánea y esporádica, es decir, que se forman núcleos instantáneamente y por otro lado, estos incrementan linealmente con el tiempo.

El mecanismo de cristalización propuesto es del tipo dual, con cristalización en la superficie de siembra y generación de nuevos núcleos. Los pasos propuestos consisten en: (i) disolución parcial de la sílice y alúmina presentes en los materiales de partida, (ii) generación del gel de síntesis, (iii) generación de nuevos núcleos, (iv) deposición superficial de las especies en crecimiento, (v) las especies en crecimiento se ordenan para formar el producto cristalino definitivo.

VII.2. MODIFICACIÓN ESTRUCTURAL DE ZEOLITA ZSM-5 PARA GENERAR MATERIALES CON JERARQUÍA DE POROS

Material Micromesoporoso con Estructura de Mesoporos Organizada en una red MCM-41

Se pudo generar un material denominado H-ZSM-5/MCM-41 a partir de una hidrólisis alcalina parcial de la red MFI, permitiendo que los fragmentos de la red microporosa de zeolita ZSM-5 se depositen alrededor de estructuras micelares con forma de rodillos y agrupadas hexagonalmente. Para ello es fundamental la utilización de un agente generador de mesoporosidad, bromuro de dodeciltrimetilamonio, que permite la organización adecuada de los fragmentos, generando las paredes del material. De esta manera, se conservan los microporos de la red MFI y se crean mesoporos ordenados en la estructura de un nuevo material.

La estructura del material obtenido se verifica fundamentalmente mediante la presencia de señales en la zona baja de 2θ del Difractograma de RX, la presencia de mesoporos y un gran incremento en la superficie BET son determinados a partir de la isoterma de adsorción de N_2 y además, se puede apreciar un material con un arreglo hexagonal que presenta estrías longitudinales, debido a la presencia de canales, lo que se pone de manifiesto mediante Microscopía Electrónica de

Transmisión. Los espectros FTIR del material con piridina adsorbida ponen en evidencia las características ácidas del mismo.

De esta manera, se puede modificar estructuralmente la Perlita para dar origen a una zeolita ZSM-5 y posteriormente reestructurar esta red para obtener un material que mantiene las características ácidas de la zeolita ZSM-5, pero que al mismo tiempo, presenta poros de mayor tamaño (mesoporos) y por lo tanto, mejores propiedades difusionales.

Materiales Micromesoporosos con Estructura de Mesoporos en menor grado de Organización

El tratamiento con una solución alcalina sobre la zeolita ZSM-5 con una adecuada relación Si/Al, permite generar mesoporos. Controlando el tiempo de tratamiento, se puede conservar la red microporosa, dando origen a materiales con una estructura jerárquica de poros. Un tratamiento prolongado ejerce un mayor efecto destructivo, pudiendo llegar a desorganizar completamente la red MFI. Por otro lado, los tratamientos por tiempos cortos, no son lo suficientemente efectivos para generar una mesoporosidad apreciable.

Los cambios estructurales provocados por el tratamiento alcalino se ponen de manifiesto mediante las isotermas de adsorción de N_2, las cuales permiten determinar la presencia de mesoporos. La observación de diferentes grados de microporosidad en la estructura se debe a que se mantiene gran parte de la red MFI, como lo manifiestan las señales respectivas en los espectros FTIR y los difractogramas de Rayos X. Por otro lado, la acidez de los materiales se debe fundamentalmente a la presencia de sitios ácidos de Brønsted, siendo despreciable la acidez de Lewis.

De este modo, el tratamiento con una solución alcalina de NaOH representa una manera económica de generar mesoporosidad en una zeolita ZSM-5, para lo cual, controlando adecuadamente las condiciones de trabajo, se consigue mantener los microporos y con ellos, las características ácidas del material de partida.

Estas conclusiones, permiten verificar el segundo objetivo particular de la tesis: "d*isminuir las barreras difusionales del catalizador zeolítico preparado, con la finalidad de incrementar el espectro de sustratos a utilizar en una catálisis heterogénea en solución y conservando las propiedades ácidas del material microporoso inicial*". Por otro lado, comprueban la tercera hipótesis planteada: *"la zeolita ZSM-5 posee una adecuada acidez de tipo Brønsted para catalizar reacciones de transesterificación, pero su estructura microporosa introduce limitaciones estéricas en cuanto al tamaño de los sustratos. Para ello, los materiales porosos con estructura MCM-41, eluden estos inconvenientes estéricos y permiten mantener las fuertes características ácidas, siempre que se mantenga la estructura microporosa en un material con estructura jerárquica de poros, tal como H-ZSM-5/MCM-41"*.

VII.3. ACTIVIDAD CATALÍTICA DE ZEOLITAS EN REACCIONES DE TRANSESTERIFICACIÓN

Las zeolitas: H-ZSM-5, H-Y y H-13X, demostraron poseer actividad catalítica en diferentes reacciones de transesterificación. Por otra parte, las reacciones de transesterificación utilizando β-cetoésteres, acontecen sin la necesidad de utilizar zeolitas como catalizadores ácidos.

La transesterificación entre acetato de vinilo y alcohol isoamílico puede ser estudiada ajustando las variables operacionales del proceso, lo que permite obtener acetato de isoamilo con buen grado de conversión y selectividad. Esta reacción acontece de manera favorable en solventes con menor constante dieléctrica tales como CCl_4 y tolueno, mientras que se observa una conversión escasa en solventes con mayor polaridad (dimetilformamida y acetonitrilo). Este comportamiento es acorde con el planteo de un mecanismo de reacción concertado, en el que luego de adsorberse el acetato de vinilo, se disocia para formar un intermediario zeolita-acetilada, paso en el cuál, simultáneamente se libera alcohol vinílico, el cuál tautomeriza en acetaldehído (figura VII.3).

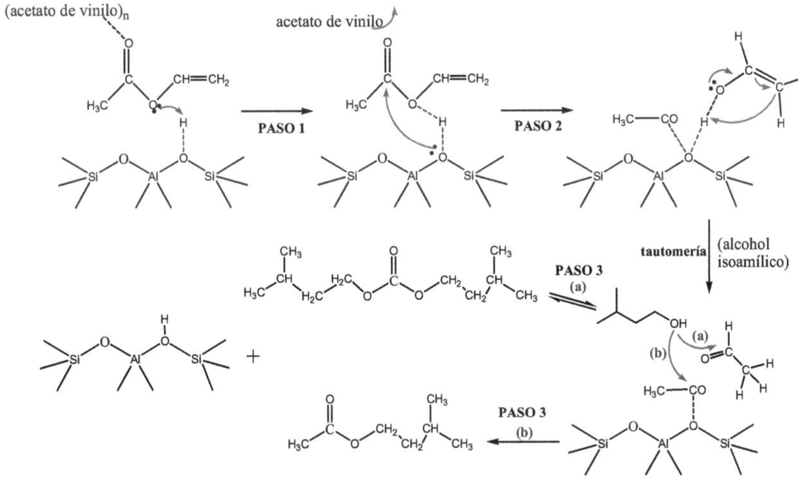

Figura VII.3. *Pasos involucrados a la reacción entre acetato de vinilo y alcohol isoamílico*

La reacción de transesterificación entre acetato de vinilo y alcohol isoamílico compite con la cetalización del acetaldehído generado (figura VII.3). La cetalización resulta favorecida a menores temperaturas y podría ser la misma zeolita quien cataliza la reacción inversa a la cetalización. De esta manera, un incremento de temperatura favorece la reacción inversa a la cetalización, lo que se traduce en una mayor selectividad para el acetato de isoamilo. Por otra parte, la concentración de reactivos no presenta una gran influencia en la selectividad de la reacción, ya que un incremento en la cantidad de acetato de vinilo genera mayor cantidad de zeolita acetilada y también de acetaldehído, en tanto que el incremento de la concentración de alcohol isoamílico permite obtener mayor cantidad de acetato de isoamilo y al mismo tiempo incrementa la cantidad de acetal generado.

La influencia del tipo de red zeolítica y la presencia de mesoporos, ejercen un efecto que no puede ser explicado de manera sencilla teniendo en cuenta solo el tamaño de los poros y la distribución de sitios ácidos. Por lo tanto, se plantea que la red en su conjunto podría estar ejerciendo un efecto deslocalizador de electrones sobre el estado de transición, lo que se traduce en un efecto de confinamiento, debido a la red en el que se presenta un conjunto de factores que podrían ser potenciados o antagonizados.

La reacción de transesterificación estudiada es de segundo orden cuando se trabaja en exceso de uno de los reactivos, pudiéndose describir mediante el siguiente modelo cinético, el cual permite explicar el comportamiento observado experimentalmente para las situaciones en la que se trabaja con exceso de alguno de los reactivos:

$$v_R = \frac{k_1[AcOvin]^2[*_{tot}]}{1 + \frac{k_1[AcOvin]^2}{k_2[IsoamOH]} + \frac{k_1[AcOvin]^2}{k_3[IsoamOH]^2}}$$

El planteo del modelo cinético surge de la siguiente serie de pasos (figura VII.3):

Paso 1: adsorción del acetato de vinilo, el cual viene acompañado por una o más moléculas, cuya función es dirigir hacia el sitio ácido de la zeolita.

Paso 2: el acetato de vinilo adsorbido sobre la zeolita cede el grupo acetilo a la superficie del catalizador para generar una zeolita acetilada y liberar alcohol vinílico. Este último tautomeriza a acetaldehído en el medio de reacción.

Paso 3: el ataque nucleofílico por parte del alcohol isoamílico puede ocurrir sobre dos sitios diferentes para generar diferentes productos de reacción:

a) cetalización: el ataque sobre el carbonilo del acetaldehído genera el correspondiente acetal.
b) transesterificación: el ataque sobre el intermediario zeolita acetilada permite obtener acetato de isoamilo.

Si se trabaja a temperaturas elevadas, se puede obtener de manera selectiva el acetato de isoamilo, es decir, la temperatura juega un papel importante en la selectividad de la reacción, permitiendo obtener acetato de isoamilo con un 79 % de selectividad, frente al 21 % para el acetal.

De esta manera, se cumple el objetivo particular número 3: *"estudio de la actividad de los catalizadores preparados en procesos de interés actual que necesitan de una catálisis ácida, para los cuales, las zeolitas poseen una reconocida aceptación. El comportamiento de estos catalizadores heterogéneos es estudiado en reacciones de transesterificación con interés en la preparación de productos de la química fina y aditivos alimentarios"*. Por otro lado, también se da cumplimiento al cuarto objetivo, planteado en el capítulo II: *"optimización de los parámetros operacionales para la preparación de acetato de isoamilo (esencia de bananas) empleando un proceso de transesterificación, evitando los sistemas catalíticos que involucren la participación de ácidos minerales como catalizadores"*.

Finalmente, queda también verificada la hipótesis 2: *"la acidez que presentan los catalizadores zeolíticos se puede aprovechar para catalizar la transferencia de grupos acilos en reacciones de transesterificación. Particularmente, el acetato de isoamilo se puede obtener a partir de una reacción de transesterificación, utilizando la forma ácida de una zeolita ZSM-5 como catalizador sólido y alquenil ésteres como agentes dadores de grupos acilos".*

VII.4. MECANISMO DE REACCIÓN PARA LA TRANSFERENCIA DE GRUPOS ACILOS EN ZEOLITAS

En base al mecanismo de reacción planteado, se pudo realizar un estudio teórico para justificar los rearreglos atómicos que conllevan a la generación del intermediario zeolita-acetilada. Para ello, se estudiaron las interacciones de cuatro agentes dadores de acilo (ácido acético, cloruro de acetilo, anhídrido acético y acetato de vinilo) con un clúster-3T de zeolita ZSM-5. El modelado del camino de reacción con todos ellos permite visualizar los enlaces que se rompen/forman partiendo de los complejos de adsorción, ascendiendo en la hipersuperficie de energía potencial para alcanzar el estado de máxima energía (estado de transición) y posteriormente descender hasta llegar a los respectivos productos (zeolita acetilada + HX). Estas etapas se resumen en la figura VII.4., donde X representa de manera general un átomo/grupo, dependiendo del dador de acilos utilizado (X= OH para ácido acético; Cl para cloruro de acetilo, $OCOCH_3$ en anhídrido acético y $OCHCH_2$ en acetato de vinilo). En la secuencia de los pasos del cálculo IRC encontrados se puede observar lo siguiente:

i) Ruptura del enlace C-X en el dador de acilos.
ii) Ruptura del enlace O-H en la zeolita.
iii) Formación del enlace O-X entre la zeolita y el dador de acilos.

iv) Formación del enlace H-X entre la zeolita y el dador de acilos.

Este reordenamiento electrónico es justificado mediante diferentes metodologías tales como el concepto de Transferencia de Densidad Electrónica Global (GEDT) y los diagramas de densidades de estado (DOS, PDOS y OPDOS), como así también mediante los índices locales de reactividad, que ponen de manifiesto los sitios de ataques nucleofílicos y electrofílicos, tanto en el clúster de zeolita como en los diferentes dadores de acilo.

Por otra parte, los índices de reactividad global confirman lo encontrado en el cálculo IRC, justificando el comportamiento de los dadores de acilos como nucleófilos suaves y el del clúster de zeolita como un electrófilo suave. La interacción nucleófilo-electrófilo permite justificar la generación del enlace C-O en la interacción, pero no son adecuados para justificar los valores de las barreras energéticas observadas en el camino de reacción. A su vez, la interacción zeolita-dador de acilo, también puede ser estudiada desde el punto de vista de una interacción ácido-base, en el cuál la zeolita se comporta como un ácido de Brønsted, mientras que el agente acilante se comporta como una base. Este comportamiento también pudo ser justificado mediante el concepto de GEDT y los diagramas de densidades de estados.

Figura VII.4. *Mecanismo general para la interacción del clúster-3T con un agente dador de acilo.*

A partir del estudio teórico se pueden determinar diferentes parámetros termodinámicos y cinéticos que permiten predecir un orden de reactividad para la transferencia de grupos acetilos. El orden encontrado (ácido acético < acetato de vinilo < anhídrido acético < cloruro de acetilo) es coherente con los resultados reportados por otros autores.

De esta manera, se verifica la hipótesis iv: *"el mecanismo de reacción de transesterificación catalizado por los sitios ácidos de Brønsted de zeolitas, particularmente H-ZSM-5, puede ocurrir mediante un mecanismo concertado, en donde es posible la generación de un intermediario tipo zeolita acetilada"* y por otra parte, se cumplimenta con el quinto objetivo particular de la tesis: *"proponer un posible mecanismo de reacción mediante planteo racional, basado en datos experimentales y teóricos para los procesos de transesterificación catalizados por solidos ácidos del tipo zeolitas"*.

VII.5. CONCLUSIÓN FINAL

Se pudo sintetizar diferentes catalizadores heterogéneos del tipo zeolita ácida, partiendo de Perlita, un mineral natural abundante en la región del NOA (Argentina), empleando un método de preparación que ocasiona una menor contaminación medioambiental. Los catalizadores preparados fueron evaluados en diferentes reacciones de transesterificación, optimizando los parámetros operacionales del proceso para la reacción entre acetato de vinilo y alcohol isoamílico, lo que permite obtener acetato de isoamilo con buen grado de selectividad. A partir del estudio particular de esta reacción, se pudo plantear un modelo cinético que se adapta a los resultados experimentales, esbozando una posible secuencia de pasos que describe adecuadamente la formación de productos e intermediarios de reacción. Finalmente, los métodos computacionales de cálculo aplicados a la química, permitieron inferir en aspectos mecanísticos de la mencionada reacción, justificando la formación de un intermediario zeolita-acetilada, acorde a los resultados experimentales que se conocen en la actualidad.

APÉNDICE A

A1. SUSTANCIAS QUÍMICAS

- Silicato de sodio (s): Fischer; Na_2O 27,7 % en peso, relación SiO_2/Na_2O aproximada de 2:1.
- Na-ZSM-5 ALSI-Penta SN27, SiO_2/Al_2O_3=20-25, tamaño de cristales: 1-3 µm aproximadamente.
- Ácido sulfúrico concentrado: Merck, 98 % p/p, p.a., δ=1,84 g/mL.
- NH_4Cl (s): Aldrich, 99,998 %.
- NH_4NO_3 (s): Cicarelli, p.a.
- NaOH (s): Sigma-Aldrich, grado reactivo, ≥98%.
- Bromuro de cetiltrimetilamonio (s): Sigma-Aldrich, ≥99%.
- KBr (s): Cicarelli, p.a.

A.2. DEDUCCIÓN DE LAS FÓRMULAS PARA CALCULAR LA DENSIDAD DE SITIOS ÁCIDOS DE BRØNSTED Y LEWIS

El coeficiente integrado de extinción molar (CIEM) se define como:

$$CIEM = \int \epsilon \cdot d\sigma \qquad \text{(ecuación A.1)}$$

donde ϵ es el coeficiente de absorptividad molar (dm³/mol·cm) y σ es el número de onda (cm⁻¹).

Por otra parte, la ley de Lambert-Beer es:

$$A = \epsilon\, c\, D \qquad \text{(ecuación A.2)}$$

siendo A la absorbancia ($A = log(I_0/I)$, donde I_0 e I son las intensidades de las radiaciones incidentes y transmitidas, respectivamente), c es la concentración (mol/dm^3) y D el camino óptico (cm).

La integración de la ecuación A.2 sobre la banda X de la especie Y en el espectro IR, da como resultado:

$$AI(X) = CIEM(X) \cdot c(Y) \cdot D \qquad \text{(ecuación A.3)}$$

donde *AI* es la absorbancia integrada (cm^{-1}) de la banda X en el espectro IR, *c(Y)* es la concentración (mol/dm^3) de la especie Y en la pastilla autosoportada del catalizador y D el espesor de la pastilla (cm).

La cantidad de Y por cm^2 de pastilla, ø(Y), expresada en unidades de $mmol/cm^2$, es:

$$\emptyset(Y) = c(Y) \cdot D \qquad \text{(ecuación A.4)}$$

Combinando las ecuaciones A.3 y A.4, se obtiene:

$$\emptyset(Y) = AI(X)/CIEM(X) \qquad \text{(ecuación A.5)}$$

La cantidad de piridina (py) sobre los sitios ácidos de Brønsted (B) y Lewis (L), no se puede conocer de manera separada, sin embargo, la suma total de estos sitios se puede calcular con la ecuación A.6.

$$\emptyset(py\ en\ B) + \emptyset(py\ en\ L) = \emptyset(py) = {}^{cantidad\ de\ py\ adsorbida}\!/_{\pi \cdot R^2}$$

(ecuación A.6)

Sustituyendo la cantidad de piridina adsorbida sobre los sitios de Brønsted ($\emptyset(py\ en\ B)$) y sobre los de Lewis ($\emptyset(py\ en\ L)$), se obtiene:

$$AI(B)/CIEM(B) + AI(L)/CIEM(L) = {cantidad\ de\ py\ adsorbida}/{\pi \cdot R^2}$$

(ecuación A.7)

Por otra parte, Emeis ajustó mediante una recta, aplicando el método de cuadrados mínimos, los valores de absorbancia integradas (AI) en función de las cantidades de piridina absorbidas (µmol), expresando la pendiente de la recta (cm-1/µmol) como:

$$pendiente\ (X) = \frac{\Delta AI(X)}{\Delta cantidad\ de\ py\ absorbida}$$ (ecuación A.8)

Diferenciando la ecuación A.7 con respecto a la cantidad de piridina y sustituyendo $\frac{dAI(X)}{d(cantidad\ de\ py)} \cong pendiente(X)$, para X igual a Brønsted o Lewis, se puede llegar a:

$$\pi \cdot R^2[pendiente(B)/CIEM(B) + pendiente(L)/CIEM(L)] = 1$$

(ecuación A.8)

Resolviendo esta ecuación empleando los valores de las pendientes obtenidas por Emeis, al realizar un ajuste con el método de cuadrados mínimos, se obtiene:

$$CIEM(B) = 1{,}67 \frac{cm}{\mu mol}$$

$$CIEM(L) = 2{,}22 \frac{cm}{\mu mol}$$

A partir de estos valores, la cantidad de piridina adsorbida (concentración), por gamo de catalizador, sobre los sitios ácidos de Brønsted y Lewis, se puede calcular dividiendo ø por la masa de pastilla por cada cm^2, de la siguiente manera:

$$C(py\ en\ B) = 1{,}88 \cdot AI(B) \cdot R^2/W$$ (ecuación A.9)

$$C(py\ en\ L) = 1{,}42 \cdot AI(L) \cdot R^2/W$$ (ecuación A.10)

donde C es la concentración de piridina sobre el catalizador, por cada gramo; *AI* son las absorbancias integradas (áreas bajo la curva de los espectros IR en cm^{-1}), *R* el radio de la pastilla (cm) y *W* la masa de la pastilla (mg). Las ecuaciones A.9 y A.10 son las mismas ecuaciones III.3 y III.4, respectivamente, empleadas para calcular la densidad de sitios ácidos en los catalizadores ZSM-5 de esta tesis.

APÉNDICE B

B1. GEL DE SÍNTESIS Y MASAS MOLARES

"Gel de síntesis" es el término apropiado que frecuentemente se utiliza en el área de preparación de zeolitas para denominar al sistema de reacción que surge luego de ajustar las diferentes condiciones del sistema que será sometido a un posterior tratamiento hidrotermal. Como su nombre lo indica y de acuerdo a la definición propuesta por la IUPAC para un gel, el mismo consiste en una red coloidal no-fluida que expandió su volumen debido a la presencia de una fase fluida (fase discontinua). La fase fluida contiene especies disueltas formando una solución (por ejemplo: diferentes unidades TO_4 solubles en agua) y otras dispersas como pequeñas partículas de SiO_2 o Al_2O_3. Por otra parte, la fase continua contiene especies poliméricas organizadas en una red, de manera tal que permiten retener la fase fluida. Una vez que el gel de síntesis es llevado a la temperatura de reacción, comienzan a ocurrir una serie de depolimerizaciones catalizadas por iones OH^-, que conllevan a la desestructuración del gel y reorganización de una nueva fase, culminando en la cristalización de una zeolita.

$\mathcal{M}_{SiO_2}$= 60,0843 g/mol

$\mathcal{M}_{Al_2O_3}$ = 101,9613 g/mol

$\mathcal{M}_{Na_2O}$ = 61,9789 g/mol

$\mathcal{M}_{Na_2SiO_3.9H_2O}$ = 284,2000 g/mol

B.2 CÁLCULOS ESTEQUIOMÉTRICOS DEL CAPÍTULO IV

1) Moles de SiO_2 presentes en la Perlita:

$$n_{SiO_2\,Perlita} = m_{Perlita} \times \frac{(\%\ de\ SiO_2\ en\ Perlita)}{100\ g\ de\ Perlita} \times \frac{1}{\mathcal{M}_{SiO_2}}$$

$$n_{SiO_2\,Perlita} = 0{,}4000\ g\ de\ Perlita \times \frac{73{,}4\ g\ de\ SiO_2}{100\ g\ de\ Perlita} \times \frac{1}{60{,}0843\frac{g}{mol}\ de\ SiO_2}$$

$$n_{SiO_2\,Perlita} = 4{,}89 \cdot 10^{-3}\ moles\ de\ SiO_2\ en\ la\ Perlita$$

Dónde:

$n_{SiO_2\,Perlita}$ = moles de SiO_2 presentes en la Perlita

$m_{Perlita}$ = masa en gramos de Perlita

2) Moles de Al_2O_3 presentes en la Perlita:

$$n_{Al_2O_3\,Perlita} = m_{Perlita} \times \frac{(\%\ de\ Al_2O_3\ en\ Perlita)}{100\ g\ de\ Perlita} \times \frac{1}{\mathcal{M}_{Al_2O_3}}$$

$$n_{Al_2O_3\,Perlita} = 0{,}4000\ g\ de\ Perlita \times \frac{13{,}49\ g\ de\ Al_2O_3}{100\ g\ de\ Perlita} \times \frac{1}{101{,}9613\frac{g}{mol}\,Al_2O_3}$$

$$n_{Al_2O_3\,Perlita} = 5{,}29 \cdot 10^{-4}\ moles\ de\ Al_2O_3 en\ la\ Perlita$$

Donde:

$n_{Al_2O_3\,Perlita}$ = moles de Al_2O_3 presentes en la Perlita

3) Moles de Na_2O presentes en la Perlita:

$$n_{Na_2O\,Perlita} = m_{Perlita} \times \frac{(\%\ de\ Na_2O\ en\ Perlita)}{100\ g\ de\ Perlita} \times \frac{1}{\mathcal{M}_{Na_2O}}$$

$$n_{Na_2O\,Perlita} = m_{Perlita} \times \frac{3{,}42\ g\ de\ Na_2O}{100\ g\ de\ Perlita} \times \frac{1}{61{,}9789\frac{g}{mol}\ de\ Na_2O}$$

$n_{Na_2O\,Perlita}$ = moles de Na_2O presentes en la Perlita

4) Moles de SiO_2 presentes en el silicato de sodio:

$$n_{SiO_2\,Silicato} = m_{Silicato} \times \frac{(\%\ de\ SiO_2\ en\ el\ Silicato)}{100\ g\ de\ Silicato} \times \frac{1}{\mathcal{M}_{SiO_2}}$$

$$n_{SiO_2\,Silicato} = m_{Silicato} \times \frac{55{,}4\ g\ de\ SiO_2}{100\ g\ de\ Silicato} \times \frac{1}{60{,}0843\frac{g}{mol}\ de\ SiO_2}$$

$m_{Silicato}$= masa en gramos de silicato de sodio

$n_{SiO_2\,Silicato}$ = moles de SiO_2 presentes en el silicato de sodio

5) Moles de Na_2O presentes en el silicato de sodio:

$$n_{Na_2O\,Silicato} = m_{Silicato} \times \frac{(\%\ de\ Na_2O\ en\ el\ Silicato)}{100\ g\ de\ silicato} \times \frac{1}{\mathcal{M}_{Na_2O}}$$

$$n_{Na_2O\,Silicato} = m_{Silicato} \times \frac{27{,}7\ g\ de\ Na_2O}{100\ g\ de\ Silicato} \times \frac{1}{61{,}9789\frac{g}{mol}\ de\ Na_2O}$$

$n_{Na_2O\,Silicato}$ = moles de Na_2O presentes en el silicato de sodio

6) Moles de SiO_2 totales:

$$n_{SiO_2\,Total} = n_{SiO_2\,Perlita} + n_{SiO_2\,Silicato}$$

7) Moles de Na_2O totales:

$$n_{Na_2O\,Total} = n_{Na_2O\,Perlita} + n_{Na_2O\,Silicato}$$

8) Moles de H_2O:

$$n_{H_2O} = V_{agua} \times \delta_{agua} \times \frac{1}{\mathcal{M}_{H_2O}}$$

$$n_{H_2O} = V_{agua} \times 1\ g/mL \times \frac{1}{18{,}0152\ g/mol}$$

V_{agua} = volumen de agua en mililitros

δ_{agua} = densidad del agua en g/mL

n_{H_2O} = moles de agua

9) Expresión del porcentaje de siembra con respecto a la masa total de SiO_2:

$$\%\,siembra = \left(\frac{m_{ZSM-5}}{m_{SiO_2\,Total}}\right) \times 100$$

m_{ZSM-5}= masa en gramos de zeolita ZSM-5 empleada como siembra

$m_{SiO_2\,Total}$ = masa total en gramos de SiO_2

10) Expresión de la relación molar SiO_2/Al_2O_3:

$$SiO_2/Al_2O_3 = \frac{n_{SiO_2\,Total}}{n_{Al_2O_3\,Perlita}}$$

$n_{SiO_2\,Total}$ = moles totales de SiO_2

$n_{Al_2O_3\,Perlita}$= moles de Al_2O_3 en la Perlita

11) Expresión de la relación molar H_2O/SiO_2:

$$H_2O/SiO_2 = \frac{n_{H_2O}}{n_{SiO_2\,Total}}$$

n_{H_2O} = moles de agua

$n_{SiO_2\,Total}$ = moles totales de SiO_2

12) Expresión de la relación Na_2O/SiO_2 antes de ajustar el pH:

$$(Na_2O/SiO_2)_{antes} = \frac{n_{Na_2O\,Total}}{n_{SiO_2\,Total}}$$

$n_{Na_2O\,Total}$ = moles de óxido de sodio totales

$n_{SiO_2\,Total}$ = moles totales de SiO_2

13) Expresión de la relación Na_2O/SiO_2 luego de ajustar el pH:

$$(Na_2O/SiO_2)_{después} = \frac{\frac{\left(1/2 \times 10^{-(14-pH)}\right)}{1000} \times V_{H_2O}}{n_{SiO_2\,Total}}$$

pH = valor de pH de la mezcla luego del ajuste con H_2SO_4 o NaOH

14) Expresión para calcular la relación Na_2SO_4/SiO_2:

$$Na_2SO_4/SiO_2 = (Na_2O/SiO_2)_{antes} - (Na_2O/SiO_2)_{después}$$

B3. ASPECTOS MATEMÁTICOS RELACIONADOS A LA ECUACIÓN DE AVRAMI QUE INCLUYE UN FACTOR DE SOLAPAMIENTO

Partiendo de la ecuación diferencial para la cinética de una transformación isotérmica, donde c = (λ – 1):

$$\frac{da}{dt} = kn(t - t_0)^{n-1}(1 - a)^{c+1}$$

Eligiendo apropiadamente el valor de c, es posible considerar un gran número de transformaciones e integrando la ecuación anterior, se obtienen las siguientes soluciones:

$$a = 1 - e^{-k(t-t_0)^n} \qquad \text{para c = 0 (ó } \lambda = 1)$$

$$a = 1 - [1 + ck(t - t_0)^n]^{-1/c} \qquad \text{para c} \neq 0 \text{ (ó } \lambda \neq 1)$$

Sustituyendo c = λ – 1, se llega a la expresión de la ecuación IV.4:

$$\alpha = 1 - [1 + (\lambda - 1)k(t - t_0)^n]^{-1/\lambda-1}$$

Con la finalidad de ejemplificar las diferencias ocasionadas al emplear los diferentes modelos cinéticos (el tradicional de Avrami y el que incluye la corrección con λ), se analizan cuatro posibles transformaciones: una de ellas acorde a la ecuación IV.1 (transformación 1 con λ = 1,0) y otras tres más empleando la ecuación IV.4 (transformaciones 2, 3 y 4) para diferentes valores de λ (λ = 1,5; 2,0 y 3,0).

Todas estas ecuaciones corresponden a una cinética de cristalización isotérmica (180 °C), con la misma energía de activación, la misma constante cinética (k = 2,2·10^{-4} h^{-n}), igual t_0 (7,0 h) e idéntico exponente de Avrami (n = 3,4). Las gráficas de estas cuatro transformaciones se muestran en la figura B1. Se puede observar que una variación en λ produce curvas totalmente diferentes, a pesar que todas las curvas poseen los mismos valores de n, k, t_0 y E_a.

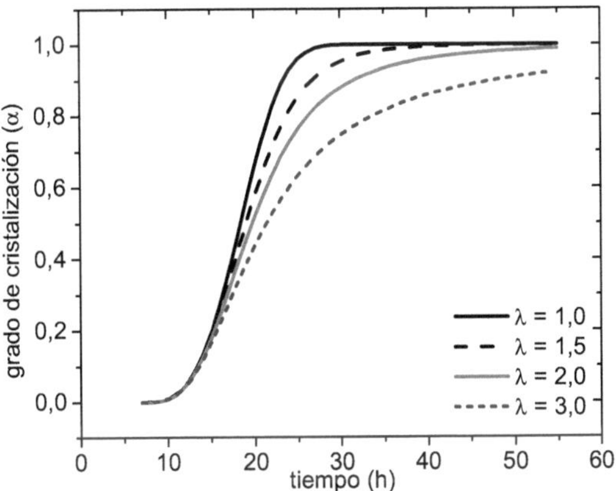

Figura B.1. *Curva de cristalización para 4 transformaciones teóricas.*

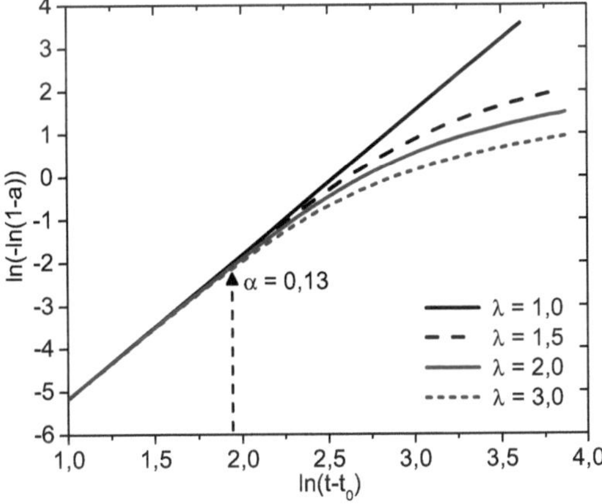

Figura B.2. *Curva de cristalización para las 4 transformaciones teóricas.*

Las formas linealizadas de las curvas se muestran en la figura B.2 en donde se puede apreciar claramente la desviación de la linealidad que presentan los modelos teóricos (excepto para el modelo con λ = 1). Las desviaciones de la linealidad se observan desde estadíos tempranos, es decir a valores muy bajos de α y se hacen notorios a partir de valores α de cercanos a 0,13.

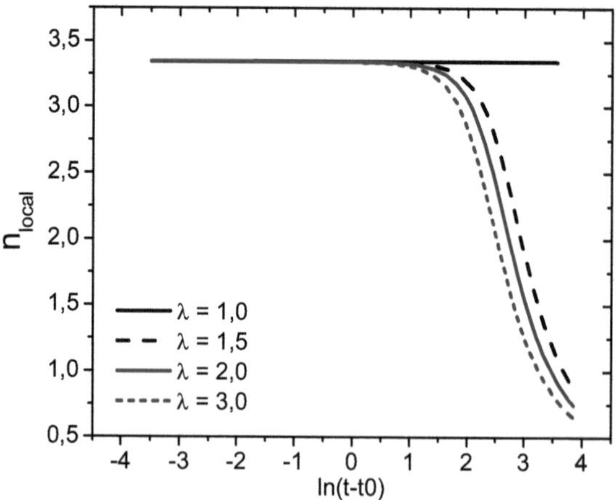

Figura B.3. *Exponentes locales de Avrami calculados mediante la ecuación IV.3 como funciones del ln(t-t₀) para diferentes transformaciones.*

Las desviaciones a la linealidad para λ > 1 se pueden explicar en base al inapropiado uso de la ecuación IV.1, la cual solo es válida cuando la transformación se puede explicar mediante la teoría de Kolmogorov-Johnson-Mehl-Avrami.

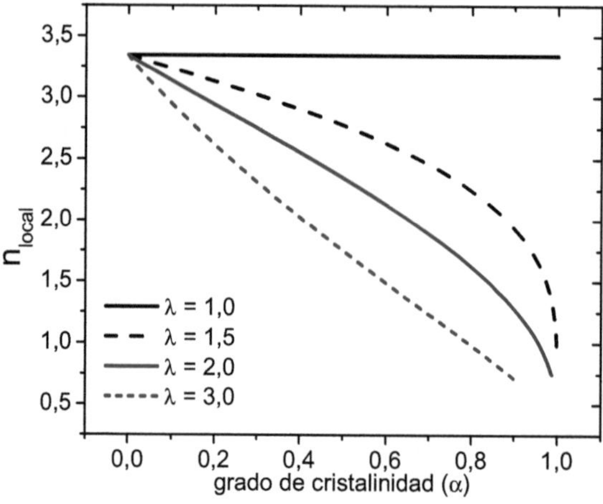

Figura B.4. *Exponentes locales de Avrami calculados mediante la ecuación IV.3 como funciones de α para diferentes transformaciones.*

Debido a la notable desviación que presentan los modelos teóricos para λ > 1, se calcularon los valores de n_{local} haciendo uso de la ecuación IV.3 y estos se graficaron en función de $\ln(t - t_0)$ en la figura B.3. Este gráfico permite observar que el exponente local de Avrami permanece constante durante todo el proceso, con un valor de $n = n_{local}$= 3,4 para un valor de λ = 1, el cual es consistente con el valor del exponente de Avrami encontrado mediante ajuste por regresión no lineal de la curva, es decir, empleando una función con la forma de la ecuación IV.1. Sin embargo, para λ > 1 se encuentra que el valor de n_{local} disminuye a medida que transcurre la transformación, comenzando con valores de 3,4 y llegando hasta valores próximos a 0,5.

Con la finalidad de hacer aún más obvia la desviación de la linealidad, se grafican los valores de n_{local} en función del grado de cristalización (α) y se obtienen las curvas de figura B.4.

B4. CARACTERIZACIÓN DE CATALIZADORES COMERCIALES

En la figura B.5 se presentan las microfotografías SEM de las zeolitas ZSM-5 comerciales empleadas en esta tesis. En ella se puede apreciar la estructura nanocristalina (figura B.5a) del material H-ZSM-5-c80, constituido por aglomerados en formas de racimos de partículas esferoidales. Por otra parte, el material H-ZSM-5-c20 presenta una estructura aglomerada de partículas con formas diversas (figura B.5b) y tamaños superiores a los 100 nm, mientras que el material NH_4-ZSM-5-c140 se encuentra formado por partículas grandes (>1 μm) sin aglomerar de forma esferoidal (figura B.5c). El material NH_4-ZSM-5-c12 se encuentra formado por fragmentos relativamente grandes (>1μm) de formas diversas (figura B.5d).

Por otro lado, en la figura B.6 se presentan los patrones de difracción de RX de los materiales comerciales. El patrón DRX para todas las zeolitas ZSM-5 presenta todos los picos característicos y no se detectaron fases cristalinas diferentes.

En la figura B.7 se presenta la isoterma de adsorción de N_2 a 77 K para la zeolita 13X mientras que en la tabla B.1 se resumen los resultados de la caracterización textural de la misma. Finalmente, los espectros FTIR de Py absorbida sobre los materiales comerciales se presentan en la figura B.8.

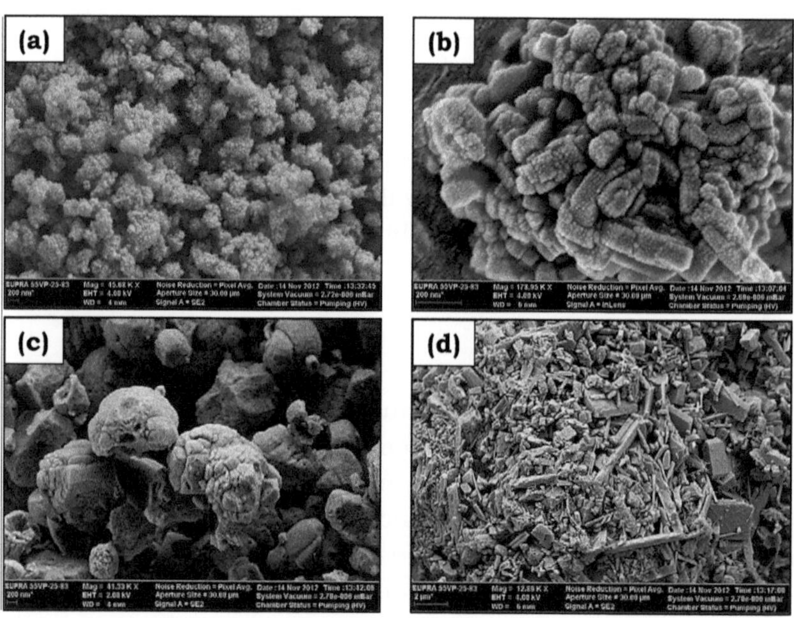

Figura B.5. *Microfotografías SEM de zeolitas comerciales. (a) H-ZSM-5-c80, (b) H-ZSM-5-c20, (c) NH_4-ZSM-5-c140, (d) NH_4-ZSM-5-c12.*

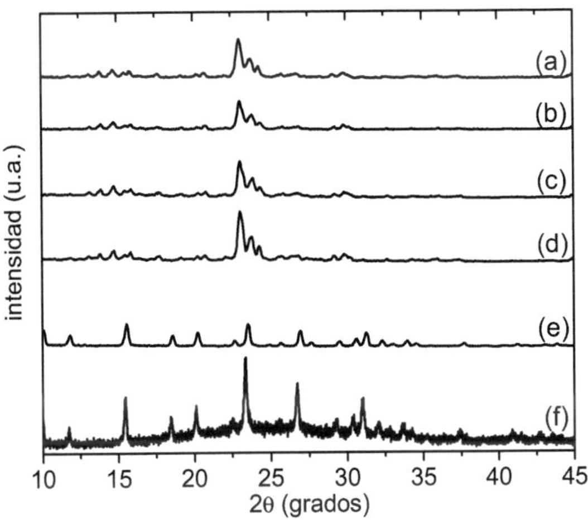

Figura B.6. *DRX de zeolitas comerciales. (a) H-ZSM-5-c80, (b) H-ZSM-5-c20, (c) NH_4-ZSM-5-c140, (d) NH_4-ZSM-5-c12, (e) H-Y, (f) H-13-X.*

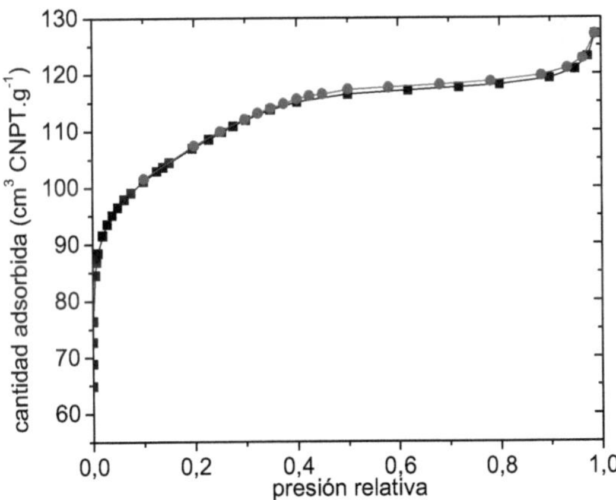

Figura B.7. *Isotermas de adsorción de N_2 de H-13-X.*

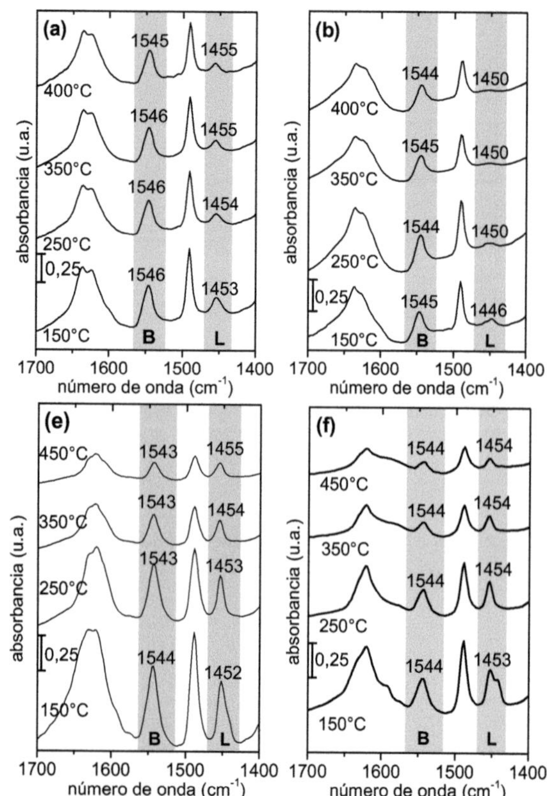

Figura B.8. *Espectros FTIR de Py adsorbida sobre zeolitas comerciales. (a) H-ZSM-5-c20, (b) H-ZSM-5-c80, (c) H-ZSM-5-c140, (d) H-ZSM-5-c12, (e) H-13X, (f) H-Y.*

Tabla B.1. *Caracteres texturales relacionados a la presencia de los materiales H-Y y H-13X.*

Material	S_{BET} (m²/g)	V_{tot} [a] (cm³/g)	V_{mic} (cm³/g)			S_{mic} [c] (m²/g)	Ø[d] (Å)
			t-plot	*D.A.*	*α-plot*		
H-13X	654	0,38	0,21	0,25	0,22	579	11

[a] regla de Gurvitch; [b] método α-plot (usando sílice como estándar); [c] $S_{mic} = S_{BET} - (S_{mes} + S_{ext})$; [d] ø: diámetro promedio de microporos (método de Dubinin-Ashtakov).

APÉNDICE C

C1. CONVERSIÓN DE LA REACCIÓN

Teniendo en cuenta una reacción general de transesterificación, y la definición habitual de conversión de la reacción (ecuación C.1) para un reactor en batch:

$$\text{Ester}_R + \text{Alcohol}_R \overset{cat}{\rightleftharpoons} \text{Ester}_P + \text{Alcohol}_P$$

$$conversión\ (\%) = \frac{cantidad\ de\ reactivo\ que\ se\ consume}{cantidad\ de\ reactivo\ inicial} \cdot 100 \qquad \text{(ecuación C.1)}$$

puesto que la densidad del sistema puede considerarse constante, las cantidades de la ecuación C.1 pueden ser reemplazadas por concentraciones molares (mol/L).

Trabajando con la conversión de la reacción para el alcohol reactivo, la concentración consumida del mismo es la diferencia entre la concentración inicial y la determinada en cierto instante ($[\text{Ester}_R]^0$-$[\text{Ester}_R]$), esta diferencia es igual a la concentración del éster que se obtiene ($[\text{Ester}_P]$). Por otro lado, la concentración de éster reactivo inicial es igual a la suma de las concentraciones de éster producto y éster reactivo, en un instante dado ($[Ester_R] + [Ester_P]$). De esta manera, se obtiene la ecuación C.2 que permite calcular el avance de la reacción, denominada en esta tesis como "conversión del éster", ya que se determina siguiendo la variación de la concentración del éster reactivo.

$$conversión_{éster}\ (\%) = \frac{[Ester_P]}{[Ester_R]+[Ester_P]} \cdot 100 \qquad \text{(ecuación C.2)}$$

Por otro lado, ya que la reacción en estudio no necesariamente permite obtener un único producto, se puede expresar la siguiente ecuación química para la reacción entre un alcohol y un éster, que permite obtener el producto deseado (producto de transesterificación) y un subproducto.

La reacción que se estudia con mayor detalle en esta tesis es la transesterificación entre acetato de vinilo y alcohol isoamílico, esta produce además un acetal como subproducto de reacción, por lo tanto, se puede representar mediante la siguiente ecuación química simplificada:

$$\text{Ester}_R + \mathbf{3}\ \text{Alcohol}_R \xrightleftharpoons{\text{cat}} \text{Ester}_P + \mathbf{Acetal}$$

En esta se puede observar que el coeficiente estequiométrico del alcohol reactivo surge del hecho que la reacción de transesterificación consume un mol de alcohol reactivo, mientras que la generación del acetal consume dos moles del mismo. De esta manera y similar a lo planteado para la conversión del éster reactivo en éster producto, se puede determinar la conversión del alcohol reactivo en éster producto, la que será denominada “conversión del alcohol”.

La concentración de alcohol reactivo consumida para generar solamente el éster producto (no tiene en cuenta la generación del acetal) es: ($[\text{Alcohol}_R]^0$-$[\text{Alcohol}_R]$). Esta diferencia es igual a la concentración del éster producto en ese instante. Por otra parte, la concentración inicial del alcohol que generó únicamente el éster producto, es igual a la suma de la concentraciones del alcohol reactivo remanente y la del éster producto ($[Alcohol_R] + [Ester_P]$). De esta manera, la conversión del alcohol reactivo en éster producto queda definida mediante la ecuación C.3.

$$conversión_{alcohol}\,(\%) = \frac{[Ester_P]}{[Alcohol_R]+[Ester_P]} \cdot 100 \qquad \text{(ecuación C.3)}$$

Estas formas de calcular la conversión, adaptadas a una reacción química en particular, surgen de la definición tradicional de conversión de la reacción y permiten un cálculo ágil a partir de los valores de áreas de integración de los picos de los cromatogramas gaseosos, relacionando los respectivos factores de respuesta que a su vez dependen de los "números de carbono efectivos" (ECN), como ya fue explicado en la sección III.E.

C2. SELECTIVIDAD DE LA REACCIÓN

La selectividad de la reacción se define de manera general mediante la ecuación C.4.

$$selectividad = \frac{concentración\ de\ producto\ formado}{concentración\ de\ reactivo\ consumido} \qquad \text{(ecuación C.4)}$$

Teniendo en cuenta la misma, la selectividad para el acetato de isoamilo ($s'_{AcOIsoam}$) y para el acetal (s'_{acetal}) quedan definidas mediante las ecuaciones C.5 y C.6, respectivamente.

$$s'_{AcOIsoam} = \frac{[Acetato\ de\ isoamilo]}{[Alcohol\ isoamílico]_{consumido}} \qquad \text{(ecuación C.5)}$$

$$s'_{acetal} = \frac{[Acetal]}{[Alcohol\ isoamílico]_{consumido}} \qquad \text{(ecuación C.6)}$$

Los valores que se obtienen son números comprendidos entre 0 y 1,5; por lo que resultó conveniente adaptar la definición de selectividad a las ecuaciones C.7 y C.8, expresadas como porcentajes.

$$S_{AcOIsoam}(\%) = \frac{s'_{AcOIsoam}}{s'_{acetal} + s'_{AcOIsoam}} \cdot 100 \qquad \text{(ecuación C.7)}$$

$$S_{acetal}(\%) = \frac{s'_{acetal}}{s'_{acetal} + s'_{AcOIsoam}} \cdot 100 \qquad \text{(ecuación C.8)}$$

C3. TURNOVER FREQUENCY (TOF)

El número de recambio o turnover frequency (TOF) se define formalmente mediante la ecuación C.9.

$$TOF = \frac{n^{\circ}\ de\ moléculas\ de\ acetato\ de\ isoamilo}{(n^{\circ}\ de\ sitios\ activos\ en\ la\ masa\ de\ catalizador)(tiempo)} \qquad \text{(ecuación C.9)}$$

El número de moléculas de acetato de isoamilo (AcOIsoam) se puede determinar a partir de la concentración de alcohol isoamílico (IsoamOH) consumido ($[IsoamOH]_{consumido}$=[IsoamOH]°-[IsoamOH]). Ya que el alcohol isoamílico es un reactivo que se consume en 1 (un) mol para generar 1 (un) mol de acetato de vinilo y en 2 (dos) moles para formar el acetal, la concentración de acetato de isoamilo se puede estimar a partir de [AcOIsoam]=1/3·$[IsoamOH]_{consumido}$. De esta manera, en la alícuota de reacción V_{alic}, habrá $n_{AcOIsoam}$ moléculas de acetato de isoamilo (ecuación C.10):

$$n_{AcOIsoam} = \frac{[AcIsoam]}{1000} \cdot V_{alic} \cdot N_A \qquad \text{(ecuación C.10)}$$

De esta manera, TOF se calcula mediante la ecuación C.11:

$$TOF = \frac{n_{AcOIsoam}}{n_{py} \cdot m_{cat} \cdot t \cdot N_A} \qquad \text{(ecuación C.11)}$$

Donde n_{py} es el número de sitios ácidos de Brønsted (mol/kg), m_{cat} la masa de catalizador (en kg), t el tiempo de reacción (en segundos) en el que se obtienen las $n_{AcOIsoam}$moléculas y N_A el número de Avogadro ($6{,}022 \cdot 10^{23}$ sitios ácidos o moléculas/mol) que permite convertir los moles de AcOIsoam en n° de moléculas y los moles de sitios ácidos en n° de los mismos.

C.4 SATURACIÓN DEL CATALIZADOR

Considerando que los sitios ácidos de Brønsted se generan por la presencia de los átomos de Al en la red de la zeolita, una zeolita con un solo átomo de Al en la red tendría un único sitio de Brønsted. Puesto que la zeolita debe responder a la fórmula $Al_nSi_{96-n}O_{192}$, su relación Si/Al sería entonces 95 y por ende, su masa molar de 5854 g/mol. Se puede hacer un cálculo sencillo para conocer la cantidad de acetato de vinilo que sería igual al número de moles de átomos de Al presentes en la masa de un mol de zeolita. Los moles de acetato de vinilo necesarios para saturar 0,1100 g de un catalizador con esa relación Si/Al, es de $1{,}88\cdot10^{-5}$ mol de éster.

De la misma manera, se puede calcular los moles de acetato de vinilo que se encuentran saturando todos los sitios ácidos de Brønsted en 110 mg de zeolitas ZSM-5 con diversas relaciones Si/Al (tabla C.1). Se observa que en todos los casos, para las diferentes relaciones Si/Al de los catalizadores empleados, las moléculas de acetato de vinilo estarán saturando los sitios ácidos de Brønsted.

Tabla C.1. *Cantidad de acetato de vinilo (en moles) necesario para saturar los sitios de Brønsted en 110 mg de catalizador H-ZSM-5 con diversas relación Si/Al.*

Si/Al	moles de éster/110 mg de catalizador
12	$1{,}3906\cdot10^{-4}$
20	$8{,}6005\cdot10^{-5}$
40	$4{,}4018\cdot10^{-5}$
80	$2{,}2272\cdot10^{-5}$
140	$1{,}2792\cdot10^{-5}$

De esta manera, en todos los casos estudiados donde se utilizó ZSM-5, se trabajó en condiciones de saturación del catalizador.

APÉNDICE D

D1. GEOMETRÍA (B3LYP/6-311+G(d)) DEL COMPLEJO REACTIVO PARA EL SISTEMA ANHÍDRIDO ACÉTICO Y CLÚSTER-3T

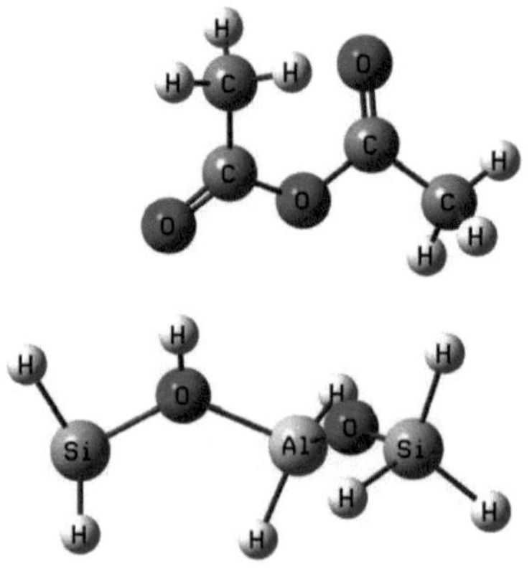

D2. GEOMETRÍA (AM1 OBTENIDA DEL CAMINO IRC) DEL COMPLEJO REACTIVO PARA EL SISTEMA ANHÍDRIDO ACÉTICO Y CLÚSTER-3T

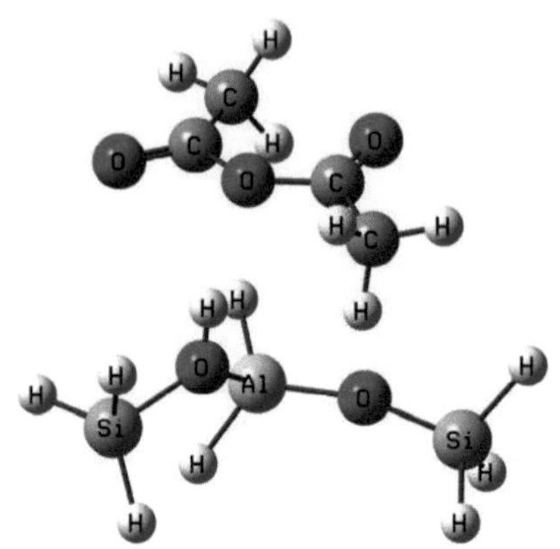

Printed by Books on Demand GmbH, Norderstedt / Germany